"十四五"职业教育国家规划教材

 "十二五"职业教育国家规划教材 修订版

 普通高等教育"十一五"国家级规划教材

获全国优秀畅销书奖

网页设计与制作教程
Web 前端开发

第 6 版

刘瑞新　主编

曹　利　张红娟　副主编

机械工业出版社

本书依据《Web 前端开发职业技能等级标准（初级）》和部分示范院校的《Web 前端技术课程教学标准》编写，内容包括 Web 页面制作基础、HTML5 和 CSS3 开发基础与应用、JavaScript 程序设计和现代标准的社区新闻网站制作实例。本书以模块化的结构来组织章节，选取静态网站设计与制作的典型应用作为教学案例。

本书适合作为高等院校 Web 前端技术课程、网页设计与制作课程的教材，也可以作为 1+X 证书中 Web 前端开发职业技能等级（初级）的教学及参考用书。

本书配有微课视频、电子课件、授课计划、课程标准、模拟题及答案，以及书中所有例题、习题、实训的素材和源代码等资源，其中微课视频扫描书中二维码即可观看，需要其他配套资源的教师可登录 www.cmpedu.com 免费注册，审核通过后下载，或联系编辑索取（微信：13261377872，电话：010-88379739）。

图书在版编目（CIP）数据

网页设计与制作教程：Web 前端开发 / 刘瑞新主编. —6 版. —北京：机械工业出版社，2021.1（2024.1 重印）
"十二五" 职业教育国家规划教材
ISBN 978-7-111-66646-2

Ⅰ. ①网… Ⅱ. ①刘… Ⅲ. ①网页制作工具-高等职业教育-教材
Ⅳ. ①TP393.092

中国版本图书馆 CIP 数据核字（2020）第 184217 号

机械工业出版社（北京市百万庄大街 22 号 邮政编码 100037）
策划编辑：王海霞 责任编辑：王海霞 汤 枫
责任校对：张艳霞 责任印制：邹 敏
唐山楠萍印务有限公司印刷
2024 年 1 月·第 6 版·第 12 次印刷
184mm×260mm·20.5 印张·502 千字
标准书号：ISBN 978-7-111-66646-2
定价：69.00 元

电话服务 网络服务
客服电话：010-88361066 机 工 官 网：www.cmpbook.com
010-88379833 机 工 官 博：weibo.com/cmp1952
010-68326294 金 书 网：www.golden-book.com
封底无防伪标均为盗版 机工教育服务网：www.cmpedu.com

关于"十四五"职业教育
国家规划教材的出版说明

为贯彻落实《中共中央关于认真学习宣传贯彻党的二十大精神的决定》《习近平新时代中国特色社会主义思想进课程教材指南》《职业院校教材管理办法》等文件精神，机械工业出版社与教材编写团队一道，认真执行思政内容进教材、进课堂、进头脑要求，尊重教育规律，遵循学科特点，对教材内容进行了更新，着力落实以下要求：

1. 提升教材铸魂育人功能，培育、践行社会主义核心价值观，教育引导学生树立共产主义远大理想和中国特色社会主义共同理想，坚定"四个自信"，厚植爱国主义情怀，把爱国情、强国志、报国行自觉融入建设社会主义现代化强国、实现中华民族伟大复兴的奋斗之中。同时，弘扬中华优秀传统文化，深入开展宪法法治教育。

2. 注重科学思维方法训练和科学伦理教育，培养学生探索未知、追求真理、勇攀科学高峰的责任感和使命感；强化学生工程伦理教育，培养学生精益求精的大国工匠精神，激发学生科技报国的家国情怀和使命担当。加快构建中国特色哲学社会科学学科体系、学术体系、话语体系。帮助学生了解相关专业和行业领域的国家战略、法律法规和相关政策，引导学生深入社会实践、关注现实问题，培育学生经世济民、诚信服务、德法兼修的职业素养。

3. 教育引导学生深刻理解并自觉实践各行业的职业精神、职业规范，增强职业责任感，培养遵纪守法、爱岗敬业、无私奉献、诚实守信、公道办事、开拓创新的职业品格和行为习惯。

在此基础上，及时更新教材知识内容，体现产业发展的新技术、新工艺、新规范、新标准。加强教材数字化建设，丰富配套资源，形成可听、可视、可练、可互动的融媒体教材。

教材建设需要各方的共同努力，也欢迎相关教材使用院校的师生及时反馈意见和建议，我们将认真组织力量进行研究，在后续重印及再版时吸纳改进，不断推动高质量教材出版。

机械工业出版社

前　言

"Web 前端开发"课程（以前称"网页制作"）是计算机类专业的专业支撑课程。

随着移动互联网技术的高速发展，Web 前端开发技术被应用到众多领域，已经成为网站开发、App 开发及智能终端设备界面开发的主要技术，因而前端开发岗位出现了极为明显的人才短缺。党的二十大报告指出，加快建设国家战略人才力量，努力培养造就更多大师、战略科学家、一流科技领军人才和创新团队、青年科技人才、卓越工程师、大国工匠、高技能人才。《国家职业教育改革实施方案》《国务院办公厅关于深化产教融合的若干意见》《国家信息化发展战略纲要》对培养人才提出了新的要求，工业和信息化部教育与考试中心依据教育部《职业技能等级标准开发指南》中的相关要求，制定了《Web 前端开发职业技能等级标准》。

本书依据《Web 前端开发职业技能等级标准（初级）》和部分示范院校的《Web 前端技术课程教学标准》编写，内容包括 Web 页面制作基础、HTML5 和 CSS3 开发基础与应用、JavaScript 程序设计和现代标准的社区新闻网站制作实例。本书以模块化的结构来组织章节，选取静态网站设计与制作的典型应用作为教学案例。以网站建设和网页设计为中心，以实例为引导，把介绍知识与实例设计、制作、分析融于一体，贯穿于教材之中。考虑到网页制作较强的实践性，本书配备大量的例题并提供源码和网页效果图，能够有效地帮助读者理解所学习的理论知识，系统全面地掌握 Web 前端开发技术。每章附有练习题，并提供习题答案，供读者在课外巩固所学的内容。

本书采用考试中心推荐的 HBuilder X 编辑网页代码，在 Google Chrome 或 Microsoft Edge 浏览器中调试运行，同时详细讲解了浏览器开发者工具的使用。

为配合教学，方便教师讲课，编者精心制作了微课视频、电子课件、授课计划、课程标准、模拟题及答案素材和源代码等教学资源。其中，微课视频可以搭建网络课程，扫描书中二维码即可观看；课件浓缩了本书的教学要点，可作为教师的板书来演示；老师们可从机械工业出版社教育服务网（http://www.cmpedu.com）下载。

本书适合作为高等院校 Web 前端技术课程、网页设计与制作课程的教材，也可以作为 1+X 证书中 Web 前端开发职业技能等级（初级）的教学及参考用书。

本书由刘瑞新担任主编，曹利、张红娟担任副主编，参与编写的作者有刘瑞新（第 1、2、5、10 章）、曹利（第 3、9、11 章）、张红娟（第 4、8 章）、侯燕萍（第 6 章）、孙立友（第 7 章），第 12 章及资料的收集整理由徐维维完成。全书由刘瑞新教授统稿。

由于作者水平有限，书中疏漏和不足之处难免，敬请广大师生指正。

编　者

目　录

第 1 章　HTML5 概述

HTML（Hyper Text Markup Language，超文本标记语言）是制作网页的基础语言，是初学者必学的内容。在学习 HTML 之前，需要了解一些与 Web 相关的基础知识，有助于初学者学习后面章节的相关内容。

学习目标：掌握 Web 相关的概念、HTML5 的基本结构和语法规则，熟练使用记事本编辑网页。

重点难点：重点理解网页的基本概念，难点是掌握 HTML5 的基本结构和语法规则。

1.1　Web 的基本概念

对于网页设计开发者，在动手制作网页之前，应该先了解 Web 的基础知识。

1.1.1　WWW

WWW 是 World Wide Web 的缩写，又称 3W 或 Web，中文译名为"万维网"。WWW 是 Internet 的最核心部分，它是 Internet 上支持 WWW 服务和 HTTP 的服务器集合。WWW 在使用上分为 Web 客户端和 Web 服务器。用户可以使用 Web 客户端（浏览器）访问 Web 服务器上的页面。

1.1.2　Web 服务器

Web 服务器也称为 WWW（World Wide Web）服务器，一般指网站服务器。WWW 是 Internet 的多媒体信息查询工具，是 Internet 上发展最快和目前用得最广泛的服务。正是因为 WWW 工具，近年来 Internet 迅速发展，且用户数量飞速增长。

Web 服务器的主要功能是提供网上信息浏览服务。Web 服务器可以解析 HTTP，当 Web 服务器接收到一个 HTTP 请求时，会返回一个 HTTP 响应，这样浏览器等 Web 客户端就可以从服务器上获取网页（HTML），包括 CSS、JS、音频、视频等资源。

1.1.3　网页浏览器

网页浏览器（Web Browser）是在客户端浏览 Web 服务端的应用程序，其主要作用是显示网页和解释脚本。通过浏览器可以访问互联网上世界各地的文档、图片、视频等信息，并让用户与这些文件互动。浏览器的种类很多，目前常用的有 Google 的 Chrome、Microsoft 的 Edge、Mozilla 的 Firefox、Opera、Apple 的 Safari 浏览器等。

浏览器最重要的核心部分是 Rendering Engine（渲染引擎），一般称为"浏览器内核"，负责对网页语法（如 HTML、JavaScript）进行解释并渲染（显示）网页。不同的浏览器内核对网页编写语法的解释会有所不同，因此同一网页在不同内核的浏览器里的渲染效果也可能不同，这正是网页编写者需要在不同内核的浏览器中测试网页显示效果的原因。现在主流浏览器采用的内核见表 1-1。

表 1-1　主流浏览器采用的内核

浏览器名称	内核	其他采用相同内核的浏览器
IE	Trident（IE 内核）	
Google Chrome	之前是 WebKit，2013 年后换成 Blink（Chromium、谷歌内核）	Edge、Opera、360、UC、百度、搜狗高速、傲游 3、猎豹、微信、世界之窗等

浏览器名称	内核	其他采用相同内核的浏览器
Safari	WebKit	
Firefox	Gecko	
Microsoft Edge	之前为EdgeHTML，2018年12月后换成Blink（Chromium）	

1.1.4　网站

网站（Website）是指在因特网上根据一定的规则，使用 HTML 等工具制作的用于展示特定内容相关网页的集合。简单地说，网站是一种沟通工具，人们可以通过网站来发布自己想要公开的信息，或者利用网站来提供相关的网络服务。人们可以通过网页浏览器来访问网站，获取自己需要的信息或者享受网络服务。

网站是在互联网上拥有域名或地址并提供一定网络服务的主机，是存储文件的空间，以服务器为载体。人们可通过浏览器等进行访问、查找文件，也可通过远程文件传输（FTP）方式上传、下载网站文件。

1.1.5　网页

网页（Web Page）是一个包含 HTML 标签的纯文本文件（文件扩展名为.html 或.htm）。网页是网站中的一"页"，网页是构成网站的基本元素。换句话说，网站就是由网页组成的。网页要通过网页浏览器来阅读。本书就是介绍网页制作的教材。

1.1.6　URL

URL（Uniform Resource Locator，统一资源定位器）就是 Web 地址，俗称"网址"。Internet 上的每一个网页都具有一个唯一的名称标识，通常称之为 URL 地址。它是对从互联网上得到资源的位置和访问方法的一种简洁的表示，是互联网上标准资源的地址。在 WWW 上浏览，必须在网页浏览器中输入目标的地址。这种地址可以是本地磁盘，也可以是局域网上的某一台计算机，更多的是 Internet 上的站点。URL 的一般格式如下：

协议：//主机地址（IP 地址）/文件夹/…/文件名/参数

协议是指 URL 所链接的网络服务性质，常见的协议有 HTTP（Hyper Text Transfer Protocol，超文本传输协议）、FTP（File Transfer Protocol，文件传输协议）、TELNET（Telecom Munication Network Protocol，远程登录协议）、File（File Protocol，本地文件传输协议）。

URL 的参数通常放在 URL 后面，用"？"开头，用"&"将多个参数连接起来。例如，https://www.baidu.com/s?wd=%E5%A5%B4&rsv_spt=1&rsv_iqid=0 中"？"后面的字符是参数。

URL 只能用 ASCII 字符编码集中的可显示字符表示。如果包含非 ASCII 字符集的字符，则需要转换。例如，"OK 好的"会转成"OK%E5%A5%BD%E7%9A%84"。URL 中不能包含空格，如要用空格，URL 编码通常用"+"代替空格，例如"OK+好的"。

1.1.7　标记语言

标记语言是一种将文本（Text）以及与文本相关的其他信息结合起来，展现出关于文档结构和数据处理细节的计算机文字编码。标记语言的种类有很多，常见的有 XML、HTML、XHTML 等。

1.1.8　网页标准

Web 应用开发需要遵循的标准就是网页标准（Web Standard）。网页标准不是某一种标准，而是一系列标准的集合。网页标准主要分为 3 类：结构（Structure）标准、表现（Presentation）标准和行为（Behavior）标准。其中，结构标准语言主要包括 XML、HTML 和 XHTML，表现标准语言主要为 CSS，行为标准主要包括对象模型 DOM、ECMAScript 等。这些标准大部分由 W3C 起草和发布，也有一些是其他标准组织制定的，如 ECMA（European Computer Manufacturers Association，欧洲计算机制造联合会）的 ECMAScript 标准。

1.2 HTML5 的基本结构和语法规则

每个网页都有其基本的结构，包括 HTML 的语法结构、文档结构、标签的格式以及代码的编写规范等。

1　HTML5 的基本结构和语法规则

1.2.1 HTML5 文档的基本结构

HTML 5 文档的基本结构如下：

```
<!DOCTYPE html>
<html lang="zh-CN">
    <head>
        <meta charset="UTF-8">
        <title>文档标题</title>
    </head>
    <body>
        文档正文部分
    </body>
</html>
```

HTML 文档可分为文档头（Head）和文档体（Body）两部分。文档头的内容包括网页语言、关键字和字符集的定义等；文档体中的内容就是页面要显示的信息。

HTML 文档的基本结构由 3 对标签负责组织，即<html>、<head>和<body>。其中<html>标签标识 HTML 文档，<head>标签标识头部区域，<body>标签标识主体区域。

图 1-1 所示是一个可视化的 HTML 页面结构，只有<body>与</body>之间的白色区域才会在浏览器中显示。

1．<!DOCTYPE html>标签

<!DOCTYPE>标签位于文档的最前面，用于向浏览器说明当前文档使用哪种 HTML 标准规范。只有开头处使用<!DOCTYPE>声明，浏览器才能将该页面作为有效的 HTML 文档，并按指定的文档类型进行解析。文档类型声明的语法格式如下：

> **<!DOCTYPE html>**

这行代码称为 DOCTYPE（DOCument Type，文档类型）

图 1-1　可视化的 HTML 页面结构

声明。要建立符合标准的网页，DOCTYPE 声明是必不可少的关键组成部分。<!DOCTYPE html>声明必须放在每一个 HTML 文档的最顶部，在所有代码和标签之前。

2．<html>…</html>标签

<html>标签位于<!DOCTYPE html>标签之后，称为 HTML 文档标签，也被称为根标签，用于告诉浏览器其自身是一个 HTML 文档。HTML 文档标签的语法格式为：

```
<html lang="zh-CN">
    HTML 文档的内容
</html>
```

<html>处于文档的最前面，表示 HTML 文档的开始，即浏览器从<html>开始解释，直到遇到

</html>为止。每个 HTML 文档均以<html>开始，以</html>结束。lang 属性为文档设置语言，对于简体中文，设置为"zh-CN"。

3．<head>…</head>标签

HTML 文档包括文档头和文档体。<head>标签用于定义 HTML 文档的头部信息，也称为头部标签，紧跟在<html>标签之后，主要用来封装其他位于文档头部的标签。HTML 文档头标签的语法格式为：

> **<head>**
> **头部的内容**
> **</head>**

文档头部内容在开始标签<html>和结束标签</html>之间定义，一个 HTML 文档只能含有一对<head>…</head>标签。网页中经常设置页面的基本信息，如页面的标题、作者、和其他文档的关系等。为此 HTML 提供了一系列的标签，这些标签通常都写在<head>标签内，因此被称为头部相关标签。绝大多数文档头部包含的数据都不会真正作为内容显示在页面中。

4．<meta charset>标签

<head>…</head>标签中的<meta charset>指定网页文档中的字符集，称为 HTML 文档编码，HTML5 文档直接使用 meta 元素的 charset 属性指定文档编码，语法格式如下：

> **<meta charset="UTF-8">**

为了被浏览器正确解释和通过 W3C 代码校验，所有的 HTML 文档都必须声明所使用的编码语言。文档声明的编码应该与实际的编码一致，否则就会呈现为乱码。对于中文网页的设计者来说，指定代码的字符集为"UTF-8"。

5．<title>…</title>标签

HTML 文件的标题显示在浏览器的标题栏中，用以说明文件的用途。标题文字位于<title>和</title>标签之间，其语法格式如下：

> **<title>网页标题</title>**

每个 HTML 文档都应该有标题，在 HTML 文档中，<title>和</title>标签位于 HTML 文档的头部，即<head>和</head>标签之间。例如，<title>哔哩哔哩(ﾟ- ﾟ)つ口 干杯~-bilibili</title>，如图 1-2 所示（在 Google Chrome 浏览器中，单击地址栏右端的"更多"按钮，在弹出的下拉列表中选择"更多工具"→"开发者工具"，单击"Elements"标签，再单击▶<head>…</head>元素前的箭头，展开该元素）。

图 1-2　<title>…</title>标签在浏览器中的显示

6．<body>…</body>标签

<body>标签定义 HTML 文档要显示的内容，也称为主体标签。浏览器中显示的所有文本、图像、表单与多媒体元素等信息都必须位于<body>…</body>标签内，<body>标签内的信息才是最终展示给用户看的。HTML 文档主体标签的语法格式为：

> **<body>**
> **网页的内容**
> **</body>**

文档体位于文档头之后，以<body>为开始标签，</body>为结束标签。一个 HTML 文档只能含有一对<body>…</body>标签，且<body>…</body>标签必须在<html>…</html>标签内，位于<head>头部标签之后，与<head>标签是并列关系。<body>标签定义网页上显示的主要内容与显示格式，是整个网页的核心，网页中要真正显示的内容都包含在主体中。

浏览器在解释 HTML 文档时是按照层次顺序进行解释的，其顺序为：document→html→body→div 父元素→input 子元素。document 是最上层祖先元素，input 是最下层后代元素。

1.2.2 HTML5 的基本语法

HTML 文档由元素构成，元素由开始标签、结束标签、属性及元素的内容 4 部分组成。

1．标签（Tag）

HTML 用标签来规定网页元素在文档中的功能。标签是用一对尖括号"< >"括起来的单词或单词缩写。标签有两种形式：双标签和单标签。

（1）双标签

双标签包括开始标签和结束标签，其格式为：

<标签>受标签影响的内容</标签>

开始标签标志一段内容的开始，结束标签是指与开始标签相对的标签。结束标签比开始标签多一个斜杠"/"。双标签也称闭合标签。

例如，HTML 文档从<html>开始，到</html>结束。<head>和</head>标签描述 HTML 文档的相关信息，之间的内容不会在浏览器窗口上显示出来。<body>和</body>标签包含所有要在浏览器窗口上显示的内容，也就是 HTML 文档的主体部分。

（2）单标签

单标签没有相应的结束标签的标签，也称空标签。其格式为：

<标签>　或　<标签 />

例如，换行标签
或
。

其他没有相应结束标签的标签有<area>、<base>、<basefont>、
、<col>、<hr>、<img>、<input>、<param>、<link>、<meta>等。

（3）标签的嵌套

标签可以放在另外一个标签所能影响的片段中，以实现对某一段文档的多重标签效果，但是要注意必须要正确嵌套。例如，下面的嵌套是错误的：

<p><em>Hello Word!</p></em>

改正如下：

<p><em>Hello World!</em></p>

需要注意以下两点。

1）每个标签都要用一对尖括号"< >"括起来，如<p>、<table>，以表示这是 HTML 代码而非普通文本。注意，"<"">"与标签名之间不能留有空格或其他字符。

2）在标签名前加上符号"/"便是其结束标签，表示该标签内容的结束，如</h1>。标签也有不用</标签>结尾的，称之为单标签。例如，换行标签
。

2．元素（Element）

HTML 文档中的元素是指从开始标签到结束标签的所有代码。HTML 元素分为有内容的元素和空元素两种。

（1）有内容的元素

有内容的元素是由开始标签、结束标签以及两者之间的元素内容组成的，其中元素内容既可以是需要显示在网页中的文字内容，也可以是其他元素。例如，<title>和</title>是标签，下面的代码是一个 title 元素：

```
<title>淘宝网 - 淘！我喜欢</title>
```

（2）空元素

空元素只有开始标签而没有结束标签，也没有元素内容。例如，br、hr（横线）元素就是空元素。

（3）元素的嵌套

除了 HTML 文档元素<html>外，其他的 HTML 元素都是被嵌套在另一个元素之内的。在 HTML 文档中，html 是最外层元素，也称为根元素。head、body 元素是嵌套在 html 元素内的。body 元素内又嵌套许多元素。HTML 中的元素可以多级嵌套，但是不能互相交叉。例如，下面的代码对于<head>和</head>标签来说，是一个 head 元素：

```
<head><title>淘宝网 - 淘！我喜欢</title></head>
```

同时，这个 title 元素又是嵌套在 head 元素中的另一个元素。

例如，下面是不正确的嵌套写法，p 元素的开始标签在 b 元素的外层，但它的结束标签却放在了 b 元素结束标签内。

```
<p>这是<b>第一段</p>文字</b>
```

正确的 HTML 写法如下：

```
<p>这是<b>第一段</b>文字</p>
```

为了防止出现错误的 HTML 元素嵌套，在编写 HTML 文档时，建议先写外层的一对标签，然后逐渐往里写，这样既不容易忘记写 HTML 元素的结束标签，也可以减少 HTML 元素的嵌套错误。例如，在编写 HTML 文档时，可以像下面这样写。

第 1 步：

```
<html>
</html>
```

第 2 步：

```
<html>
    <head>
    </head>
    <body>
    </body>
</html>
```

第 3 步：

```
<html>
    <head>
        <title></title>
    </head>
    <body>
    </body>
</html>
```

3．属性

属性用来说明元素的特征，借助于元素属性，HTML 网页才会展现丰富多彩且格式美观的内容。

元素的属性放置在元素的开始标签内，每个属性对应一个属性值，通常以"属性名="值""的形式来表示，出现在元素开始标签的">"之前，用空格隔开后，可以指定多个属性，并且在指定多个属性时不用区分顺序。属性的使用格式如下：

<标签　属性 1="属性值 1"　属性 2="属性值 2" ...>受标签影响的内容</标签>

例如，下面代码中的"style="color:#ff0000;font-size:30px""就是 p 元素的属性：

<p style="color:#ff0000;font-size:30px">第一段内容</p>

定义属性值时注意以下几点。

1）不定义属性值。HTML 规定属性也可以没有值，例如：

<dl compact>

浏览器会使用 compact 属性的默认值。但对于没有默认值的属性，不能省略属性值。

2）属性中的属性值可以包含空格，但是这种情况下必须使用引号。例如，下面的代码正确定义了方法：

<img src="C:/Documents and Settings/test.jpg" width=1024 height=36/>

下面的代码则是错误的：

<img src=C:/Documents and Settings/test.jpg width=1024 height=36/>

也就是说，属性值一定是连续字符序列，如果不是连续序列，则要加引号标注。

3）单引号和双引号都可以作为属性值。当属性值中含有单引号时，不能再用单引号来包括属性值，要用双引号来包括属性值。但是，当属性值中有双引号时，属性值中的双引号就要用数字字符引用（&#39）或者字符实体引用（"）来代替双引号。例如，下面的代码是错误的：

<p title="欢迎游览"迪士尼"">乐园</p>

4）HTML 要求属性和属性值使用小写，虽然属性和属性值对大小写不敏感。

1.2.3　HTML 的全局属性

1. HTML 的全局标准属性

全局属性是指可用于大多数 HTML 元素的属性。在 HTML 和 HTML5 规范中规定的全局标准属性，见表 1-2。后续章节将介绍这些属性。

表 1-2　HTML 和 HTML5 的全局标准属性

属性	描述
accesskey	指定激活某个元素的快捷键。支持本属性的元素有 a、area、button、input、label、legend、textarea
class	指定元素的类名。通常用于引用 CSS 样式表中的类，本属性通常写在<body>...</body>元素中。本属性不能用于的元素有 base、head、html、meta、param、script、style、title
id	指定元素的唯一 ID。本属性值在整个 HTML 文档中要唯一，本属性的主要作用是通过 JavaScript 和 CSS 为指定的 ID 改变或添加样式、动作等
style	指定元素的行内 CSS 样式。使用本属性后将覆盖任何全局的样式设定
title	指定元素的额外信息。通常在鼠标指针移到元素上时显示定义的提示文本
dir	指定元素中内容的文本方向。本属性只有 ltr 和 rtl 两种，含义分别是 left to right 和 right to left。本属性对大部分有文本内容的元素有效，无效的元素有 base、br、frame、frameset、hr、iframe、param、script
lang	指定元素内容的语言。与 dir 属性一样，本属性对大部分有文本内容的元素有效，无效的元素有 base、br、frame、frameset、hr、iframe、param、script
tabindex	指定元素的〈Tab〉键次序。支持本属性的元素有 a、area、button、input、object、select、textarea
contenteditable	规定元素内容是否可编辑
designMode	相当于一个全局的 contenteditable 属性。如果将 designMode 属性设为 on，则页面上所有支持 contenteditable 属性的元素都变成可编辑状态。designMode 属性默认为 off。designMode 属性只有用 JavaScript 修改
draggable	规定元素是否可拖动
dropzone	规定在拖动被拖动数据时是否进行复制、移动或链接
hidden	属性值为 true 时显示，为 false 时隐藏
spellcheck	属性值为 true 时对元素进行拼写和语法检查，默认为 false
translate	规定是否翻译元素内容

2．HTML 的全局事件属性

事件是针对某个元素的可识别的动作。例如，针对"确定"按钮的单击事件，文本框内容变化事件、复选框的选中或取消选中事件等。

HTML 有使事件在浏览器中触发动作的能力，例如，当用户单击某个元素时执行 JavaScript 程序。在 HTML 中，事件既可以通过 JavaScript 直接触发，也可以通过全局事件属性触发。所谓全局事件属性是指可用于大多数 HTML 元素的事件属性。有关事件编程的知识，将在第 9 章 JavaScript 事件处理中介绍。

1.2.4 元素的分类

依据元素的作用不同，可将元素分为元信息元素、语义元素和无语义元素。

1．元信息元素

元信息（Meta-information）或称元数据（Metadata）类元素是指用于描述文档自身信息的一类元素。meta 元素定义元信息，包含页面的描述、关键字、最后的修改日期、作者及其他元信息。<meta>标签写在<head>…</head>标签中。元信息元素提供给浏览器、搜索引擎（关键字）以及其他 Web 服务调用，一般不会显示给用户。对于样式和脚本的元数据，可以直接在网页里定义，也可以链接到包含相关信息的外部文件。

meta 元素是元信息元素，在 HTML 中是一个单标签的空元素。该元素可重复出现在头部元素中，用来指明本页的作者、制作工具、所包含的关键字，以及其他一些描述网页的信息。

meta 元素的常用属性如下。

1）charset：定义文档的字符编码，常用的是 UTF-8。

2）content：定义与 name 和 http-equiv 相关的元信息。

3）name：关联 content 的名称（常用的有 keywords 关键字、author 作者名、description 页面描述）。

不同的属性又有不同的参数值，这些不同的参数值就实现了不同的网页功能。本节主要介绍 name 属性，用于设置搜索关键字和描述。meta 元素的 name 属性的语法格式为：

        <meta name="参数" content="参数值">

name 属性主要用于描述网页摘要信息，与之对应的属性值为 content。content 中的内容主要用于搜索引擎查找信息和分类信息。

name 属性主要有以下两个参数：keywords 和 description。其中，keywords 用来告诉搜索引擎网页使用的关键字；description 用来告诉搜索引擎网站主要的内容。

例如，哔哩哔哩网站主页的关键字信息如图 1-3 所示。打开方法是单击 Google Chrome 浏览器地址栏右端的"更多"按钮 ⋮，选择"更多工具"→"开发者工具"选项。选择"Elements"选项卡，再单击▶<head>…</head>选项卡前的箭头展开该元素。当浏览者通过百度搜索引擎搜索"哔哩哔哩"时，就可以看到搜索结果中显示出网站主页的标题、关键字和内容描述，如图 1-4 所示。

图 1-3　关键字信息　　　　　　　　　　　图 1-4　摘要信息

2．语义元素

语义元素是指清楚地向浏览器和开发者描述其意义的元素，如标题元素、段落元素、列表元素等。有些语义元素在网页中可以呈现显示效果，有些没有显示效果。

元素的语义化能够呈现出很好的内容结构，语义化使得代码更具有可读性，让其他开发人员更加理解 HTML 结构，减少差异化；方便其他设备解析，如屏幕阅读器、盲人阅读器、移动设备等，以有意义的方式来渲染网页。爬虫依赖标签来确定关键字的权重，帮助爬虫抓取更多的有效信息。

大约有 100 多个 HTML 语义元素可供选择。语义元素分为块级元素、行内（内联）元素、行内块元素等。

（1）块级元素（block）

块级元素是指本身属性为 display:block 的元素。因为它自身的特点，通常使用块级元素进行大布局（大结构）的搭建。块级元素的特性如下。

1）每个块级元素总是独占一行，表现为另起一行开始，而且其后的元素也必须另起一行显示。

2）块级元素可以直接控制宽度（width）、高度（height）以及盒子模型的相关 CSS 属性，内边距（padding）和外边距（margin）等都可控制。

3）在不设置宽度的情况下，块级元素的宽度是它父级元素内容的宽度。

4）在不设置高度的情况下，块级元素的高度是它本身内容的高度。

常用的块级元素主要有 p、div、ul、ol、li、dl、dt、dd、h1～h6、hr、form、address、pre、table、blockquote、center、dir、fieldset、isindex、menu、noframes、noscript 等。

（2）行内元素（inline）

行内元素也称内联元素，是指本身属性为 display:inline 的元素，行内元素可以和相邻的行内元素在同一行，对宽、高属性值不生效，完全靠内容撑开宽、高。因为它自身的特点，通常使用块级元素来进行文字、小图标（小结构）的搭建。行内元素的特性如下。

1）行内元素会与其他行内元素从左到右在一行显示。

2）行内元素不能直接控制宽度、高度以及盒子模型的相关 CSS 属性，例如内边距的 top、bottom（padding-top、padding-bottom）和外边距的 top、bottom（margin-top、margin-bottom）都不可改变。但是可以设置内外边距水平方向的值。也就是说，对于行内元素的 margin 和 padding，只有 margin-left/margin-right 和 padding-left/padding-right 是有效的，但是竖直方向的 margin 和 padding 无效。

3）行内元素的宽高是由本身内容的大小决定（文字、图片等）。

4）行内元素只能容纳文本或者其他行内元素（不能在行内元素中嵌套块级元素）。

常用的行内元素主要有 a、span、em、strong、b、i、u、label、br、abbr、acronym、bdo、big、br、cite、code、dfn、em、font、img、input、kbd、label、q、s、samp、select、small、span、strike、strong、sub、sup、textarea、tt、var 等。

利用 CSS 可以摆脱上面 HTML 标签归类的限制，自由地在不同标签或元素上应用需要的属性。常用的 CSS 样式有以下三个。

display: block：显示为块级元素。

display:inline：显示为行内元素。

display:inline-block：显示为行内块元素。表现为同行显示并可修改宽、高、内外边距等属性。例如，将<ul>元素加上 display:inline-block 样式，原本垂直的列表就可以水平显示了。

（3）行内块元素

还有一种元素结合行内元素和块级元素，不仅可以对宽和高的属性值生效，还可以多个元素在一行显示，这种元素被称为行内块元素。行内块元素能和其他元素待在一行，能设置宽和高。常用的行内块元素有 img、input、textarea 等。行内块元素的特点是结合行内元素和块级元素的优点，不仅可以对宽和高的属性值生效，还可以多个标签在一行显示。

块级元素可以嵌套行内元素，行内元素不可以嵌套块级元素。

（4）可变元素

可变元素根据上下文关系确定该元素是块级元素还是行内元素。常用的可变元素有 applet、button、del、iframe、ins、map、object、script 等。

（5）HTML5 中新增的结构语义元素

在 HTML5 之前，页面只能用 div 元素作为结构元素来分隔不同的区域，由于 div 元素无任何语义，给代码设计者和阅读者带来困扰，所以在 HTML5 中增加了结构语义元素。HTML5 增加的结构语义元素明确了一个 Web 页面的不同部分，如图 1-5 所示。

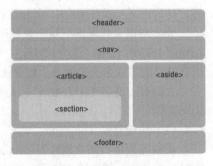

图 1-5　结构语义元素

HTML5 常用的结构语义元素如下。

1）header 元素用于定义文档的头部区域，为文档或节规定页眉，常被用作介绍性内容的容器，可以包含标题元素、Logo、搜索框等。一个文档中可以有多个 header 元素。

2）nav 元素用于定义页面的导航链接部分区域，导航有顶部导航、底部导航和侧边导航等。

3）article 元素用于定义文档内独立的文章，可以是新闻、条件、用户评论等。

4）section 元素用于定义文档中的一个区域或节。节是指有主题的内容组，通常有标题。可以将网站首页划分为简介、内容、联系信息等节。

5）aside 元素用于定义页面主区域内容之外的内容（比如侧边栏）。<aside>标签的内容是独立的，与主区域的内容无关。

6）footer 元素用于定义文档的底部区域。一个页脚通常包含文档的作者、著作权信息、链接的使用条款链接、联系信息等，文档中可以使用多个 footer 元素。

7）figure 元素用于定义一段独立的引用内容，经常与 figcaption 元素配合使用，通常用在主文本的图片、代码、表格等中。如果这部分内容被转移或删掉，不会影响到主体。

8）figcaption 元素用于表示与其相关联的引用的说明或标题，描述其父节点 figure 元素中的其他内容。figcaption 元素应该被置于 figure 元素的第一个或最后一个子元素的位置。

9）main 元素用于规定文档的主内容。

10）mark 元素用于定义重要的或强调的文本。

11）details 元素用于定义用户能够查看或隐藏的额外细节。

12）summary 元素用于定义 details 元素的可见标题。

13）time 元素用于定义日期或时间。

以上的元素除了 figcaption 外，都是块级元素。

3．无语义元素

无语义元素无须考虑其内容，有 div 和 span 两个无语义元素。div 是块级元素，span 是行内元素。

常用 div 元素划分区域或者节，div 元素可以用作组织工具，而不使用任何格式。所谓 Div+CSS 的网页布局，就是用 div 元素组织要显示的数据（文字、图、表等）结构，用 CSS 显示数据的样式，从而做到结构与样式的分离，这种布局代码简单，易于维护。

1.2.5　HTML 的字符实体和颜色表示

1．字符实体

一些字符在 HTML 中拥有特殊的含义，例如，尖括号 ">" "<" 已作为 HTML 的语法符号。因此，如果希望在浏览器显示这些特殊字符，就需要在 HTML 源代码中插入相应的 HTML 代码，这些特殊符号对应的 HTML 代码被称为字符实体。

字符实体由三部分组成：以一个符号（&）开头，中间是一个实体名称，以一个分号（;）结束。例如，要在 HTML 文档中显示小于号，输入"<"。需要强调的是，实体书写对大小写是敏感的。常用的特殊符号及对应的字符实体见表 1-3。

表 1-3　常用的特殊符号及对应的字符实体

特殊符号的描述	字符实体	显示结果	示　　　　例
空格			公司 咨询热线：400-810-6666
大于号（>）	&gt;	>	3>2
小于号（<）	&lt;	<	2<3
双引号（"）	&quot;	"	HTML 属性值必须使用成对的"括起来
单引号（'）	&apos;	'	She said 'hello'
和号（&）	&amp;	&	a & b
版权号（©）	&copy;	©	Copyright ©
注册商标号（®）	&reg;	®	鑫牌®
节号（§）	&sect;	§	§1.1
乘号（×）	&times;	×	10 × 20
除号（÷）	&divide;	÷	10 ÷ 2

空格是 HTML 中最常用的字符实体。通常情况下，在 HTML 源代码中，如果通过按〈Space〉键输入了多个连续空格，浏览器会只保留一个空格，删除其他空格。在需要添加多个空格的位置，使用多个" "就可以在文档中增加空格。

2．HTML 的颜色表示

在 HTML 中，颜色有两种表示方式。一种是用颜色的英文名称表示，比如 blue 表示蓝色，red 表示红色；另外一种是用十六进制的数值表示 RGB 的颜色值。

RGB 颜色的表示方式为#rrggbb。其中，rr、gg、bb 三色对应的取值范围都是 00～FF，如白色的 RGB 值是（255，255，255），用#ffffff 表示；黑色的 RGB 值是（0，0，0），用#000000 表示。

1.2.6　HTML5 开发人员编码规范

HTML5 作为前端网页结构的超文本标记语言，网页的 HTML 代码必须符合 HTML5 书写规范。规范目的是提高团队协作效率，使 HTML5 代码风格保持一致，容易被理解、维护和升级。

1．HTML 书写规范

1）文档第一行添加 HTML5 的声明类型<!DOCTYPE html>。

2）建议为<html>根标签指定 lang 属性，从而为文档设置正确的语言 lang="zh-CN"。

3）编码统一为<meta charset="utf-8"/>。

4）<title>标签必须设置为<head>的直接子元素，并紧随<meta charset>声明之后。

5）文档中除了开头的 DOCTYPE、utf-8（或 UTF-8）和 zh-CN 或者<head>几种特殊情况可以大写外，其他 HTML 标签名必须使用小写字母。

6）标签的闭合要符合 HTML5 的规定。

7）必须遵守标签的嵌套规则，例如，div 不得置于 p 中，tbody 必须置于 table 中。

8）属性名必须使用小写字母，其属性值必须用双引号包围。布尔类型的属性建议不添加属性值。自定义属性推荐使用 data-。

2．标签的规范

1）标签分单标签和双标签，双标签往往是成对出现，所有标签（包括空标签）都必须关闭，如
、<img/>、<p>...</p>等。

2）标签名和属性建议都用小写字母。

3）多数 HTML 标签可以嵌套，但不允许交叉。

4）HTML 文档中一行可以写多个标签，但标签中的一个单词不能分两行写。

3．属性的规范

1）根据需要可以使用该标签的所有属性，也可以只用其中的几个属性。在使用时，属性之间没有顺序。

2）属性值都要用双引号括起来。

3）并不是所有的标签都有属性，如换行标签就没有。

4．元素的嵌套

1）块级元素可以包含行内元素或其他块级元素，但行内元素却不能包含块级元素，它只能包含其他的行内元素。

2）有几个特殊的块级元素只能包含内行元素，不能再包含块级元素，这几个特殊的块级元素是 h1、h2、h3、h4、h5、h6、p、dt。

5．代码的缩进

HTML5 代码并不要求在书写时缩进，但为了文档的结构性和层次性，建议代码缩进设置为 4 个空格，即使用 4 个空格作为一个缩进层级，标签首尾对齐，每层的内容向右缩进 4 个空格。

1.3 编辑 HTML 文件

2　编辑 HTML 文件

1.3.1 常用 HTML 编辑软件

网站制作及前端开发软件是指用于制作 HTML 网页的工具软件。

1．Dreamweaver

Dreamweaver 是美国 Adobe 公司推出的一套拥有可视化编辑界面，用于制作并编辑网站和移动应用程序的网页设计软件。由于 Dreamweaver 支持代码、拆分、设计、实时视图等多种方式来创作、编写和修改网页，对于初级人员，无须编写任何代码就能快速创建 Web 页面。其成熟的代码编辑工具更适用于 Web 开发高级人员的创作，新版本使用了自适应网格版面创建页面，在发布前使用多屏幕预览审阅设计，可大大提高工作效率。所以，Dreamweaver 是一款比较好的 HTML 代码编辑器。

2．Visual Studio Code

Visual Studio Code（简称 VS Code）是 Microsoft 公司开发的运行于 Windows、Mac OS X 和 Linux 系统之上的，开源、免费、跨平台、高性能、轻量级的代码编辑器。它在性能、语言支持、开源社区方面都做得很不错。该编辑器支持多种语言和文件格式的编写，也集成了所有现代编辑器所应该具备的特性，包括语法高亮、可定制的热键绑定、括号匹配以及代码片段收集。

3．Hbuilder X

HBuilder X（简称 HX）编辑器是 DCloud（数字天堂）推出的一款支持 HTML5 的 Web 开发软件。该软件体积小，启动快。通过完整的语法提示和代码输入法、代码块等，大幅提升 HTML、JS、CSS 的开发效率。Hbuilder X 在使用上比较符合中国人的开发习惯，用 HBuilder X 编写 HTML 代码还是很方便的。

4．Sublime Text3 汉化版

Sublime Text 是一款具有代码高亮、语法提示、自动完成且反应快速的编辑器软件，它不仅具有华丽的界面，还支持插件扩展，而且很容易上手。

5．Notepad++

Notepad++旨在替代 Windows 默认的 notepad，它比 notepad 的功能更为强大。Notepad++支持插件，可通过添加不同的插件支持不同的功能。Notepad++属于轻量级的文本编辑类软件，比其他一些专业的文本编辑类工具启动更快，占用资源更少，其功能不亚于专业工具。

6．记事本

任意文本编辑器都可以用于编写网页源代码，最常见的文本编辑器就是 Windows 自带的记事本。

1.3.2　网页文件的创建

本书前几章的网页源代码采用在记事本中手工输入，有助于初学者对网页结构和样式更深入地了解。后几章在 HBuilderX 中编辑，以提高编辑效率。

一个网页可以简单得只有几个文字，也可以复杂得像一张或几张海报。下面创建一个只有文本组成的简单页面，来学习网页的编辑和保存过程。下面用最简单的"记事本"来编辑网页文件。

1）打开记事本。单击 Windows 的"开始"按钮，在"Windows 附件"中单击"记事本"。

2）在记事本窗口中输入 HTML 代码，如图 1-6 所示。

3）在记事本的"文件"菜单中，选择"保存"选项。显示"另存为"对话框，在"保存在"下拉列表框中选择文件要存放的路径，在"文件名"文本框输入以.html 为后缀的文件名，如 index.html，在"保存类型"下拉列表框中选择"文本文档（*.txt）"选项，在"编码"下拉列表框中选择"UTF-8"或"Unicode"选项，如图 1-7 所示。最后单击"保存"按钮，将记事本中的内容保存在磁盘中。

图 1-6　输入 HTML 代码

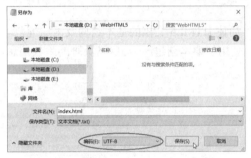

图 1-7　"记事本"的"另存为"对话框

4）在如图 1-8 所示的文件资源管理器中，双击 index.html 文件启动浏览器，即可看到网页的显示结果，如图 1-9 所示。如果保存时选择的编码是"ANSI"，中文将显示为乱码。

图 1-8　双击 index.html 文件

图 1-9　在浏览器中显示网页

本书所有的应用实例均是在 Windows 10 操作系统下的 Google Chrome 浏览器中运行。

1.4　实训——制作社区网版权信息

【实训 1-1】制作社区网的页脚版权信息，页面中包括版权符号、空格。本实例文件 pt1-1.html 在浏览器中显示的效果如图 1-10 所示。

```
<!DOCTYPE html>
<html>
    <head>
```

图 1-10　社区网的版权信息

```
        <meta charset="utf-8">
        <title>社区网首页</title>
    </head>
    <body>
        <p style="font-size:12px;text-align:center">主办单位名称: 社区研究会  网站备
案号: 京 ICP 备 10006066 号  营业执照经营许可证编号:
        京 ICP 证 160666 号  京公网安备: 11011402010666 号</p>
        <p style="font-size:12px;text-align:center">Copyright &copy; 2020 All Rights Reserved. 社区
网版权所有</p>
    </body>
</html>
```

【说明】HTML 语言忽略多余的空格, 最多只空一个空格。在需要空格的位置, 既可以用" "
插入一个空格, 也可以输入全角中文空格。另外, 这里对段落使用了行内 CSS 样式 style="font-size:
12px;text-align:center"来控制段落文字的大小及对齐方式。关于 CSS 样式的应用将在后面的章节中详
细讲解。

习题 1

1. 简述 HTML5 文档的基本结构及语法规范。
2. 使用记事本创建一个 JD 网页脚的版权信息, 如图 1-11 所示 (可在 JD.COM 网站复制需要的
文字)。

图 1-11 JD 网页脚的版权信息

第2章 块 级 元 素

在第1章中讲到 HTML 元素分为块级元素和行内元素，本章讲解块级元素的应用。从页面布局的角度来看，块级元素又可细分为基本块级元素和常用于布局的块级元素。常用的块级元素有 p、br、ul、ol、li、dl、dt、dd、h1～h6、form、div 等。

学习目标： 掌握 HTML 的块级元素和属性。

重点难点： 重点是基本块级元素、列表元素，难点是表单。

3 标题元素
h1～h6

2.1 基本块级元素

基本块级元素包括标题元素、段落元素和水平线元素。

2.1.1 标题元素 hl～h6

<hl>～<h6>标签可定义标题。其中，<hl>定义最大的标题，<h6>定义最小的标题。由于 h 元素拥有确切的语义，因此在开发过程中需要选择恰当的标签层级构建文档的结构。通常，<h1>用于最顶层的标题，<h2>、<h3>和<h4>用于较低的层级，<h5>和<h6>由于文档层级关系很低、字号非常小而很少使用。该标签支持全局标准属性和全局事件属性。

通过设置不同大小的标题，增加文章的条理性。标题元素的格式为：

<hn>标题文字</hn>

n 指定标题文字的层级，n 取 1～6 之间的值。

【例 2-1】 列出 HTML 中的各级标题。本例文件 2-1.html 在浏览器中的显示效果如图 2-1 所示。

```
<!DOCTYPE html>
<html>
    <head>
        <meta charset="utf-8">
        <title>标题示例</title>
    </head>
    <body>
        <h1>第1章  HTML5 概述(一级标题)</h1>
        <h2>1.1  Web 的基本概念(二级标题)</h2>
        <h3>1.1.1  WWW （三级标题）</h3>
        <h4>1. HTML 的发展（四级标题）</h4>
        <h5>（1）HTML1.0（五级标题）</h5>
        <h6>（六级标题）</h6>
    </body>
</html>
```

图 2-1 标题示例显示

在 HTML5 中，推荐使用 CSS 设置标题元素的属性。

4 段落元素 p 和
换行元素 br

2.1.2 段落元素 p 和换行元素 br

段落标签<p>…</p>定义段落，浏览器增加段前、段后的行距。段落的行数会依据浏览器窗口的大小而改变。而且如果段落元素的内容中有多个连续的空格（按〈Space〉键），或者连续多个换行（按〈Enter〉键），浏览器都将解读为一个空格（ ）。该标签支持全局标准属性和全局事件属性。段

15

落元素的格式为:

    \<p>段落文字\</p>

在 HTML5 中，推荐使用 CSS 设置段落元素 p 的属性。

若要正常地换行，使用\<br /\>标签。\<br /\>标签定义一个换行，通常放在\<p>标签内。需要注意的是，不要使用\<br /\>标签分段落，它们的语义不同，在浏览器中的显示也不同，\<br /\>不会增加段前、段后的行距。换行元素的格式为:

    \<br /\>

【例 2-2】列出包含\<p>标签的多种属性。本例文件 2-2.html 在浏览器中的显示效果如图 2-2 所示。

图 2-2　段落、换行示例

```
<!DOCTYPE html>
<html>
    <head>
        <meta charset="utf-8">
        <title>段落、换行示例</title>
    </head>
    <body>
        <h3>1.1.1  Web 服务器</h3>
        <p>Web 服务器也称为 WWW（World Wide Web）服务器，一般指网站服务器，WWW 是
        Internet 的多媒体信息查询工具，是 Internet 上发展最快和目前用得最广泛的服务。<br />
        正是 WWW 工具使得近年来 Internet 迅速发展，且用户数量飞速增长。</p>
        <p>    Web 服务器的主要功能是提供网上信息浏览服务。<br />
        Web 服务器可以解析 HTTP，当 Web 服务器接收到一个 HTTP 请求时，会返回一个 HTTP
        响应，这样浏览器等 Web 客户端就可以从服务器上获取网页（HTML），包括 CSS、JS、
        音频、视频等资源。</p>
    </body>
</html>
```

5　水平线元素 hr

2.1.3　水平线元素 hr

使用水平线元素 hr，可以在浏览器中创建一条水平标尺线（Horizontal Rule），可以在视觉上将文档分割成多个部分。线段的样式由标签的参数决定。水平线元素的格式为:

    \<hr /\>

在 HTML5 中，推荐使用 CSS 设置水平线元素的其他属性（线条粗细、长度、颜色等）。

【例 2-3】水平线元素的基本用法。本例文件 2-3.html 在浏览器中的显示效果如图 2-3 所示。

```
<!DOCTYPE html>
<html>
    <head>
        <meta charset="utf-8">
        <title>hr 标签示例</title>
    </head>
    <body>
        <p>hr 标签定义水平线：</p>
        <hr />
        <p>这是段落。</p>
        <hr />
        <p>这是段落。</p>
        <hr />
        <p>这是段落。</p>
```

图 2-3　水平线元素示例

```
        </body>
    </html>
```

<hr />标签强制执行一个简单的换行，将导致段落的对齐方式重新回到默认值设置（左对齐）。在 HTML5 中，所有<hr />标签的呈现属性可以使用，但不推荐使用，要想更灵活地控制并美化页面布局，推荐使用 CSS 设置。

2.1.4 注释元素

6 注释元素

注释元素用于在源代码中插入注释。注释的作用是方便自己和项目组的其他人员阅读和调试代码，便于以后对自己代码的理解和修改。当浏览器遇到注释时会自动忽略注释内容，浏览者在浏览器中看不见这些注释，注释只有在用文本编辑器打开文档源代码时才可见。注释元素的格式为：

<!--注释内容-->

注释并不局限于一行，长度不受限制。结束标签与开始标签可以不在一行上。

【例 2-4】 注释示例。本例文件 2-4.html 在浏览器中的显示效果如图 2-4 所示。

```
<!DOCTYPE html>
<html>
    <head>
        <meta charset="utf-8">
        <title>注释示例</title>
    </head>
    <body>
        <!--这是一段注释，不会在浏览器中显示。-->
        <p> HTML 是制作网页的基础语言，是初学者必学的内容。</p>
        <script type="text/javascript">
            <!--
            function displayMsg() {
                alert("Hello World!")
            }
            -->
        </script>
    </body>
</html>
```

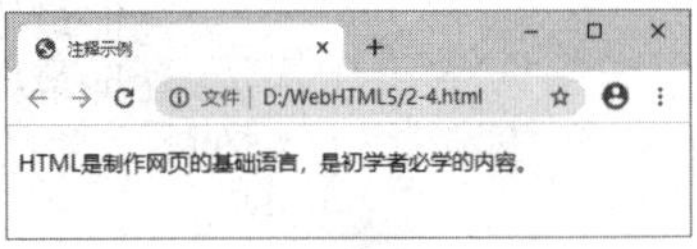

图 2-4 注释显示效果

使用注释标签来隐藏浏览器不支持的脚本也是一个好习惯，这样就不会把脚本显示为纯文本。

2.2 列表元素

把相关内容用列表的形式展示，可以使内容显得更加有条理性。HTML5 提供了 3 种列表模式，即无序列表、有序列表和定义列表。本节主要介绍对应的三种列表元素。

2.2.1 无序列表元素 ul

7 无序列表
元素 ul

无序列表中每项的前缀都显示一个项目符号（如●、〇等符号）。用<ul>标签定义无序列表，用<li>定义列表项。<ul>标签支持全局标准属性和全局事件属性。定义无序列表元素的格式为：

```
<ul>
    <li>第一个列表项</li>
    <li>第二个列表项</li>
    ...
```

```
    </ul>
```

从浏览器上看，无序列表的特点是，列表项目作为一个整体，与上下段文本间各有一行空白；列表项向右缩进并左对齐，每个列表项前面都有项目符号。

HTML5 推荐用 CSS 样式来定义列表的类型。

【例 2-5】 无序列表示例。本例文件 2-5.html 在浏览器中的显示效果如图 2-5 所示。

```
<!DOCTYPE html>
<html>
    <head>
        <meta charset="utf-8">
        <title>无序列表示例</title>
    </head>
    <body>
        <h4>征文排行</h4>
        <ul>
            <li>最佳图书奖</li>
            <li>最佳创意奖</li>
            <li>最具人气作品奖</li>
            <li>最佳短篇奖</li>
            <li>最烧脑作品奖</li>
        </ul>
    </body>
</html>
```

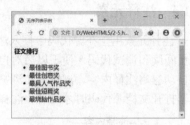

图 2-5　无序列表显示效果

8　有序列表
元素 ol

2.2.2　有序列表元素 ol

有序列表的前缀通常为序号标志（如数字、字母等），通过带序号的列表可以更清楚地表达信息的顺序。使用<ol>标签可以建立有序列表，表项的标签仍为<li>。定义有序列表元素的格式为：

```
<ol>
    <li>第一个列表项</li>
    <li>第二个列表项</li>
    …
</ol>
```

在浏览器中显示时，有序列表整个表项与上下段文本之间各有一行空白；列表项目向右缩进并左对齐；各个列表项前都带顺序号。有序列表的每个列表项的序号默认为数字。

HTML5 推荐使用样式表 CSS 改变有序列表中的序号类型。

【例 2-6】 有序列表示例。本例文件 2-6.html 在浏览器中的显示效果如图 2-6 所示。

```
<!DOCTYPE html>
<html>
    <head>
        <meta charset="utf-8">
        <title>有序列表示例</title>
    </head>
    <body>
        <h4>征文排行</h4>
        <ol><!--列表样式为默认的数字-->
            <li>最佳图书奖</li>
            <li>最佳创意奖</li>
            <li>最具人气作品奖</li>
```

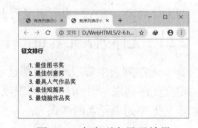

图 2-6　有序列表显示效果

```
            <li>最佳短篇奖</li>
            <li>最烧脑作品奖</li>
        </ol>
    </body>
</html>
```

9 定义列表
元素 dl

2.2.3 定义列表元素 dl

定义列表又称为释义列表或字典列表，用<dl>标签定义。它的内容不仅仅是一列项目，而是项目及其注释的组合。定义列表的内部可以有多个列表项标题，每个列表项标题用<dt>标签定义，列表项标题内部又可以有多个列表项描述，用<dd>标签定义。定义列表元素的格式为：

<dl>
    <dt>第一个标题项</dt>
    <dd>对第一个标题项的解释文字 1</dd>
    <dd>对第一个标题项的解释文字 2</dd>
    …
    <dt>第二个标题项</dt>
    <dd>对第二个标题项的解释文字 1</dd>
    …
</dl>

在<dl>、<dt>和<dd>3 个标签组合中，<dt>是标题，<dd>是内容，<dl>可以看作是承载它们的容器。当出现多组这样的标签组合时，应尽量使用一个<dt>标签配合一个<dd>标签的方法。如果<dd>标签中内容很多，可以嵌套<p>标签使用。

【例 2-7】 使用列表显示高分电影排行榜。本例文件 2-7.html 在浏览器中的显示效果如图 2-7 所示。

```
<!DOCTYPE html>
<html>
    <head>
        <meta charset="utf-8">
        <title>定义列表示例</title>
    </head>
    <body>
        <h4>高分电影排行榜</h4>
        <dl>
            <dt>按类型排行</dt>
            <dd>爱情</dd>
            <dd>喜剧</dd>
            <dd>其他类型</dd>
            <dt>按年代排行</dt>
            <dd>2020</dd>
            <dd>2019</dd>
            <dd>其他年代</dd>
        </dl>
    </body>
</html>
```

图 2-7 页面显示效果

在上面的示例中，<dl>列表中每一项的名称用<dt>标签，后面跟由<dd>标签标记的条目定义或解释。默认情况下，浏览器在左边界显示条目的名称，并在下一行缩进显示其定义或解释。

2.2.4 嵌套列表

所谓嵌套列表就是无序列表与有序列表嵌套混合使用。嵌套列表可以把页面分为多个层次，给人以很强的层次感。有序列表和无序列表不仅可以自身嵌套，而且可彼此互相嵌套。嵌套方式可分为：无序列表中嵌套无序列表、有序列表中嵌套有序列表、无序列表中嵌套有序列表、有序列表中嵌套无序列表等方式，读者需要灵活掌握。

【例 2-8】在无序列表中嵌套无序列表、有序列表和定义列表。本例文件 2-8.html 在浏览器中的显示效果如图 2-8 所示。

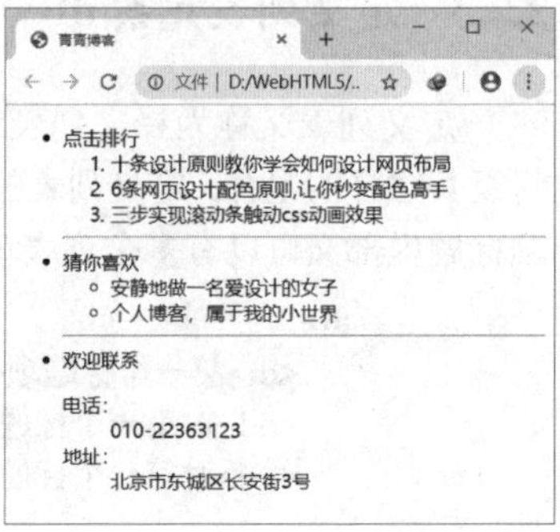

图 2-8　页面显示效果

```html
<!DOCTYPE html>
<html>
    <head>
        <meta charset="utf-8">
        <title>青青博客</title>
    </head>
    <body>
        <ul><!--无序列表-->
            <li>点击排行</li>
            <ol><!--有序列表-->
                <li>十条设计原则教你学会如何设计网页布局</li>
                <li>6 条网页设计配色原则，让你秒变配色高手</li>
                <li>三步实现滚动条触动 css 动画效果</li>
            </ol>
            <hr /><!--水平分隔线-->
            <li>猜你喜欢</li>
            <ul><!--嵌套无序列表-->
                <li>安静地做一名爱设计的女子</li>
                <li>个人博客，属于我的小世界</li>
            </ul>
            <hr /><!--水平分隔线-->
            <li>欢迎联系</li>
            <dl>
                <dt>电话：</dt>
                <dd>010-22363123</dd>
                <dt>地址：</dt>
                <dd>北京市东城区长安街 3 号</dd>
            </dl>
        </ul>
    </body>
</html>
```

2.3　表格元素 table

表格是由指定数目的行和列组成，每行的列数通常一致，同行单元格高度一致且水平对齐，同列单元格宽度一致且垂直对齐，这种严格的约束形成了一个不易变形的长方形盒子结构，堆叠排列起来结构很稳定，表格中的内容按照相应的行或列进行分类和显示。表格将文本和图像按行、列排列，它与列表一样，有利于表达信息。

2.3.1 基本表格

表格用<table>标签定义,标签标题用<caption>标签定义；每个表格有若干行，

10　基本表格

用<tr>标签定义；每行被分隔为若干个单元格，用<td>标签定义；当单元格是表头时，用<th>标签定义。定义表格元素的格式为：

```
<table border="n" width="x|x%" height="y|y%" cellspacing="i" cellpadding="j">
    <caption>标题</caption>
    <tr> <th>表头 1</th> <th>表头 2</th> <th>…</th> <th>表头 n</th></tr>
    <tr> <td>表项 1</td> <td>表项 2</td> <td>…</td> <td>表项 n</td></tr>
        …
    <tr> <td>表项 1</td> <td>表项 2</td> <td>…</td> <td>表项 n</td></tr>
</table>
```

表格是一行一行建立的，在每一行中填入该行每一列的表项数据。可以把表头看作一行，只不过用的是<th>标签。在浏览器中显示时，<th>标签的文字按粗体显示，<td>标签的文字按正常字体显示。

表格的整体外观由 table 元素的属性决定。

1）border 属性：定义表格边框的粗细，n 为整数，单位为像素。如果省略，则不带边框。

2）width 属性：定义表格的宽度，x 为像素数或百分数（占窗口的）。

3）height 属性：定义表格的高度，y 为像素数或百分数（占窗口的）。

4）cellspacing 属性：定义表项间隙，i 为像素数。

5）cellpadding 属性：定义表项内部空白，j 为像素数。

【例 2-9】 在页面中添加一个 4 行 3 列的表格。本例文件 2-9.html 在浏览器中的显示效果如图 2-9 所示。

图 2-9 表格的显示效果

```
<!DOCTYPE html>
<html>
    <head>
        <meta charset="utf-8">
        <title>表格示例</title>
    </head>
    <body>
        <table>
            <caption>班级名单</caption>
            <tr><th>姓名</th><th>性别</th><th>专业</th></tr>
            <tr><td>张三丰</td><td>男</td><td>大数据与信息处理技术</td></tr>
            <tr><td>李四萍</td><td>女</td><td>软件工程</td></tr>
            <tr><td>王五一</td><td>女</td><td>计算机科学与技术</td></tr>
        </table>
        <table border="1" cellspacing="10" cellpadding="20">
            <caption>班级名单</caption>
            <tr><th>姓名</th><th>性别</th><th>专业</th></tr>
            <tr><td>张三丰</td><td>男</td><td>大数据与信息处理技术</td></tr>
            <tr><td>李四萍</td><td>女</td><td>软件工程</td></tr>
            <tr><td>王五一</td><td>女</td><td>计算机科学与技术</td></tr>
        </table>
    </body>
</html>
```

表格所使用的边框粗细等样式一般应放在专门的 CSS 样式文件中（后续章节讲解），此处讲解这些属性仅仅是为了演示表格案例中的页面效果，在真正设计表格外观的时候是通过 CSS 样式完成的。

2.3.2 跨行跨列表格

在表格中合并单元格，跨行是指单元格在垂直方向上合并，跨列是指单元格在水平方向上合并。<th>标签可以使用 rowspan 和 colspan 两个属性，分别表示该单元格纵跨多少行和横跨多少列。定义跨行跨列表格的格式为：

\<table\>
　\<tr\>\<td rowspan="所跨的行数" colspan="所跨的列数"\>单元格内容\</td\>\</tr\>
\</table\>

【**例 2-10**】　跨行跨列表格示例。本例文件 2-10.html 在浏览器中的显示效果如图 2-10 所示。

```
<!DOCTYPE html>
<html>
    <head>
        <meta charset="utf-8">
        <title>跨行跨列表格示例</title>
    </head>
    <body>
        <table width="300" border="2">
            <tr>
                <td colspan="3">课程成绩</td><!--设置单元格水平跨 3 列-->
            </tr>
            <tr>
                <td rowspan="2">语文</td><!--设置单元格垂直跨 2 行-->
                <td>期中</td>
                <td>89</td>
            </tr>
            <tr>
                <td>期末</td>
                <td>92</td>
            </tr>
            <tr>
                <td rowspan="2">英语</td><!--设置单元格垂直跨 2 行-->
                <td>期中</td>
                <td>95</td>
            </tr>
            <tr>
                <td>期末</td>
                <td>90</td>
            </tr>
        </table>
    </body>
</html>
```

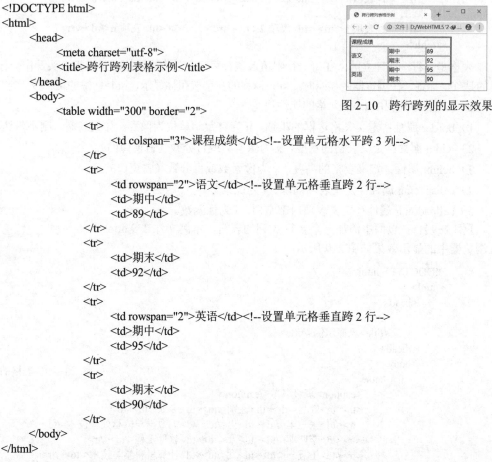

图 2-10　跨行跨列的显示效果

　　表格跨行跨列以后，并不改变表格的特点。表格中同行的内容总高度一致，同列的内容总宽度一致，各单元格的宽度或高度互相影响，结构相对稳定，不足之处是不能灵活地进行布局控制。

2.3.3　表格数据的分组

　　表格数据的分组标签包括\<thead\>、\<tbody\>和\<tfooter\>，主要用于对表格数据进行逻辑分组。其中，\<thead\>标签对应表格的表头；\<tbody\>标签对应表格的主体；\<tfooter\>对应表格的页脚，即对各分组数据汇总的部分。各分组标签内由多行\<tr\>组成，子元素仅有 td 和 th。

　　标签\<tbody\>、\<thead\>、\<tfoot\>通常用于对表格内容进行分组，当创建某个表格时，希望拥有一个标题行、一些带有数据的行，以及位于底部的一个总计行。这种划分使浏览器有能力支持独立于表格标题和页脚的表格正文滚动。当长的表格被打印时，表格的表头和页脚可被打印在包含表格数据的每张页面上。

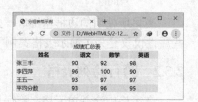

　　【**例 2-11**】　表格分组示例。本例文件 2-11.html 在浏览器中的显示效果如图 2-11 所示。

图 2-11　表格分组的显示效果

```html
<!DOCTYPE html>
<html>
    <head>
        <meta charset="utf-8">
        <title>分组表格示例</title>
    </head>
    <body>
        <table border="0" width="420"><!--设置表格宽度为420px，无边框-->
            <caption>成绩汇总表</caption>
            <thead style="background:#FAF0E6"><!--设置表格的页眉-->
                <tr>
                    <th>姓名</th>
                    <th>语文</th>
                    <th>数学</th>
                    <th>英语</th>
                </tr>
            </thead><!--表格页眉结束-->
            <tbody style="background:#FFFAF0"><!--设置表格主体-->
                <tr>
                    <td>张三丰</td>
                    <td>90</td>
                    <td>92</td>
                    <td>98</td>
                </tr>
                <tr>
                    <td>李四萍</td>
                    <td>96</td>
                    <td>100</td>
                    <td>90</td>
                </tr>
                <tr>
                    <td>王五一</td>
                    <td>93</td>
                    <td>97</td>
                    <td>97</td>
                </tr>
            </tbody><!-表格主体结束-->
            <tfoot style="background:#FAF0E6"><!--设置表格的数据页脚-->
                <tr>
                    <td>平均分数</td>
                    <td>93</td>
                    <td>96</td>
                    <td>95</td>
                </tr>
            </tfoot><!--表格页脚结束-->
        </table>
    </body>
</html>
```

为了区分表格各部分的颜色，这里使用了 style 样式属性分别为 thead、tbody 和 tfooter 元素设置背景色，此处只是为了演示页面效果。

2.3.4 调整列的格式

为了调整列的格式，对表格中的列组合后，可以用以下标签对表格中的列定义属性值。

1）<colgroup>：对表格中的列进行组合，以便对其进行格式化。

2）<col>：为表格中一个或者多个列定义属性值，通常位于 colgroup 元素内。

【例 2-12】列格式示例。本例文件 2-12.html 在浏览器中的显示效果如图 2-12 所示。

图 2-12　列格式的显示效果

```html
<!DOCTYPE html>
<html>
    <head>
        <meta charset="utf-8">
        <title>分组表格示例</title>
    </head>
    <body>
        <table border="1">
            <colgroup>
                <col width="150" style="background:#FFFAF0">
                <col width="100" style="background:#8d8d8d">
                <col width="200" style="background:#FFFAF0">
            </colgroup>
            <tr>
                <th>姓名</th>
                <th>姓名</th>
                <th>专业</th>
            </tr>
            <tr>
                <td>张三丰</td>
                <td>男</td>
                <td>大数据与信息处理技术</td>
            </tr>
            <tr>
                <td>李四萍</td>
                <td>女</td>
                <td>软件工程</td>
            </tr>
            <tr>
                <td>王五一</td>
                <td>女</td>
                <td>计算机科学与技术</td>
            </tr>
        </table>
    </body>
</html>
```

2.4　表单

用户在注册、登录、搜索等时，网页中用于输入内容的文本框、单选框、复选框、下拉列表框、按钮等，可以用表单来实现。当访问者在表单中输入信息并单击提交按钮后，这些信息将被发送到服务器，服务器端脚本或应用程序将对这些信息进行处理。

2.4.1　表单元素 form

网页上具有可输入表项及项目选择等控制所组成的栏目称为表单。<form>标签用于创建供用户输入的 HTML 表单。form 元素是块级元素，其前后会产生折行。form 元素的基本格式为：

> **<form name="表单名" action="URL" method="get|post" ...>**
>   ...
> **</form>**

<form>标签主要用于表单结果的处理和传送，常用属性如下。

1）action 属性：规定当提交表单时向何处发送表单数据，是网址或 E-mail 地址。这个属性必须有。

2）method 属性：规定用于发送表单数据时的发送类型，其属性值可以是 get 或 post，具体是哪一个，取决于后台程序。这个属性必须有。

3）enctype 属性：规定在发送表单数据之前如何对其进行编码。enctype 属性有以下 3 个值。

● application/x-www-form-urlencoded：默认的编码方式，在发送前编码所有字符。

● multipart/form-data：被编码为一条二进制消息，网页上的每个控件对应消息中的一个部分，包括文件域指定的文件。在使用包含文件上传控件的表单时，必须使用这个值。

● text/plain：空格转换为加号（+），但不对特殊字符编码。

4）name 属性：表单的名字，在一个网页中用于识别表单的唯一标识，与 id 属性值相同。

5）target 属性：规定使用哪种方式打开目标 URL，它的属性值可以是_blank、_self、_parent 或_top 中的一个，使用方法与 a 元素的 target 属性相同。

2.4.2 输入元素 input

input 元素用来定义用户输入数据的输入字段。根据不同的 type 属性值，输入字段可以是文本字段、密码字段、复选框、单选按钮、按钮、隐藏域、图像、文件等。input 元素的基本格式为：

> **<input type="表项类型" name="元素名" size="x" maxlength="y" />**

input 元素的常用属性如下。

1）type 属性：指定要加入表单项目的类型，type 属性值见表 2-1。

表 2-1　input 元素的 type 属性值

type 的属性值	描　述
text	单行文本输入框，可以输入一行文本，可通过 size 和 maxlength 定义显示的宽度和最大字符数
password	密码输入框，同单行文本框，不同的是，该区域字符会被掩码
radio	单选按钮，相同 name 属性的单选按钮只能选中一个，默认选中用 checked="checked"
checkbox	复选框，可以同时选中多个，默认选中用 checked="checked"
submit	提交按钮，单击本按钮后将表单数据发送到服务器
reset	重置按钮，单击本按钮后会清除表单中输入的所有数据
button	按钮，大部分情况下执行的是 JavaScript 脚本
image	图片形式的提交按钮，效果同提交按钮，必须使用 src 属性定义图片的 URL，并且使用 alt 定义当图片无法显示时的替代文字。height 和 width 属性定义图片的高和宽
file	选择文件控件，用于上传文件
hidden	隐藏的输入区域，一般用于定义隐藏的参数
color	让用户从拾色器中选择一个颜色
date	让用户从一个日期选择器选择一个日期
datetime	让用户从一个 UTC 日期和时间选择器中选择一个日期。有的浏览器不支持
datetime-local	让用户从日期时间选择器中选择一个本地的日期和时间
time	让用户从时间选择器中选择小时和分
month	让用户从月份选择器中选择月份，包括年和月

type 的属性值	描　述
week	让用户从周、年选择器中选择周和年
email	生成一个 E-Mail 地址的输入框
number	生成一个只能输入数值的输入框
range	生成一个拖动条，通过拖动输入一定范围内的数字值
search	生成一个用于输入搜索关键字的文本框
tel	生成一个只能输入电话号码的文本框
url	生成一个 URL 的输入框

2）name 属性：定义 input 元素的名称。

3）size 属性：定义该控件的宽度。

4）maxlength 属性：规定输入字段中字符的最大长度。

5）checked 属性：当页面加载时是否预先选择该 input 元素（适用于 type="checkbox" 或 type="radio"）。

6）readonly 属性：规定输入字段为只读，字段的值无法修改。

7）autofocus 属性：规定输入字段在页面加载时是否获得焦点（不适用于 type="hidden"）。

8）disabled 属性：当页面加载时是否禁用该 input 元素（不适用于 type="hidden"）。

9）value 属性：规定 input 元素的默认值。

【例 2-13】 制作不同类型的表单按钮，本例文件 2-13.html 在浏览器中的显示效果如图 2-13 所示。

图 2-13　不同类型的按钮

```html
<!DOCTYPE html>
<html>
    <head>
        <meta charset="utf-8">
        <title>表单的 input 示例</title>
    </head>
    <body>
        <form action="" method="">
            账号: <input type="text" name="user" size=30 /><br />
            密码: <input type="password" name="passwd" size=30 /><br />
            性别: <input type="radio" name="sex" vlaue="male" /> 男
            <input type="radio" name="sex" value="female" checked="checked" />女<br />
            技术: <input type="checkbox" name="tech" value="java" />Java
            <input type="checkbox" name="tech" value="html" />html
            <input type="checkbox" name="tech" value="css" />CSS<br />
            选择上传文件: <input type="file" name="file" /><br />
            图片按钮: <input type="image" src="images/ClickEnter.jpg" width="80" height="25"><br />
            隐藏组件:<input type="hidden" name="mykey" value="myvalue" /><br />
            选择你喜欢的颜色: <input type="color" name="favcolor"><br />
            工作日期: <input type="date" name="bday"><br />
            生日(日期和时间): <input type="datetime-local" name="bdaytime"><br />
            选择时间: <input type="time" name="usr_time"><br />
            生日(月和年): <input type="month" name="bdaymonth"><br />
            数量(1 到 5 之间): <input type="number" name="quantity" min="1" max="5"><br />
            强度: <input type="range" name="points" min="1" max="10"><br />
            <input type="reset" />  <input type="submit" />  <input type="reset" value="自定义按钮" />
        </form>
```

```
          </body>
        </html>
```

2.4.3 标签元素 label

　　<label>标签用于为表单中的其他控件元素添加说明文字。当用户在浏览器中单击 label 元素生成的标签时，会自动将焦点转到与该标签相关的表单控件上。label 元素的格式为：

　　　　<label for="id">说明文字</label>

　　<label>标签最重要的属性是 for 属性。for 属性把 label 元素绑定到另外一个元素，把 for 属性的值设置为相关元素的 id 属性的值。使<label>标签与表单控件关联的方法有以下两种。

- 将<label>标签的 for 属性值，指定为关联表单控件的 id。
- 把说明与表单控件一起放入<label>…</label>标签内部。

　　【例 2-14】 label 元素的示例。本例文件 2-14.html 在浏览器中的显示效果如图 2-14 所示，单击"密码"标签，焦点将定位到其关联的文本框中。

```
          <!DOCTYPE html>
          <html>
            <head>
              <meta charset="utf-8">
              <title>label 元素示例</title>
            </head>
            <body>
              <form action="" method="post">
                <label for="username">用户名：</label><input id="username" type="text" name="user" />
<br />
                <label>密码：<input type="password" name="passwd" /></label><br />
              </form>
            </body>
          </html>
```

图 2-14　label 元素的显示效果

2.4.4 选择栏元素 select

　　select 元素可用来创建菜单或者下拉列表框，实现单选或多选菜单。<select>标签必须配合<option>标签和<optgroup>标签使用，<option>标签定义列表中的可用选项；<optgroup>标签表示一个选项组，该元素中只能有 option 子元素。

1．select 元素

select 元素的格式为：

```
          <select size="x" name="控件名" multiple= "multiple">
            <optgroup>
              <option …> … </option>
              <option …> … </option>
                …
            </optgroup>
              …
          </select>
```

select 元素的属性如下。

1）size 属性：指定下拉列表中同时显示选项的数目，默认值为 1。

2）name 属性：下拉列表的名称。

3）multiple 属性：指定可选择多个选项，属性值只能是 multiple。无此属性时则为单选。

2．option 元素

option 元素定义下拉列表中的一个选项。浏览器将<option>标签中的内容作为<select>标签的菜单或是滚动列表中的一个元素显示。option 元素必须位于 select 元素内部。option 元素的格式为：

<option value="选项值" selected ="selected">…</option>

option 元素的属性如下。

1）value 属性：定义该列表项对应的送往服务器的参数。若省略，则初值为 option 中的内容。

2）selected 属性：指定该选项的初始状态为选中，其属性值只能是 selected。

3．optgroup 元素

如果列表选项很多，可以使用<optgroup>标签对相关选项分组。optgroup 元素的格式为：

<optgroup>
    <option …> … </option>
    <option …> … </option>
    …
</optgroup>

ptgroup 元素的属性如下。

1）label 属性：为选项组指定说明文字，本属性必须设置。

2）disabled 属性：设置该选项组是否可用，属性值是 disabled。

【例 2-15】 制作问卷调查的下拉列表。本例文件 2-15.html 在浏览器中的显示效果如图 2-15 所示。

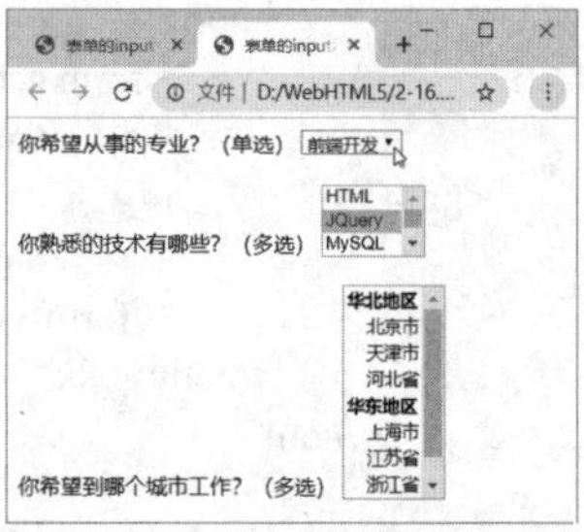

```
<!DOCTYPE html>
<html>
    <head>
        <meta charset="utf-8">
        <title>表单的 input 示例</title>
    </head>
    <body>
        <form action="" method="post">
            你希望从事的专业？（单选）
            <select>
                <option value="front">前端开发</option>
                <option value="back">后端开发</option>
                <option value="ai">人工智能</option>
            </select><br /><br />
            你熟悉的技术有哪些？（多选）
            <select size="3" multiple="multiple">
                <option value="html">HTML</option>
                <option value="jq" selected="selected">JQuery</option>
                <option value="mysql">MySQL</option>
                <option value="asp">ASP.NET</option>
            </select><br /><br />
            你希望到哪个城市工作？（多选）
            <select size="8" multiple="multiple">
                <optgroup label="华北地区">
                    <option value="beijing">北京市</option>
                    <option value="tianjin">天津市</option>
                    <option value="hebei">河北省</option>
                </optgroup>
                <optgroup label="华东地区">
                    <option value="shanghai">上海市</option>
                    <option value="jiangsu">江苏省</option>
```

图 2-15　页面的显示效果

```
                    <option value="zhejiang">浙江省</option>
                    <option value="anhui">安徽省</option>
                </optgroup>
            </select>
        </form>
    </body>
</html>
```

2.4.5　按钮元素 button

button 元素定义一个按钮。<button>与</button>标签之间的所有内容都是按钮的内容，其中包括任何可接收的内容，包括文本、图像或多媒体内容。这是该元素与 input 元素创建的按钮之间的不同之处。button 元素与<input type="button">相比，前者提供了更强大的功能和更丰富的内容。button 元素的格式为：

<button type="按钮的类型">文本、图像元素</button>

button 元素的属性如下。

1）type 属性：指定按钮的类型，只能是 button、reset 或 submit，与 input 元素的 3 种类型的按钮相对应。

2）autofocus 属性：指定当页面加载时按钮自动地获得焦点。

3）disabled 属性：指定禁用该按钮。

4）name 属性：指定按钮的名称。

5）value 属性：指定按钮的初始值，可由脚本进行修改。

【例 2-16】　按钮元素示例。本例文件 2-16.html 在浏览器中的显示效果如图 2-16 所示。

```
<!DOCTYPE html>
<html>
    <head>
        <meta charset="utf-8">
        <title>button 元素示例</title>
    </head>
    <body>
        <form action="" method="post">
            <button type="submit">提交</button>  
            <button type="reset">重置</button>  
            <button type="button">确定</button><br /><br />
            <button type="button"><img src="images/ClickEnter.jpg" width="100" height= "30">
</button>    
            <button type="button">
                <img width="128" height="40" src="https://dgss0.bdstatic.com/5bVWsj_p_tVS5dKfpU_
Y_D3/res/r/image/2017-09-26/352f1d243122cf52462a2e6cdcb5ed6d.png"><!--这个百度按钮可以不做-->
            </button>
        </form>
    </body>
</html>
```

图 2-16　按钮元素

2.4.6　多行文本元素 textarea

textarea 元素定义多行文本输入控件。该控件可以用来输入多个段落的文字，文本区中可容纳无限数量的文本。textarea 元素的格式为：

<textarea name="名称" rows="行数" cols="列数">

初始文本内容
            </textarea>

textarea 元素的属性如下。

1）cols 属性：指定 textarea 文本区内的宽度。此属性必须设置。

2）rows 属性：指定 textarea 文本区内的可见行数，即高度。此属性必须设置。

3）maxlength 属性：指定文本区域的最大字符数。行数和列数是指不拖动滚动条就可看到的部分。

4）name 元素：指定本标签的 ID 名称。

5）placeholder 元素：指定描述文本区的简短提示。

6）readonly 元素：指定文本区为只读。这个属性的属性值只能是 readonly。

7）required 元素：指定文本区是必填的。这个属性的属性值只能是 required。

通过 cols 和 rows 属性来规定 textarea 的尺寸，不过更好的办法是使用 CSS 的 height 和 width 属性。

注释：在文本区内的文本行间，用"%OD%OA"（回车/换行）进行分隔。

【例 2-17】 多行文本元素示例。本例文件 2-17.html 在浏览器中的显示效果如图 2-17 所示。

```
<!DOCTYPE html>
<html>
    <head>
        <meta charset="utf-8">
        <title>textarea 元素示例</title>
    </head>
    <body>
        <form action="" method="post">
            <p>学习经历</p>
            <textarea rows="5" cols="60" placeholder="从初中开始，必填" required="required">
</textarea><br />
            <p>备注</p>
            <textarea rows="4" cols="60"></textarea><br />
            <input type="submit" name="" id="" value="确定" />  <input type= "reset"
name="" id="" value="重置输入" />
        </form>
    </body>
</html>
```

图 2-17　多行文本元素

2.5　分区元素 div

前面讲解的几类块级元素一般用于组织小区块的内容，为了方便管理，许多小区块还需要放到一个大区块中进行布局。分区元素 div 常用于页面布局时区块的划分，它相当于一个大"容器"，可定义文档中的分区。div 是 division 的简写，意为分割、区域、分组。div 元素可以把文档分割为独立的、不同的部分。它可以用作严格的组织工具，并且不使用任何格式与其关联。div 元素可以容纳无序列表、有序列表、表格、表单等块级标签，同时也可以容纳普通的标题、段落、文字、图片等内容。

div 元素是一个块级元素，也就是说，浏览器通常会在 div 元素前后放置一个换行符。实际上，换行是 div 元素固有的唯一一格式表现。通常使用 div 元素来组合块级元素，这样就可以使用样式对它们进行格式化。由于 div 元素没有明显的外观效果，因此需要为其添加 CSS 样式属性，才能看到区块的外观效果。div 元素的格式为：

<div id="控件 id" class="类名">文本、图像或表格</div>

div 元素的属性如下。

12　分区元素 div

1）id 属性：用于标识单独的唯一的元素。id 值必须以字母或者下画线开始，不能以数字开始。

2）class 属性：用于标识类名或元素组（类似的元素，或者可以理解为某一类元素）。

如果用 id 或 class 来标记<div>，那么该标签的作用会变得更加有效。不必为每一个<div>都加上 class 或 id，虽然这样做也有一定的好处。

【例 2-18】 使用 div 元素组织网页内容。本例文件 2-18.html 在浏览器中的显示效果如图 2-18 所示。

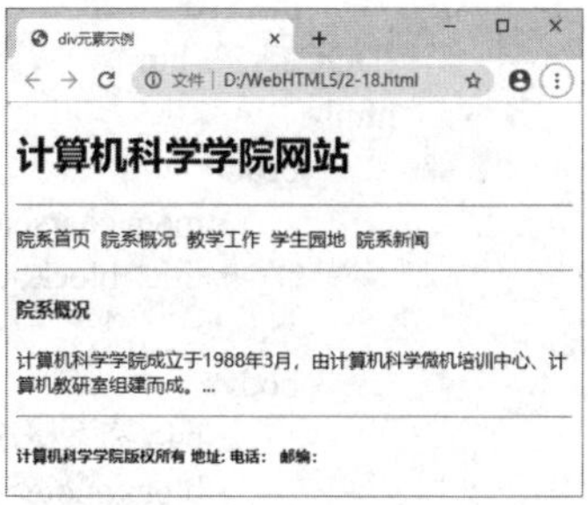

图 2-18 使用 div 元素组织网页内容

```html
<!DOCTYPE html>
<html>
    <head>
        <meta charset="utf-8">
        <title>div 元素示例</title>
    </head>
    <body>
        <div class="page">
            <div id="head" class="header">
                <h1>计算机科学学院网站</h1>
                <hr />
            </div>
            <div class="nav">
                <p>院系首页  院系概况  教学工作  学生园地  院系新闻</p>
                <hr />
            </div>
            <div id="main" class="main_news">
                <h4>院系概况</h4>
                <p>计算机科学学院成立于 1988 年 3 月，由计算机科学微机培训中心、计算机教研室组建而成。...</p>
            </div>
            <div class="foot">
                <hr />
                <h5>计算机科学学院版权所有 地址：电话：邮编：</h5>
            </div>
        </div>
    </body>
</html>
```

本例把整个文档体（body）设置成 1 个分区（page），然后在该分区中设置了 4 个分区，分别是页头分区（header）、导航栏分区（nav）、主题内容分区（main）和页脚的版权分区（foot）。

由于页面中的内容并未设置 CSS 样式，因此整个页面看起来并不美观，在后续章节的练习中将利用 CSS 样式对该页面进行美化。有关 div 元素的应用，将在后续章节中介绍。

2.6 缩排元素 blockquote

blockquote 元素定义一个块引用，浏览器会把<blockquote>与</blockquote>之间的所有文本都从常规文本中分离出来，在左、右两边缩进，而且有时会使用斜体。也就是说，块引用拥有自己的空间。在 blockquote 元素前后增加行间距，并增加外边距。blockquote 元素的格式为：

<blockquote>文本</blockquote>

【例 2-19】 blockquote 元素的基本用法。本例文件 2-19.html 在浏览器中的显示效果如图 2-19 所示。

```
<!DOCTYPE html>
<html>
    <head>
        <meta charset="utf-8">
        <title>blockquote 元素示例</title>
    </head>
    <body>
        <h4>院系概况</h4>
        <blockquote>
            <p>计算机科学系成立于 1988 年 3 月，由计算机科学微机培训中心、计算机教研室组建而成。现下设系党政办公室、团学办公室、计算机实验中心（含计算机公共课部）、网络管理中心等四个科级管理部门。</p>
        </blockquote>
        <p>计算机科学系有一支以中青年业务骨干为核心，实力雄厚、治学严谨、年龄结构合理、学科梯队健全、专业结构优势互补的专业师资队伍。</p>
    </body>
</html>
```

图 2-19　<blockquote>标签示例

2.7　实训——制作精选信息版块

【实训 2-1】 用<div>标签组织网页内容，制作精选信息版块。本实训文件 pt2-1.html 在浏览器中的显示效果如图 2-20 所示。

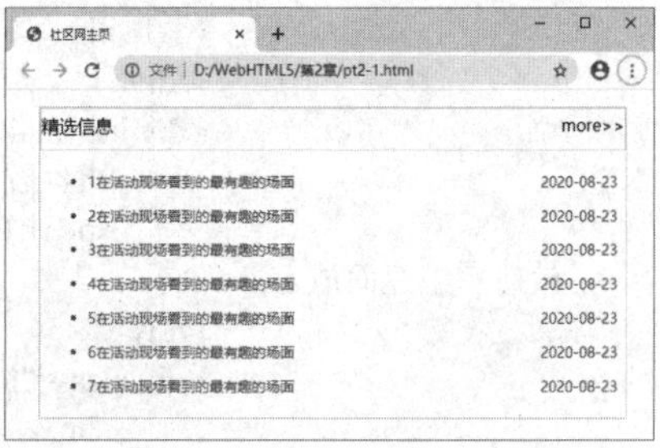

图 2-20　精选信息版块

```
<!DOCTYPE html>
<html>
    <head>
        <meta charset="utf-8">
        <title>社区网主页</title>
    </head>
    <body>
        <div style="width: 585px;border:1px solid rgb(220,220,220); margin-top: 16px;margin-left: 25px;">
            <div style="height: 34px;padding-top: 5px;border:1px solid rgb(220,220,220);">
                <label style="font-size: 18px;">精选信息</label>
                <label style="float: right;">more>></label>
            </div>
            <div style="margin: 8px;font-size: 14px;line-height: 33px;　color:#555454;">
                <ul>
                    <li>1 在活动现场看到的最有趣的场面<label style="float: right;">2020-08-23</label></li>
                    <li>2 在活动现场看到的最有趣的场面<label style="float: right;">2020-08-23</label></li>
                    <li>3 在活动现场看到的最有趣的场面<label style="float: right;">2020-08-23</label></li>
                    <li>4 在活动现场看到的最有趣的场面<label style="float: right;">2020-08-23</label></li>
                    <li>5 在活动现场看到的最有趣的场面<label style="float: right;">2020-08-23</label></li>
                    <li>6 在活动现场看到的最有趣的场面<label style="float: right;">2020-08-23
```

```
            </label></li>
                        <li>7 在活动现场看到的最有趣的场面<label style="float: right;">2020-08-23
            </label></li>
                                </ul>
                            </div>
                        </div>
                    </body>
                </html>
```

【说明】由于页面中的内容并未设置 CSS 样式，因此整个页面看起来并不美观，在后续章节的练习中将利用 CSS 样式对该页面进行美化。

习题 2

1. 制作如图 2-21 所示的课程表。
2. 制作如图 2-22 所示的注册表单。

图 2-21　课程表　　　　　　　　　　　　　图 2-22　注册表单

3. 使用<div>标签组织段落等网页内容，如图 2-23 所示。

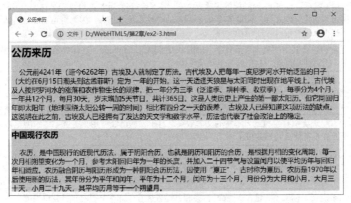

图 2-23　使用<div>标签组织网页内容

第3章 行内元素

行内元素也称为行级元素、内联元素。当设计者使用块级元素完成网页元素的组织与布局后，要为其中的每个小区块添加内容，就需要用到行内元素。

学习目标：掌握 HTML 的行内元素及其属性。

重点难点：重点是图像元素和超链接元素，难点是图像热区超链接元素。

14 格式化元素

3.1 格式化元素

HTML 的格式化元素包括字体样式元素、短语元素。

3.1.1 字体样式元素

字体样式元素可以使文本内容在浏览器中呈现特定的文字效果。但是，这些文本格式化元素仅能实现简单的、基本的文本格式化。在 HTML5 中，建议使用 CSS 样式来实现更加丰富的文本格式化效果。对于简单地更改字体样式，文本格式化元素也会经常用到。字体样式元素中全是成对出现的标签，而且不使用属性。常用的字体样式元素见表 3-1。

表 3-1　字体样式元素

元　素	描　述
b	本元素定义粗体文本，是 bold 的缩写。呈现粗体文本效果。根据 HTML5 规范，在没有其他标签更合适时，才使用\<b>标签。HTML5 规范声明，使用\<h1>~\<h6>表示标题，使用\<em>标签表示强调的文本，使用\<strong>标签表示重要文本，使用\<mark>标签表示标注的或突出显示的文本
big	本元素呈现大一号字体效果，使用\<big>标签可放大字体，浏览器显示包含在\<big>标签与其结束标签\</big>标签之间的文字时，其字体比周围的文字要大一号。但是，如果文字已经是最大号字体，这个\<big>标签将不起任何作用。甚至可以嵌套\<big>标签来放大文本。每一个\<big>标签都可以使字体大一号，直到上限 7 号文本，正如字体模型所定义的那样。但是使用\<big>标签的时候还是要小心，因为浏览器总是"试图"去理解各种标签，对于那些不支持\<big>标签的浏览器来说，它经常将其认为是粗体字标签
i	本元素将包含其中的文本以斜体字（italic）或者倾斜（oblique）字体显示。如果这种斜体字对该浏览器不可用的话，可以使用高亮、反白或加下画线等样式
small	本元素呈现小号字体效果。\<small>标签和它所对应的\<big>标签类似，但它是缩小字体。如果被包围的字体已经是字体模型所支持的最小字号，那么\<small>标签将不起任何作用。\<small>标签也可以嵌套，从而连续地把文字缩小。每个\<small>标签都把文本的字体变小一号，直到达到下限字号
tt	本元素呈现类似打字机或者等宽的文本效果。对于那些已经使用了等宽字体的浏览器来说，这个标签在文本的显示上就没有什么特殊效果了
sup	本元素定义上标文本。包含在\^{标签和其结束标签\}中的内容将会以当前文本流中字符高度的一半来显示上标，但是与当前文本流中文字的字体和字号都是一样的。这个元素在向文档添加脚注以及表示方程式中的指数值时非常有用。如果和\<a>标签结合起来使用，就可以创建出很好的超链接脚注
sub	本元素定义下标文本。包含在_{标签和其结束标签\}中的内容将会以当前文本流中字符高度的一半来显示下标，但是与当前文本流中文字的字体和字号都是一样的。无论是\<sub>标签还是和它对应的\<sup>标签，在数学等式、科学符号和化学公式中都非常有用

【例 3-1】字体样式元素示例。本例文件 3-1.html 在浏览器中的显示效果如图 3-1 所示。

```
<!DOCTYPE html>
<html>
    <head>
```

图 3-1　字体样式元素示例

```
            <meta charset="utf-8">
            <title>HTML5 保留的文本格式元素示例</title>
        </head>
        <body>
            <p><b>粗体文本</b><big>大号字体</big><big><big>更大号字体</big></big><b><big>粗
体大号字体</big></b></p>
            <p><i>斜体文本</i><small>小号字体</small><small><small>更小号字体</small> </small>
<i><small>斜体小号字体</small></i></p>
            <p><tt>打字机或者等宽的文本</tt>这段文本包含<sup>上标</sup>还包括<sub>下标
</sub> </p>
        </body>
    </html>
```

3.1.2　短语元素

HTML 还提供了一些拥有明确语义的元素，用以标注特殊用途的文本，这类特殊的文本格式化元素都会呈现特殊的样式。在文本中加入强调也需要有技巧。如果强调太多，有些重要的短语就会被漏掉；如果强调太少，就无法真正突出重要的部分。这与调味品一样，最好是适量使用。就像其他与计算机编程和文档相关的标签一样，语义标签不只是让用户更容易理解和浏览文档，将来某些自动系统还可以利用这些恰当的标签，从文档中提取信息以及有用参数。提供给浏览器的语义信息越多，浏览器就可以越好地把这些信息展示给用户。如果只是为了达到某种视觉效果而使用这些标签，则不建议使用，而应该使用 CSS 样式。常用的特殊语义短语元素见表 3-2。

表 3-2　常用的特殊语义短语元素

元素	描述
em	本元素内的文本为强调的内容。浏览器会把这段文字使用斜体来显示
strong	与 em 元素一样，本元素用于强调文本，但它强调的程度更强一些。在浏览器中使用粗的字体来显示
code	本元素表示计算机源代码或者其他机器可以阅读的文本内容。在浏览器中显示等宽、类似电传打字机样式的字体（Courier）
kbd	本元素表示文本从键盘输入。浏览器通常用等宽字体来显示该标签中包含的文本
var	本元素表示变量的名称，或者由用户提供的值。用<var>标签标记的文本通常显示为斜体
dfn	本元素标记特殊术语或短语。浏览器通常用斜体来显示<dfn>标签中的文本
cite	本元素通常表示它所包含的文本对某个参考文献的引用，比如书籍或者杂志的标题。按照惯例，引用的文本将以斜体显示
address	本元素定义文档或文章的作者或拥有者的联系信息，显示为斜体字
q	本元素定义短的引用，浏览器把引用的内容添加双引号
pre	本元素定义预格式化的文本。pre 元素中的文本会保留空格和换行符，文本呈现为等宽字体。<pre>标签的一个常见应用就是表示计算机的源代码。pre 元素中允许的文本可以包括物理样式和基于内容的样式变化，还有链接、图像和水平分隔线
del	本元素定义文档中已经被删除（delete）的文本，文字上显示一条删除线
ins	本元素定义已经被插入（insert）文档中的文本。<ins>与<del>标签配合使用，来描述文档中的更新和修正
samp	本元素定义计算机程序代码的样本文本。该元素并不经常使用，只有在要从正常的上下文中将某些短字符序列提取出来，对它们加以强调的极少情况下，才使用该元素
abbr	本元素用来表示一个缩写词或者首字母缩略词，如 "WWW"。通过对缩写词语进行标记，能够为浏览器、拼写检查程序、翻译系统以及搜索引擎分度器提供有用的信息
bdo	bdo（Bi-Directional Override）元素定义文字方向，使用 dir 属性，属性值是 ltr（left to right，从左到右）或者 rtl（right to left，从右到左）

【例 3-2】短语元素示例。本例文件 3-2.html 在浏览器中的显示效果如图 3-2 所示。

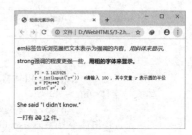

```html
<!DOCTYPE html>
<html>
    <head>
        <meta charset="utf-8">
        <title>短语元素示例</title>
    </head>
    <body>
        <p>em 标签告诉浏览器把文本表示为强调的内容，<em>用斜体来显示。</em></p>
        <p> strong 强调的程度更强一些，<strong>用粗的字体来显示。</strong></p>
        <p><code>
                <pre>
PI = 3.1415926
r = int(input('r='))   #请输入 <kbd>100</kbd>，其中变量 <var>r</var> 表示圆的半径
s = PI*r**2
print('s=', s)
                </pre>
            </code>
        </p>
        <p>She said <q>I didn't know.</q></p>
        <p>一打有 <del>20</del> <ins>12</ins> 件。</p>
    </body>
</html>
```

图 3-2　短语元素示例

15　图像元素 img

3.2　图像元素 img

图像也称图片，是网页中不可缺少的元素，它可以美化网页，使网页看起来更加美观大方。虽然有很多种计算机图像格式，但由于受网络带宽和浏览器的限制，在 Web 上常用的图像格式有 3 种：GIF、JPEG 和 PNG。

img 元素向网页中嵌入一幅图像。从技术上讲，<img>标签并不会在网页中插入图像，而是从网页上链接图像。<img>标签创建的是被引用图像的占位空间。img 元素的格式为：

<img src="图片的 URL" alt="替代文字" width="图像宽度" height="图像高度" />

img 元素中的属性说明如下。

1）src：指出要加入图片的位置，即"图像文件的 URL/图像文件名"，其中 URL 可以是相对路径，也可以是绝对路径。本属性是必需的属性。

2）alt：在浏览器尚未完全读入图像或显示的图像不存在时，在图像位置显示的文字。本属性是必需的属性。

3）width：设置图像的宽度（像素数或百分数）。如果不设置图像的大小，图像将按照其本身的大小显示。属性值可取像素数，也可取百分数。百分数是指相对于当前浏览器窗口的百分比。

4）height：设置图像的高度（像素数或百分数）。

5）title：为浏览者提供额外的提示或帮助信息。

【例 3-3】 图像元素示例。本例文件 3-3.html 在浏览器中正常显示的效果如图 3-3 所示。当显示的图像路径错误时，显示效果如图 3-4 所示。

```html
<!DOCTYPE html>
<html>
    <head>
        <meta charset="utf-8">
```

```
            <title>图像元素示例</title>
        </head>
        <body>
            <h3>荷兰郁金香公园</h3>
            <p><img src="images/Keukenhof1.jpg" alt="Keukenhof" />库肯霍夫公园位于阿姆斯特丹近
郊的小镇利瑟(Liess)，公园内郁金香的品种、数量、质量以及布置手法堪称世界之最。</p>
            <p><img src="images/tulip.jpg" alt="郁金香" width="200" height="120" />
                <img src="images/Keukenhof2.jpg" alt="利瑟" width="200" height="120" title="库肯霍
夫公园" />
                <img src="images/Keukenhof3.jpg" alt="库肯霍夫公园" width="200" height="120" />
            </p>
        </body>
    </html>
```

图 3-3　正常显示的图像效果

图 3-4　图像路径错误时的显示效果

当显示的图像不存在时，页面中图像的位置将显示网页图片丢失的信息，但由于设置了 alt 属性，因此在 ⊠ 或 ▨ 的右边显示替代文字；同时，由于设置了 title 属性，因此在替代文字附近还显示提示信息。因此，在使用<img>标签时，最好同时使用 alt 属性和 title 属性，避免图片路径错误带来的错误信息，同时，增加了提示信息也方便浏览者阅读。

3.3　超链接元素 a

超链接（Hyperlink）按照标准叫法称为锚（Anchor），是使用<a>标签定义的。超链接可以是一个字、词组、句子或图像。当网页中包含超链接时，在所有浏览器中，链接的默认外观是：未被访问的链接带有下画线而且是蓝色的；已被访问

16　超链接
元素 a

的链接带有下画线而且是紫色的；活动链接带有下画线而且是红色的。把鼠标指针移动到网页中的某个超链接上时，鼠标指针变为一只小手，单击可以从当前网页跳转到其他位置，包括当前页的某个位置、Internet、本地硬盘或局域网上的其他网页或文件，包括跳转到声音、图像等多媒体文件。

1．a 元素

锚由标签<a>定义，在网页上建立超文本链接。通过单击一个词、句或图像，可从此处转到另一个链接资源（目标资源），目标资源有唯一的地址（URL）。具有以上特点的词、句或图像就称为热点。a 元素的格式为：

<a href="URL" target="打开窗口方式">热点</a>

a 元素中的属性说明如下。

1）href：规定超链接指向页面的 URL。如果要创建一个不链接到其他位置的空超链接，可用"#"代替 URL。超链接目标可以是站内目标，也可以是站外目标；站内目标可以用相对路径，也可以用绝对路径，站外目标则必须用绝对路径。

2）target：超链接被单击后会产生网页跳转动作，该属性指定打开目标页面的方式。其属性值如下。

● _self：默认值，指在超链接所在的窗口中打开目标页面。
● _blank：在新浏览器窗口中打开目标页面。
● _parent：将目标页面载入含有该超链接的父窗口中。
● _top：在当前的整个浏览器窗口中打开目标页面。

2．用图像作为超链接热点

图像也可作为超链接热点，单击图像则跳转到被链接的文本或其他文件。格式为：

> **<a href="URL" target="打开窗口方式"><img src="图像文件名" /> </a>**

【例 3-4】 文本超链接热点和图片超链接热点示例。本例文件 3-4.html 在浏览器中的显示效果如图 3-5 所示。

```
<!DOCTYPE html>
<html>
    <head>
        <meta charset="utf-8">
        <title>超链接元素示例</title>
    </head>
    <body>
        <h3>友情链接</h3>
        <p><a href="http://www.microsoft.com/" target="_blank">微软公司</a>     
            <a href="https://www.bilibili.com/">哔哩哔哩</a>    
            <a href="https://www.smzdm.com/">什么值得买</a>
        </p>
        <p><a href="http://www.icbc.com.cn/icbc/"><img src="images/icbc.jpg" alt="中国工商银行" /></a>
            <a href="https://www.boc.cn/"><img src="images/boc.jpg" alt="中国银行" /></a>
            <a href="https://www.baidu.com/" target="_blank"><img src="images/baidu.jpg" alt="百
度" /></a>
        </p>
    </body>
</html>
```

图 3-5 文本超链接热点和图片超链接
热点

3．指向其他页面的超链接

创建指向其他页面的超链接，就是在当前页面与其他相关页面之间建立超链接。根据目标文件与当前文件的目录关系，有 4 种写法（注意，应该尽量采用相对路径）。

（1）链接到同一目录内的网页文件

格式为：

> **<a href="目标文件名.html">热点文本</a>**

其中，"目标文件名"是超链接所指向的文件。

（2）链接到下一级目录中的网页文件

格式为：

> **<a href="子目录名/目标文件名.html">热点文本</a>**

（3）链接到上一级目录中的网页文件

格式为：

> **<a href="../目标文件名.html">热点文本</a>**

其中，"../"表示退到上一级目录中。

（4）链接到同级目录中的网页文件

格式为：

> **<a href="../子目录名/目标文件名.html">热点文本</a>**

表示先退到上一级目录中，然后进入目标文件所在的目录。

【例 3-5】 指向其他页面的超链接示例。当前页 3-5.html 中包含两个超链接，分别指向"友情链接"页 3-3.html 和"图像元素示例"页 3-4.html，如图 3-6 所示，单击超链接热点将分别打开图 3-3 和图 3-5 所示。

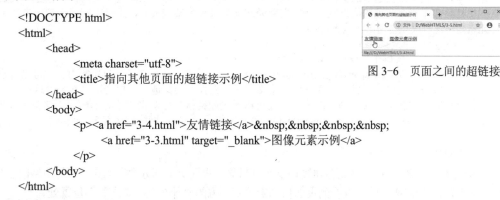

图 3-6　页面之间的超链接

```html
<!DOCTYPE html>
<html>
    <head>
        <meta charset="utf-8">
        <title>指向其他页面的超链接示例</title>
    </head>
    <body>
        <p><a href="3-4.html">友情链接</a>    
            <a href="3-3.html" target="_blank">图像元素示例</a>
        </p>
    </body>
</html>
```

4．指向书签的超链接

书签就是用<a>标签对网页元素做一个记号，其功能类似于用于固定船的锚，所以书签也称锚记或锚点。如果页面中有多个书签超链接，对不同目标元素要设置不同的书签名。书签名在<a>标签的 name 属性中定义，格式为：

<a name="记号名">目标文本附近的字符串</a>

（1）指向页面内书签的超链接

要在当前页面内实现书签超链接，需要定义两个标签：一个为超链接标签，另一个为书签标签。超链接标签的格式为：

<a href="#记号名"> 热点文本 </a>

即单击"热点文本"，将跳转到"记号名"开始的网页元素。

【例 3-6】 制作指向页面内书签的超链接。在当前页 3-6.html 的上部单击"[什么是超文本？]"链接时，将跳转到页面下方的"什么是超文本？"位置处，如图 3-7 所示。

图 3-7　指向页面内书签的超链接

```html
<!DOCTYPE html>
<html>
    <head>
        <meta charset="utf-8">
        <title>指向页面内书签的链接示例</title>
    </head>
    <body>
        <p><a href="3-4.html">友情链接</a>    
```

```
                        <a href="3-3.html" target="_blank">图像元素示例</a></p>
                <p><a href="#about">[什么是超文本？]</a></p>
                <h4>超文本的基础知识</h4>
                    <p>    超文本的基本特征就是可以超链接文档；你可以指向其他
位置，该位置可以在当前的文档中、局域网中的其他文档，也可以在因特网上的任何位置的文档中。这
些文档组成了一个杂乱的信息网。目标文档通常与其来源有某些关联，并且丰富了来源；来源中的链接
元素则将这种关系传递给浏览者。</p>
                <p><a name="about"></a></p>
                <h4>什么是超文本？</h4>
                    <p>    标记语言的真正威力在于其收集能力，它可以将收集来的
文档组合成一个完整的信息库，并且可以将文档库与世界上的其他文档集合链接起来。这样的话，读者
不仅可以完全控制文档在屏幕上的显示，还可以通过超链接来控制浏览信息的顺序。这就是 HTML 和
XHTML 中的"HT" - 超文本（hypertext），就是它将整个 Web 网络连接起来。</p>
        </body>
    </html>
```

在验证本例效果时，可以将浏览器窗口缩小到只显示页面上半部分内容的大小，然后单击上部的"[什
么是超文本？]"超链接，就可以看到页面自动定位到下方的"什么是超文本？"位置处。

（2）指向其他页面书签的链接

要在其他页面内实现书签链接，需要定义两个标签：一个为当前页面的超链接标签，另一个为
跳转页面的书签标签。当前页面的超链接标签的格式为：

<a href="目标文件名.html #记号名">热点文本</a>

即单击"热点文本"，将跳转到目标页面"记号名"开始的网页元素。

5．指向下载文件的超链接

如果链接到的文件不是 HTML 文件，则该文件将作为下载文件。指向下载文件的超链接格式为：

<a href="下载文件名">热点文本</a>

例如，下载一个软件的压缩包文件 softsetup.rar，可以建立如下超链接：

```
<a href="softsrtup.rar">下载</a>
```

6．指向电子邮件的超链接

单击指向电子邮件的超链接，将打开默认的电子邮件程序，如 FoxMail、Outlook Express 等，并
自动填写邮件地址。指向电子邮件超链接的格式为：

<a href="mailto:E-mail 地址">热点文本</a>

例如，E-mail 地址是 Jack@163.com，可以建立如下超链接：

```
信箱:<a href="mailto:Jack@163.com">和我联系</a>
```

7．JavaScript 超链接

如果链接到 JavaScript 代码，单击超链接将执行该 JavaScript 代码，其格式为：

<a href="javascript:代码;">热点文本</a>

javascript 表示 URL 的内容通过 JavaScript 执行。

例如，执行 JavaScript 代码"alert('Hello World');"，可以建立如下超链接：

```
<a href="javascript:alert('Hello World');">单击显示消息框</a>
```

8．空超链接

空超链接是指未指派目标地址的超链接。空超链接用于向页面上的对象或文本附加行为。例如，
可向空超链接附加一个行为，以便在鼠标指针滑过该超链接时会交换图像或显示绝对定位的元素。

创建空超链接有下面两种方法。

（1）<a href="#">热点文本</a>或<a href="">热点文本</a>

虽然这也是空超链接，但它其实有锚点#top 的意思，会产生回到顶部的效果。

（2）<a href="javascript:void(0);">热点文本</a>

href="javascript:void(0);"的含义是让超链接去执行一个 JavaScript 函数，而不是跳转到一个地址。void(0)表示一个空的方法，它不做任何操作，这样会防止超链接跳转到其他页面。这么做往往是为了保留超链接的样式，但不让超链接执行任何实际操作。

3.4 图像热区超链接元素 map、area

除了对整幅图像设置超链接外，还可以将图像划分为若干区域，叫作热区，每个热区可设置不同的超链接。此时，包含热区的图像称为映射图像，即带有可单击区域的图像。图像热区使用的不再是 a 元素，而是 area 元素。图像热区超链接的使用步骤如下。

1. 通过<map>...</map>标签定义图像地图

<map>标签用于图像映射。<map>...</map>标签中可以包含一个以上的热区<area>标签，每个热区<area>标签都有独立的超链接。area 元素始终嵌套在<map>...</map>标签之中。语法格式为：

```
<map name="映射图像名" id="映射图像名">
    <area shape="热区形状 1" coords="热区坐标 1" href="超链接地址 1" />
    <area shape="热区形状 2" coords="热区坐标 2" href="超链接地址 2" />
        …
    <area shape="热区形状 n" coords="热区坐标 n" href="超链接地址 n" />
</map>
```

map 元素中的 name 和 id 属性，在 XHTML 中，name 属性已经废弃，使用 id 属性代替它。在 HTML5 中必须同时指定 name 和 id 属性相同的"映射图像名"。

area 元素有两个重要属性：

1）shape 属性：定义热区形状，它有以下 3 个值。

- circle：圆形区域。
- rect：矩形区域。
- poly：多边形区域。

2）coords 属性：定义矩形、圆形或多边形区域的坐标。图像的左上角坐标是（0,0），x 轴向右为正，y 轴向下为正。coords 属性的格式如下。

- 如果 shape="circle"，则 coords 包含 3 个参数，分别为 x、y 和 r。这 3 个参数是圆心坐标（x,y）和圆的半径 r。
- 如果 shape="rect"，则 coords 包含 4 个参数，分别为 x1、y1、x2、y2。这 4 个参数分别是矩形的左上角的坐标（x1, y1）和右下角的坐标（x2, y2）。
- 如果 shape="poly"，则 coords 需要按顺序取多边形各个顶点的坐标（x, y），因此形式为 "x1, y1, x2, y2, …, xn, yn"，其数量必须是偶数。可以是逆时针，也可以是顺时针。HTML 会按照定义顶点的顺序将它们连接起来，形成多边形热区。

2. 将 img 元素的 usemap 属性与 map 元素的 name、id 属性相关联

在图像文件中设置映射图像名，格式为：

```
<img usemap="#映射图像名" src="图像文件地址" ... />
```

img 元素中的 usemap 属性要引用 map 元素的 id 或 name 属性，所以应同时向 map 元素添加 id 和 name 属性。也就是说，img 元素的 usemap 属性的"映射图像名"必须与 map 元素的 name 和 id 属性的"映射图像名"相同，使得 img 元素的 usemap 属性与 map 元素的 name、id 属性相关联，以创建图像与映射之间的关系。

【例3-7】 设计带有可点击区域的图像映射。本例文件 3-7.html 在浏览器中的显示效果如图 3-8 所示。

图 3-8 带有可点击区域的图像映射

```
<!DOCTYPE html>
<html>
    <head>
        <meta charset="utf-8">
        <title>图像热点链接</title>
    </head>
    <body>
        <map name="image_link">
            <area shape="circle" coords="50,50,50" href="3-4.html" alt="" />
            <area shape="rect" coords="100,50,200,200" href="3-5.html" alt="" />
            <area shape="poly"coords="250,35,300,20,250,80"href="3-6.html"alt="" />
        </map>
        <img usemap="#image_link" src="images/blog.jpg" alt="js" width="300" height="200">
    </body>
</html>
```

3.5 范围元素 span

span 元素用来组合文档中的行内元素。span 元素没有固定的格式表现，当对它应用样式时，它才会产生视觉上的变化。span 元素用于标识行内的某个范围，以实现行内某个部分的特殊设置以区别于其他内容。其格式为：

\<span\>内容\</span\>

例如，\<p\>\<span\>文本内容\</span\>其他内容\</p\>。

如果不对 span 元素应用样式，那么 span 元素中的文本与其他文本不会有任何视觉上的差异。尽管如此，上例中的 span 元素仍然为 p 元素增加了额外的结构。

可以为 span 元素应用 id 或 class 属性，这样既可以增加适当的语义，又便于对 span 元素应用样式。

span 元素与 div 元素的区别在于，span 元素仅仅是个行内元素，不会换行，而 div 元素是一个块级元素，它包围的元素会自动换行。块级元素相当于在行内元素前后各加了一个\<br /\>标签。用容器这一词更容易理解它们的区别，块级元素 div 相当于一个大容器，而行内元素 span 相当一个小容器，大容器当然可以盛放小容器。

另外，span 元素本身没有任何属性，没有结构上的意义，当其他元素都不合适的时候可以使用，同时 div 元素可以包含 span 元素，反之则不行。

3.6 多媒体元素

多媒体元素包括音频元素和视频元素。

1．音频格式

（1）OGG Vorbis

OGG Vorbis 是一种新的音频压缩格式，类似于 MP3 等现有的音乐格式。它是完全免费、开放和没有专利限制的。OGG Vobis 有一个很出众的特点，就是支持多声道。OGG Vorbis 文件的扩展名是.ogg，这种文件的设计格式非常先进，目前创建的 OGG 文件可以在未来的任何播放器上播放。因此，这种文件格式可以不断地进行大小和音质的改良，而不影响旧有的编码器或播放器。

（2）MP3

MP3 格式诞生于 20 世纪 80 年代的德国。所谓的 MP3 是指 MPEG 标准中的音频部分，也就是 MPEG 音频层。MPEG 音频文件的压缩是一种有损压缩，通过牺牲声音文件中 12～16kHz 之间的高音频部分的质量来压缩文件的大小。相同时间长度的音乐文件，用 MP3 格式存储时一般只有 WAV 文件的 1/10，音质也次于 CD 格式和 WAV 格式的声音文件。

（3）WAV

WAV 格式是 Microsoft 公司开发的一种声音文件格式，用于保存 Windows 平台的音频信息资源，被 Windows 平台及其应用程序所支持，支持多种音频位数、采样频率和声道，是目前 PC 上广为流行的声音文件格式。几乎所有的音频编辑软件都能识别 WAV 格式的文件。

2．视频格式

（1）OGG

OGG 也是 HTML5 所使用的视频格式之一。OGG 采用多通道编码技术，可以在保持编码器的灵活性的同时而不损害原本的立体声空间影像，而且实现的复杂程度比传统的联合立体声方式要低。

（2）H.264（MP4）

MP4 的全称是 MPEG-4 Part 14，是一种储存数字音频和数字视频的多媒体文件格式，文件扩展名为.mp4。MP4 封装格式是基于 QuickTime 容器格式定义的，媒体描述与媒体数据分开，目前被广泛应用于封装 H.264 视频和 ACC 音频，是高清视频的代表。

（3）WebM

WebM 由 Google 公司提出，是一个开放、免费的媒体文件格式。WebM 影片格式其实是以 Matroska（即 MKV）容器格式为基础开发的新容器格式，包括 VP8 影片轨和 Ogg Vorbis 音轨。WebM 标准的网络视频更加偏向于开源并且是基于 HTML5 标准的，WebM 项目旨在为对每个人都开放的网络开发高质量、开放的视频格式，其重点是解决视频服务这一核心的网络用户体验。

3.6.1　音频元素 audio

HTML5 提供了播放音频的标准。audio 元素能够播放声音文件或者音频流，当前，audio 元素支持三种音频格式：OGG、MP3 和 WAV。audio 元素的格式为：

<audio src="音频文件的 URL" controls="controls"　…>文本</audio>

audio 元素的属性见表 3-3。<audio>与</audio>之间插入的文本是供不支持 audio 元素的浏览器显示的提示文字。

表 3-3　audio 元素的属性

属　　性	值	描　　述
src	url	要播放的音频的 URL
controls	controls	如果指定该属性，则显示控件，如播放按钮、暂停按钮、音量按钮
autoplay	autoplay	如果指定该属性，则音频在就绪后马上播放
loop	loop	如果指定该属性，则每当音频结束时重新开始播放
preload	preload	如果指定该属性，则音频在页面加载时进行加载，并预备播放。如果使用 autoplay="autoplay"，则忽略本属性

【例 3-8】 在网页中添加音频播放控件。本例文件 3-8.html 在浏览器中的显示效果如图 3-9 所示。

```
<!DOCTYPE html>
<html>
    <head>
        <meta charset="utf-8">
        <title>audio</title>
    </head>
    <body>
        <audio src="images/甜蜜蜜.mp3" controls="controls">
            当前浏览器不支持 audio
        </audio>
    </body>
</html>
```

图 3-9　网页中的音频播放控件

3.6.2　视频元素 video

video 元素定义视频，比如电影片段或其他视频流。目前 video 元素支持三种视频格式：MP4、WebM、OGG。video 元素的格式为：

<video src="音频文件的 URL" controls="controls" …>文本</video>

video 元素的属性见表 3-4。可以在<video>和</video>标签之间放置文本内容，这样不支持 video 元素的浏览器就可以显示出该标签的信息。

表 3-4　video 元素的属性

属　　性	值	描　　述
src	URL	要播放视频的 URL
controls	controls	如果指定该属性，则显示控件，如播放按钮等
width	像素值 pixels	设置视频播放器的宽度
height	像素值 pixels	设置视频播放器的高度
autoplay	autoplay	如果指定该属性，则视频在就绪后马上播放
loop	loop	如果指定该属性，则当媒介文件完成播放后再次开始播放
muted	muted	如果指定该属性，视频的音频输出为静音
poster	URL	规定视频正在下载时显示的图像，直到用户单击播放按钮
preload	auto、metadata 或 none	如果指定该属性，则视频在页面加载时进行加载，并预备播放。如果使用"autoplay"，则忽略该属性

【例 3-9】 网页中添加视频播放控件。本例文件 3-9.html 在浏览器中的显示效果如图 3-10 所示。

图 3-10　网页中的视频播放控件

```
<!DOCTYPE html>
<html>
    <head>
        <meta charset="utf-8">
        <title>video</title>
    </head>
    <body>
        <video src=" images/我只在乎你.mp4" width="800" height="" controls="controls">
            当前浏览器不支持 video 直接播放，点击这里下载视频：<a href="myvideo.webm">
下载视频</a>
        </video>
    </body>
</html>
```

44

3.7 用 HBuilder X 编辑 HTML 文档

17 用 HBuilder X 编辑 HTML 文档

上一章为了帮助读者理解 HTML 文档，采用记事本编辑 HTML 网页。为了提高效率，本章以后采用 HBuilder X 编辑 HTML 文档。用 HBuilder X 编辑 HTML 文档非常简单，只需简单几个步骤。下面以 HBuilder X 标准版为例介绍其操作步骤。

1）在桌面上双击 HBuilder X 的快捷方式图标。

2）打开 HBuilder X，如果是初次使用 HBuilder X，将显示"历次更新说明"，如图 3-11 所示。如果以前编辑过网页，将显示上次编辑的 HTML 文档，如图 3-12 所示。不需要则关闭该标签卡。

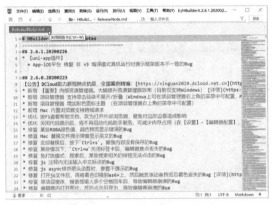
图 3-11 初次打开时的显示效果

图 3-12 显示上次编辑的 HTML 代码

3）新建一个 HTML 文档，选择"文件"→"新建"→"7.html 文件"菜单命令，如图 3-13 所示。

4）显示"新建 html 文件"对话框，如图 3-14 所示。在文件名框中输入 HTML 文档名，例如"3-7"，文件类型保持.html 不变。

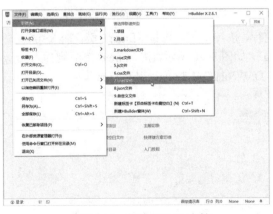
图 3-13 新建 HTML 文档

图 3-14 "新建 html 文件"对话框

5）单击"浏览"按钮，显示"选择文件夹"对话框，浏览到保存 HTML 文档的文件夹，例如"D:\WebHTML5"，单击"选择文件夹"按钮，如图 3-15 所示。返回"新建 html 文件"对话框，单击"创建"按钮，如图 3-16 所示。

图 3-15 "选择文件夹"对话框

图 3-16 返回"新建 html 文件"对话框

6）显示代码编辑区，其中已经有 HTML5 的网页结构代码，如图 3-17 所示。在<title></title>标签之间单击，输入网页标题，例如"个人博客网站"。

7）在标签<body>后按〈Enter〉键，插入空行，将自动缩进。输入标签后按〈Enter〉键，例如输入<h3></h3>标签，输入"h"，显示 h 开头的标签，接着输入第 2 个字符"3"，或者按〈↓〉键到 h3 或用鼠标选择"h3"选项，如图 3-18 所示，按〈Enter〉键，则该标签插入到当前位置。在<h3></h3>标签之间输入文字。

图 3-17 HTML5 网页结构代码

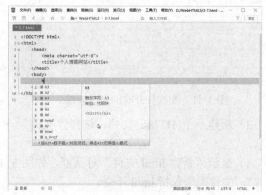

图 3-18 输入标签的第一个字母

8）在<h3>…</h3>后面按〈Enter〉键插入一个空行。按〈p〉键，再按〈Enter〉键，插入<p></p>标签，如图 3-19 所示。在<p></p>标签之间输入"img"，如图 3-20 所示，按〈Enter〉键，则插入<img src="" >标签，鼠标指针在 src 后的双引号中，输入"D:\WebHTML5\images\blog.jpg"。

图 3-19 插入<p></p>标签

图 3-20 输入"img"

9）选择"编辑"→"插入"→"向下插入空行"菜单命令，或者直接按〈Ctrl+Enter〉组合键插入空行。输入"p"后按〈Enter〉键，在<p></p>之间输入相关文字。

10）如果文档中的缩进排列不整齐，在文档中右击，从快捷菜单中选择"重排代码格式"，如图 3-21 所示，或者直接按〈Ctrl+K〉组合键重排文档。

11）单击窗口左上角的"保存"按钮，保存文件。

12）选择"运行"→"运行到浏览器"→"Chrome"菜单命令，或者选择自己安装的浏览器，如图 3-22 所示。

图 3-21　快捷菜单

图 3-22　"运行"菜单

13）运行结果显示在 Chrome 浏览器中，如图 3-23 所示。

HBuilder X 还有许多提高编辑效率的方法，读者可以在使用过程中逐步熟悉。

3.8　实训——制作广告版块

【实训 3-1】　制作社区网首页的广告版块。本实训文件 pt3-1.html 在浏览器中的显示效果如图 3-24 所示。

图 3-23　运行结果

图 3-24　广告版块

```
<!DOCTYPE html>
<html>
    <head>
        <meta charset="utf-8">
```

```html
        <title>社区网首页</title>
</head>
<body>
        <div style="width: 1200px;margin: 0 auto;text-align: center;">
                <img src="images/hexie.jpg" class="left" />
                <span style="font-size: 44px;color: #e95419;">和谐社区</span>
                <img src="images/chengxin.jpg" class="left" />
                <span style="font-size: 44px;color: #e95419;">诚信守法</span>
                <img src="images/jiaotong.jpg" class="left" />
                <span style="font-size: 44px;color: #e95419;">交通出行</span>
                <img src="images/bianmin.jpg" class="left" />
                <span style="font-size: 44px;color: #e95419;">便民服务</span>
        </div>
        <div style="width: 1200px;margin: 0 auto;text-align: center;">
                <div>
                        <h3>商家广告</h3>
                </div>
                <div>
                        <a href="#"><img src="images/shangjia_pic.jpg" /></a>
                        <a href="#"><img src="images/shangjia_pic.jpg" /></a>
                        <a href="#"><img src="images/shangjia_pic.jpg" /></a>
                        <a href="#"><img src="images/shangjia_pic.jpg" /></a>
                        <a href="#"><img src="images/shangjia_pic.jpg" /></a>
                </div>
                <div>
                        <a href="#"><img src="images/shangjia_pic.jpg" /></a>
                        <a href="#"><img src="images/shangjia_pic.jpg" /></a>
                        <a href="#"><img src="images/shangjia_pic.jpg" /></a>
                        <a href="#"><img src="images/shangjia_pic.jpg" /></a>
                        <a href="#"><img src="images/shangjia_pic.jpg" /></a>
                </div>
        </div>
        <div style="width: 1200px;margin: 0 auto;text-align: center;">
                <span><a href="">01 友情链接</a></span>|
                <span><a href="">02 友情链接</a></span>|
                <span><a href="">03 友情链接</a></span>|
                <span><a href="">04 友情链接</a></span>|
                <span><a href="">05 友情链接</a></span>|
                <span><a href="">06 友情链接</a></span>|
                <span><a href="">07 友情链接</a></span>|
                <span><a href="">08 友情链接</a></span>|
                <span><a href="">09 友情链接</a></span>|
                <span><a href="">10 友情链接</a></span>|
                <span><a href="">11 友情链接</a></span>|
                <span><a href="">12 友情链接</a></span><br />
                <span><a href="">13 友情链接</a></span>|
                <span><a href="">14 友情链接</a></span>|
                <span><a href="">15 友情链接</a></span>|
                <span><a href="">16 友情链接</a></span>|
                <span><a href="">17 友情链接</a></span>|
                <span><a href="">18 友情链接</a></span>|
                <span><a href="">19 友情链接</a></span>|
                <span><a href="">20 友情链接</a></span>|
                <span><a href="">21 友情链接</a></span>|
```

```
            <span><a href="">22 友情链接</a></span>|
            <span><a href="">23 友情链接</a></span>|
            <span><a href="">24 友情链接</a></span>
        </div>
    </body>
</html>
```

【说明】对于复杂的页面，使用表格布局必须采用多层嵌套才能实现布局效果，但过多的表格嵌套将影响页面的打开速度。

习题 3

1. 使用列表元素和超链接元素制作如图 3-25 所示的网页。
2. 使用表格和列表制作如图 3-26 所示的清单。

图 3-25　列表和超链接　　　　　　　　图 3-26　表格、列表

3. 使用图片元素和超链接元素制作如图 3-27 所示的网页。
4. 制作图文混排网页，如图 3-28 所示。

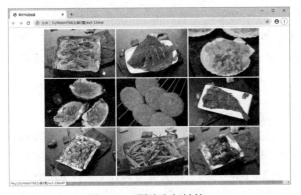

图 3-27　图片和超链接　　　　　　　　图 3-28　图文混排网页

第4章　CSS3 基础

网页主要由三部分组成，即结构、表现和行为。网页的结构由 HTML 定义，网页的表现由 CSS 定义。CSS 是一种表现语言，用来格式化网页，控制字体、布局、颜色等，把样式添加到 HTML 中是为了解决内容与表现分离的问题。因为 CSS 的表现与 HTML 的结构相分离，CSS 通过对页面结构的风格进行控制。当需要更改这些页面的样式设置时，只要在样式表中进行修改，而不用对每个页面逐个修改，从而大大简化了格式化的工作。

学习目标：掌握在 HTML 中使用 CSS 的方法、CSS 的两个主要特性、CSS 的基本语法和 CSS 的选择器。

重点难点：CSS 的基本语法、CSS 的选择器。

4.1　CSS 简介

CSS（Cascading Style Sheets，串联样式表，也叫层叠样式表），简称为样式表，CSS 是用于定义如何显示 HTML 元素，控制网页样式并将样式与网页内容分离的一种标记性语言。样式就是格式，在网页中，像文字的大小、颜色以及图片位置等，都是设置显示内容的样式。层叠是指样式可以层层叠加，可以对一个元素多次设置样式，后面定义的样式会对前面定义的样式重写，在浏览器中看到的效果是最后一次设置的样式。

4.1.1　CSS 的发展历史

1. CSS 1.0

1996 年 12 月，W3C 发布了 CSS 规范的第一个版本 CSS 1.0 规范。该规范主要定义了网页的基本属性，如字体、颜色、位置等文本属性的基本信息。

2. CSS 2.0/2.1

1998 年 5 月，W3C 发布了 CSS 2.0 版本规范。这个版本包含了 CSS 1.0 所有的功能，并在此基础上添加了一些新的功能。CSS 2.0 是第一个被广泛应用的版本，是主流浏览器都采用的标准。2007 年 W3C 发布了 CSS 2.1 版本，它是 CSS 2.0 的第一次修订版，修订了 CSS 2.0 中的一些错误，删除和修改了一些属性和行为。

3. CSS 3.0

2001 年 5 月，W3C 完成了 CSS 3.0 工作草案的拟定。该草案制定了 CSS3 的发展路线图，并将 CSS3 规范分为若干个相互独立的模块单独升级，统称为 CSS3。这些模块有：CSS 选择器 level3、CSS 媒体查询 level3、CSS 颜色 level3 等模块。CSS3 现在还在发展中，到目前为止，CSS3 规范还没有最终定稿。

CSS3 的优势是能够使网页变得非常炫酷。CSS 3.0 能够代替之前需要用 JavaScript、jQuery 才能实现的交互效果，可以为用户带来更好的体验，特别是针对移动端界面。另外，使用 CSS3 还能减少开发和维护成本（例如动态和渐变）。

CSS3 完全向后兼容，浏览器也将继续支持 CSS2。所以，CSS3 的主要影响是可以使用新的可用的选择器和属性，通过 CSS3 提供的新特性，可以很简单地设计出需要的效果（如使用分栏），从而为用户带来更好的体验。采用 CSS3 规范后，网页布局更加合理，样式更加美观。

当前主流的浏览器对 CSS 都提供很好的支持，但不同的浏览器对 CSS3 细节的处理存在差异，造成浏览器的显示效果不一样。随着所有浏览器都将支持 CSS3 样式，网页设计者将可以使用统一的标记，在不同浏览器上实现一致的显示效果，网页设计将会变得容易得多。

4.1.2 CSS 设计与编写原则

任何一个项目或者系统开发之前都需要定制一个开发约定和规则，这样有利于项目的整体风格统一、代码维护和扩展。由于 Web 项目开发的分散性、独立性、整合的交互性等，定制一套完整的约定和规则显得尤为重要。

1．目录结构命名规范

存放 CSS 样式文件的目录一般命名为 style 或 css。

2．CSS 样式文件的命名规范

在项目初期，会把不同类别的样式放于不同的 CSS 文件，是为了 CSS 编写和调试的方便；在项目后期，出网站性能的考虑会将不同的 CSS 文件整合到一个 CSS 文件中，这个文件一般命名为 style.css 或 css.css。

3．CSS 选择符的命名规范

所有 CSS 选择符必须由小写英文字母或下画线 "_"、数字组成，且必须以字母开头，不能为纯数字。设计者要用有意义的单词或字母组合来命名选择符，做到"见其名知其意"，这样就节省了查找样式的时间。样式名必须能够大致表示样式的含义（禁止出现如 Div1、Div2、Style1 等命名），读者可以参考表 4-1 中的样式命名。

表 4-1　样式命名参考

页面功能	命名参考	页面功能	命名参考	页面功能	命名参考
容器	wrap/container/box	头部	header	加入	joinus
导航	nav	底部	footer	注册	regsiter
滚动	scroll	页面主体	main	新闻	news
主导航	mainnav	内容	content	按钮	button
顶导航	topnav	标签页	tab	服务	service
子导航	subnav	版权	copyright	注释	note
菜单	menu	登录	login	提示信息	msg
子菜单	submenu	列表	list	标题	title
子菜单内容	subMenuContent	侧边栏	sidebar	指南	guide
标志	logo	搜索	search	下载	download
广告	banner	图标	icon	状态	status
页面中部	mainbody	表格	table	投票	vote
小技巧	tips	列定义	column_1of3	友情链接	friendlink

当定义的样式名比较复杂时用下画线把层次分开，例如以下定义页面导航菜单选择符的 CSS 代码：

```
#nav_logo{…}
#nav_logo_ico{…}
```

4．CSS 代码注释

为代码添加注释是一种良好的编程习惯。注释可以增强 CSS 文件的可读性，后期维护也将更加便利。

在 CSS 中添加注释非常简单，它是以 "/*" 开始，以 "*/" 结尾。注释可以是单行，也可以是多行，并且可以出现在 CSS 代码的任何地方。一般将注释分为结构性注释和提示性注释。

（1）结构性注释

结构性注释仅仅是用风格统一的大注释块从视觉上区分被分隔的部分，例如以下代码：

```
    /* header（定义网页头部区域）-------------------------------------------------------------*/
```

（2）提示性注释

在编写 CSS 文档时，可能需要某种技巧解决某个问题。在这种情况下，最好将这个解决方案的简要注释放在代码后面，例如以下代码：

```
.news_list li span {
    float:left; /*设置新闻发布时间向左浮动，与新闻标题并列显示*/
    width:80px;
    color:#999; /*设置新闻发布时间为灰色，弱化发布的时间在视觉上的感觉*/
}
```

18　在 HTML 中使用 CSS 的方法

4.2　在 HTML 中使用 CSS 的方法

要想在浏览器中显示出样式表的效果，必须把 CSS 与 HTML 文件链接在一起。在 HTML 文件中使用 CSS 的方式有 4 种：行内样式、内部样式、链入外部样式文件和导入外部样式文件。

可以使用任何编辑 HTML 文档的软件编辑 CSS，本章和后续各章仍然使用 HBuilder X 编辑器。所有浏览器都可以运行 CSS，本章和后续各章仍然使用 Google Chrome 浏览器。

4.2.1　行内样式

行内样式（也称内联样式）是指在 HTML 相关的标签内使用样式（style）属性，再定义要显示的样式表。style 属性可以包含任何 CSS 属性，style 属性的内容就是 CSS 的属性和值。用这种方法，可以很简单地对某个标签单独定义样式表。这种样式表只对所定义的标签起作用，并不对整个页面起作用。行内样式的格式为：

<标签 style="属性:属性值; 属性:属性值 ...">...</标签>

需要说明的是，行内样式虽然是最简单的 CSS 使用方法，但由于需要为每一个标记设置 style 属性，且当将表现和内容混杂在一起时，行内样式会损失掉样式表的许多优势，后期维护成本依然很高，而且网页文件容易过大，因此不推荐使用。

【例 4-1】　使用行内样式设计网页。本例文件为 4-1.html。

```
<!DOCTYPE html>
<html>
    <head>
        <meta charset="utf-8">
        <title>个人博客网站</title>
    </head>
    <body>
        <div style="width: 800px;">
            <!--行内样式定义的 div 样式-->
            <h3 style="font-size: 25pt;color: blue;text-align: center;">如何快速建立自己的个人博客
网站</h3><!--行内样式定义的 h3 样式，不影响其他 h3 标题-->
            <p style="text-align: center;"><img src="images/blog.jpg" style="width: 200;height: 160;
border: 1px solid;color: skyblue"></p>
            <p style="font-size: 11pt;text-indent: 2em;">各大博客门户网站，相继关闭，做一个独
立的个人博客网站，那是将来的趋势。越来越多的个人站长倾向于独立建站，有个属于自己的博客网
站，那如何快速建立自己的个人博客网站呢？</p>
            <!--行内样式定义段落文字为 11 磅大小，段落首行缩进 2 字符-->
        </div>
        <p>个人博客应该简单、优雅、稳重、大气、低调，采用 HTML5+CSS3 设计，nav 导航实
现鼠标悬停渐变显示英文标题的效果，banner 部分，选择大图作为背景，利用 CSS3 中 animation 属性结合文
```

字图片实现文字从左到右的渐变效果。</p><!--本段没有使用内联样式，段落采用默认排列-->
        </body>
        </html>

在 HBuilder X编辑器中编辑 HTML 文档，如图 4-1 所示。

图 4-1　在 Hbuilder X编辑器中编辑 HTML 文档

运行 4-1.html 文件，在浏览器中的显示效果如图 4-2 所示。

图 4-2　使用行内样式的显示

4.2.2　内部样式

内部样式（也称嵌入样式）是指把样式定义<style>…</style>作为网页代码的一部分放到头部定义<head>…</head>中，定义的样式可以在整个 HTML 文档中调用。内部样式与行内样式的异同是，行内样式的作用域只有一行，而内部样式的作用域是整个 HTML 文档。

1．内部样式表的格式

内部样式表的格式为：

```
<style type="text/css">
    选择符 1{属性:属性值；属性:属性值 …}　/* 注释内容 */
    选择符 2{属性:属性值；属性:属性值 …}
    …
    选择符 n{属性:属性值；属性:属性值 …}　/* 注释内容 */
</style>
```

<style>…</style>标签对用来说明所要定义的样式。type 属性指定 style 使用 CSS 的语法来定义。当然，也可以指定使用像 JavaScript 之类的语法来定义。属性和属性值之间用冒号“:”隔开，属性之间用分号“;”隔开。

选择符可以使用 HTML 标签的名称，所有 HTML 标签都可以作为 CSS 选择符使用。

2．组合选择符的格式

除了在<style>…</style>内分别定义各种选择符的样式外，如果多个选择符具有相同的样式，可以采用组合选择符，以减少重复定义的麻烦，其格式为：

```
<style type="text/css">
    选择符 1, 选择符 2, … , 选择符 n{属性:属性值; 属性:属性值 …}
    选择符 a, 选择符 b, … , 选择符 m{属性:属性值; 属性:属性值 …}
</style>
```

【例 4-2】 使用内部样式设计网页。本例文件 4-2.html 在浏览器中的显示效果如图 4-3 所示。

图 4-3　使用内部样式表

```
<!DOCTYPE html>
<html>
    <head>
        <meta charset="utf-8">
        <title>个人博客网站</title>
        <style type="text/css">
            body {font-size: 11pt} /*设置主体字体大小*/
            /*设置区块宽度 780px、边框 2px 绿色虚线*/
            div {width: 780px; border: 2px dashed green;}
            /*设置 h3 标题的字体、颜色、对齐方式*/
            h3 {font-family: 黑体; font-size: 22pt; color: black; text-align: center}
            h3.title {font-size:18pt;font-weight:bold;color:#666;text-align:center}/*设置 h3 的副标题*/
            /*设置段落文字 11pt；黑色；文本缩进两个字符*/
            p {font-size: 11pt; color: black; text-indent: 2em}
            p.img {text-align: center} /*设置段落中的图像居中对齐*/
            p.author {color: blue; text-align: right} /*设置段落中的作者文字蓝色、右对齐*/
            img {width:200;height:160;border:1px solid;color:skyblue} /*设置图像的宽、高、边框*/
        </style>
    </head>
    <body>
        <div>
            <h3>如何快速建立自己的</h3>
            <h3 class="title">个人博客网站</h3>
            <p class="img"><img src="images/blog.jpg"></p>
            <p>各大博客门户网站相继关闭，做一个独立的个人博客网站是将来的趋势。越来
越多的个人站长倾向于独立建站，那如何快速建立自己的个人博客网站呢？</p>
            <p>个人博客应该简单、优雅、稳重、大气、低调，采用 HTML5+CSS3 设计，nav
导航实现鼠标悬停渐变显示英文标题的效果，banner 部分，选择大图作为背景，利用 CSS3 中的 animation
属性结合文字图片实现文字从左到右的渐变效果。</p>
            <p class="author">发布：小江</p>
        </div>
    </body>
</html>
```

h3 元素定义了 1 个类 title。p 元素定义了 2 个类：img、author。当<h3>、<p>标签使用定义的这些类时，会按照类所定义的属性来显示。

4.2.3　链入外部样式表文件

链入外部样式表文件就是当浏览器读取到 HTML 文档的样式链接标签时，将向所链接的外部样式表文件索取样式。先将样式表保存为一个样式表文件（.css），然后在网页中用<link>标签链接这个样式表文件。

1. 用<link>标签链接样式表文件

<link>标签必须放到页面的<head>…</head>标签对内。其格式为：

```
<head>
```

```
…
<link rel="stylesheet" href="外部样式表文件名.css" type="text/css">
…
</head>
```

其中，<link>标签表示浏览器从"外部样式表文件名.css"文件中以文档格式读出定义的样式表。rel="stylesheet"属性定义在网页中使用外部的样式表文件，type="text/css"属性定义文件的类型为样式表文件，href属性定义.css文件的URL。

2. 样式表文件的格式

样式表文件可以用任何文本编辑器（如记事本）打开并编辑，一般样式表文件的扩展名为.css。样式表文件的内容是定义的样式表，不包含HTML标签。样式表文件的格式为：

```
选择符1{属性:属性值; 属性:属性值 …}  /* 注释内容 */
选择符2{属性:属性值; 属性:属性值 …}
…
选择符n{属性:属性值; 属性:属性值 …}
```

一个外部样式表文件可以应用于多个页面。当改变这个样式表文件时，所有页面的样式都会随之改变。这在设计者制作大量相同样式页面的网站时非常有用，不仅减少了重复的工作量，而且有利于以后的修改。浏览时也减少了重复下载的代码，加快了显示网页的速度。

【例4-3】 在网页中链入外部样式表文件style.css。本例网页结构文件为4-3.html。

```
<!DOCTYPE html>
<html>
    <head>
        <meta charset="utf-8">
        <title>个人博客网站</title>
        <link rel="stylesheet" href="css/style.css" type="text/css">
    </head>
    <body>
        <div>
            <h3>如何快速建立自己的</h3>
            <h3 class="title">个人博客网站</h3>
            <p class="img"><img src="images/blog.jpg"></p>
            <p>各大博客门户网站相继关闭，做一个独立的个人博客网站是将来的趋势。越来
越多的个人站长倾向于独立建站，那如何快速建立自己的个人博客网站呢？</p>
            <p>个人博客应该简单、优雅、稳重、大气、低调，采用HTML5+CSS3设计，nav
导航实现鼠标悬停渐变显示英文标题的效果，banner部分，选择大图作为背景，利用CSS3中的animation
属性结合文字图片实现文字从左到右的渐变效果。</p>
            <p class="author">发布：小江</p>
        </div>
    </body>
</html>
```

CSS文件名为style.css，存放在文件夹css中，代码如下。

```
body {font-size: 11pt} /*设置主体字体大小*/
div {width: 780px; border: 2px dashed green;} /*设置区块宽度780px、边框2px绿色虚线*/
/*设置h3标题的字体、颜色、对齐方式*/
h3 {font-family: 黑体; font-size: 22pt; color: black; text-align: center}
h3.title {font-size: 18pt; font-weight: bold; color: #666; text-align: center} /*设置h3的副标题*/
p {font-size: 11pt; color: black; text-indent: 2em} /*设置段落文字11pt；黑色；文本缩进两个字符*/
p.img {text-align: center} /*设置段落中的图像居中对齐*/
p.author {color: blue; text-align: right} /*设置段落中的作者文字蓝色、右对齐*/
img {width: 200; height: 160; border: 1px solid; color: skyblue} /*设置图像的宽、高、边框*/
```

网页结构文件 4-3.html 和外部样式表文件 style.css 都在 HBuilder X 编辑器中编辑，如图 4-4 和图 4-5 所示。注意，在 HBuilder X 的"文件"菜单中选择"新建"选项后，不会自动保存，所以在运行前一定要手动保存 CSS 文件，然后切换到 4-3.html 文件，执行"运行"命令。如果没有保存 CSS 文件，将无法显示 CSS 的运行结果。

图 4-4　在 Hbuilder X 中编辑 4-3.html 文件

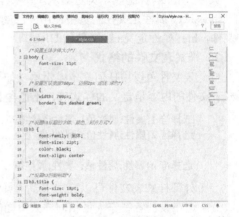

图 4-5　在 Hbuilder X 中编辑 style.css 文件

本例文件 4-3.html 在浏览器中的显示效果如图 4-3 所示。

4.2.4　导入外部样式表文件

导入外部样式表文件就是当浏览器读取 HTML 文件时，复制一份样式到这个 HTML 文件中，即在内部样式表的<style>标签对中导入外部样式表文件。其格式为：

```
<style type="text/css">
@import url("外部样式表的文件名 1.css");
@import url("外部样式表的文件名 2.css");
其他样式表的声明
</style>
```

"外部样式表的文件名"指定要导入的样式表文件，其扩展名为.css。其方法与链入外部样式表文件的方法相似，但导入外部样式表文件的输入方式更有优势，因为它相当于内部样式表。

注意，@import 语句后的";"号不能省略。所有的@import 声明必须放在样式表的开始部分，在其他样式表声明的前面，其他 CSS 规则放在其后的<style>标签对中。如果在内部样式表中指定了规则（如.bg{ color: black; background: orange }），其优先级将高于导入的外部样式表中相同的规则。

【例 4-4】　通过导入外部样式表文件制作页面，导入的外部样式表文件（extstyle.css）中包含.bgcolor{background: blue}。本例网页文件 4-4.html 在浏览器中的显示效果如图 4-6 所示。

CSS 文件名为 extstyle.css，存放在文件夹 css 中，代码如下。

图 4-6　导入外部样式表

body {font-size: 11pt} /*设置主体字体大小*/
div {width: 780px; border: 2px dashed green;} /*设置区块宽度 780px、边框 2px 绿色虚线*/
h3 {font-family: 黑体; font-size: 22pt; color: black; text-align: center} /*设置 h3 标题的字体、颜色、对齐方式*/
h3.title {font-size: 18pt; font-weight: bold; color: #666; text-align: center} /*设置 h3 的副标题*/
p {font-size: 11pt; color: black; text-indent: 2em} /*设置段落文字 11pt；黑色；文本缩进两个字符*/

```
p.img {text-align: center} /*设置段落中的图像居中对齐*/
p.author {color: blue; text-align: right} /*设置段落中的作者文字蓝色、右对齐*/
img {width: 200; height: 160; border: 1px solid; color: skyblue} /*设置图像的宽、高、边框*/
.bgcolor{background:blue} /*设置类，背景为蓝色*/
```

网页结构文件的 HTML 代码如下。

```
<!DOCTYPE html>
<html>
    <head>
        <meta charset="utf-8">
        <title>个人博客网站</title>
        <style type="text/css">
            @import url(css/extstyle.css);
            /* 设置类，字体为黑色，背景为黄色 */
            .bgcolor { color: black; background: yellow;}
        </style>
    </head>
    <body>
        <div>
            <h3 class="bgcolor">如何快速建立自己的</h3>
            <h3 class="title">个人博客网站</h3>
            <p class="img"><img src="images/blog.jpg"></p>
            <p>各大博客门户网站相继关闭，做一个独立的个人博客网站是将来的趋势。越来
越多的个人站长倾向于独立建站，那如何快速建立自己的个人博客网站呢？</p>
            <p style="color:blue">个人博客应该简单、优雅、稳重、大气、低调，采用
HTML5+CSS3 设计，nav 导航实现鼠标悬停渐变显示英文标题的效果，banner 部分，选择大图作为背景，
利用 CSS3 中的 animation 属性结合文字图片实现文字从左到右的渐变效果。</p>
            <p class="author">发布：小江</p>
        </div>
    </body>
</html>
```

被@import 导入的样式表的顺序决定它们是怎样层叠的，在不同规则中出现的相同元素由排在
后面的规则决定。例如，在本例中，<h3 class="bgcolor"></h3>中的文字背景色由行内样式 bgcolor 决
定，结果不是蓝色的背景，依然是淡黄色的背景。

4.3 CSS 的两个主要特性

1. 层叠

CSS 的第一个特性是"层叠"，层叠（Cascade）是指 CSS 能够对同一个元素应用多个样式表。
样式可以规定在单个的 HTML 元素中，在 HTML 页的头元素中，或在一个外部的 CSS 文件中。甚
至可以在同一个 HTML 文档内部引用多个外部样式表。一个 HTML 文档可能会使用多种 CSS 样式，
具体到某元素来说，会层叠多层样式，当同一个 HTML 元素被多种样式定义时，会使用哪种样式呢？
即样式生效的优先级从高到低的顺序为：行内样式→内部样式→外部样式→浏览器默认设置。

因此，行内样式（在 HTML 元素内部）拥有最高的优先权，这意味着它将优先于以下的样式声
明：<head>标签中的样式声明、外部样式表中的样式声明，以及浏览器中的样式声明（默认值）。

【例 4-5】 样式表的层叠示例。本例在 div 标签中嵌套 p 标签，
文件 4-5.html 在浏览器中的显示效果如图 4-7 所示。

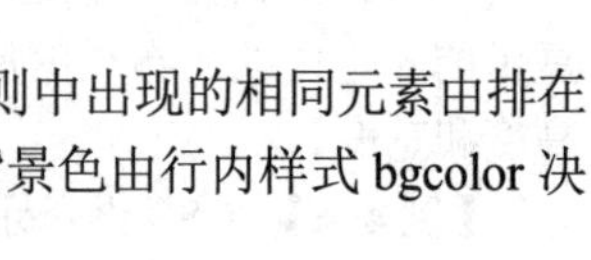

```
<!DOCTYPE html>
<html>
```

图 4-7　样式表的层叠

```
<head>
    <meta charset="utf-8">
    <title>多重样式表的层叠</title>
    <style type="text/css">
        div { color: red; font-size: 12pt; }
        p { color: blue; }
    </style>
</head>
<body>
    <div>
        <!-- p 元素里的内容会继承 div 定义的属性-->
        <p>这个段落的文字为蓝色 12 号字</p>
    </div>
</body>
</html>
```

【**说明**】显示结果表明"这个段落的文字为蓝色 12 号字"继承 div 属性，为 12 号字；而 color 属性则依照最后的定义，为蓝色。

2．继承

CSS 的第二个特性是"继承"，继承指的是特定的 CSS 属性可以从父元素向下传递到子元素。这种特性允许样式不仅应用于某个特定的元素，同时也应用于其后代，而后代所定义的新样式，却不会影响父样式。

文字样式属性中，以下属性都能继承：color、text-开头的、line-开头的、font-开头的、word-space 等。另外，所有的表格属性样式都可以被继承。

根据 CSS 规则，子元素继承父元素属性。例如：

```
body{font-family:"微软雅黑";}
```

通过继承，所有 body 的子元素都应该显示"微软雅黑"字体，子元素的子元素也一样。

需要注意的是，不是所有属性都具有继承性，CSS 强制规定部分属性不具有继承性。所有关于盒子的、定位的、布局的属性都不能继承，例如边框、外边距、内边距、背景、定位、布局、元素高度和宽度。

【**例 4-6**】 CSS 继承示例。本例文件 4-6.html 在浏览器中的显示效果如图 4-8 所示。

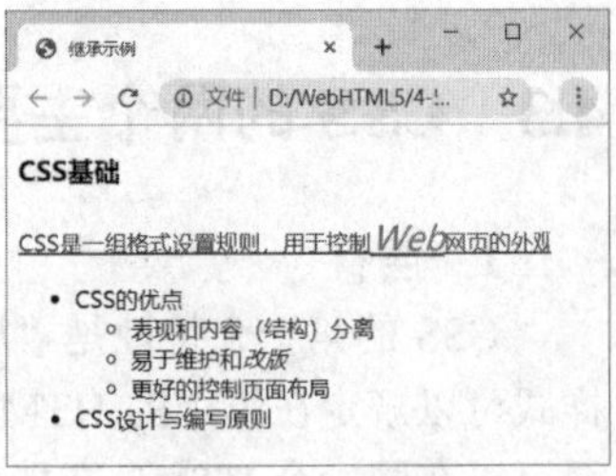

```
<!DOCTYPE html>
<html>
    <head>
        <meta charset="utf-8">
        <title>继承示例</title>
        <style type="text/css">
            p {color: #00f;    /*定义文字颜色为蓝色*/
               text-decoration: underline;   /*增加下画线*/   }
            p em {   /*为 p 元素中的 em 子元素定义样式*/
                  font-size: 24px;   /*定义文字大小为24px*/
                  color: #f00;   /*定义文字颜色为红色*/   }
        </style>
    </head>
    <body>
        <h3>CSS 基础</h3>
        <p>CSS 是一组格式设置规则，用于控制<em>Web</em>网页的外观。</p>
        <ul>
            <li>CSS 的优点
                <ul>
```

图 4-8 CSS 继承

```
                        <li>表现和内容（结构）分离</li>
                        <li>易于维护和<em>改版</em></li>
                        <li>更好地控制页面布局</li>
                    </ul>
                </li>
                <li>CSS 设计与编写原则</li>
            </ul>
        </body>
    </html>
```

【说明】从图 4-8 的显示效果看出，虽然 em 子元素重新定义了新样式，但其父元素 p 并未受到影响，而且 em 子元素中的内容还继承了 p 元素中设置的下画线样式，只是颜色和字体大小采用了自己的样式。

4.4 CSS 的基本语法

1．基本语法

CSS 的基本语法由两部分组成，其格式为：

selector{property1: value1; property2: value2; ... } /* **选择符{属性: 属性值} */**

selector 被称为选择器，选择器决定了样式定义需要改变的 HTML 元素。

property: value 被称为样式声明，每一条样式声明由 property（属性）和 value（属性值）组成，用于告诉浏览器如何渲染页面中与选择符相匹配的对象。

例如，下面这行代码的作用是将 h3 元素内的文字颜色定义为蓝色，同时将字体大小设置为 18px。

    h3 {color: yellow; font-size: 18px;}

如图 4-9 所示的示意图展示了上面这段代码的结构。

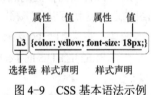

图 4-9　CSS 基本语法示例

2．注意事项

在编写样式时需要注意以下几点。

（1）属性名和属性值要正确

property（属性）是由官方 CSS 规范约定的，而不是自定义的。属性是设置的样式属性。每个属性有一个值 value（属性值），属性和属性值用冒号分开，属性值跟随属性的类别而呈现不同形式，一般包括数值、单位以及关键字。

（2）需要加引号

如果值为若干单词，则需要给值加引号。例如：

    p {font-family: "sans serif";}

（3）多重声明

如果要定义多个声明，则需要用分号将其分开。下面的例子展示了如何定义一个红色文字的居中段落。

    p {text-align:center; color:red; }

最后一条声明是不需要加分号的，因为分号在英语中是一个分隔符号，不是结束符号。然而，大多数有经验的设计师会在每条声明的末尾都加上分号，这么做的好处是，当从现有的规则中增减声明时，会尽可能地减少出错的可能性。

（4）代码的可读性

一般来说，为了方便阅读样式，应该每行只描述一个属性，且在属性末尾都加上分号。例如，将<body>和</body>标签内的所有文字设置为"华文中宋"、12px、黑色、白色背景，则在样式中定义如下：

```
body{ font-family: "华文中宋";   /*设置字体*/
     font-size: 12px;   /*设置文字大小为 12px*/
     color: #000;   /*设置文字颜色为黑色*/
     background-color: #fff;   /*设置背景颜色为白色*/ }
```

从上述代码片段中看出，这样的 CSS 代码结构十分清晰，为方便以后编辑，还可以在每行后面添加注释说明。但是，这种写法增加了很多字节，有一定基础的 Web 设计人员可以将上述代码改写为如下：

```
/*定义 body 的样式为 12px 大小的黑色华文中宋字体，且背景颜色为白色*/
body{font-family:"华文中宋"; font-size:12px; color:#000; background-color:#fff;}
```

（5）空格

大多数样式表包含不止一条规则，而大多数规则包含不止一个声明。多重声明和空格的使用使得样式表更容易编辑。例如：

```
body { color: #000; background: #fff; margin: 0; padding: 0; font-family: Georgia, Palatino, serif; }
```

空格不会影响 CSS 样式的效果。

（6）大小写

CSS 对字母大小写不敏感，但在编写样式时，建议属性名和属性值都用小写。但是，也有例外，如果涉及 HTML 文档，那么 class 和 id 名称对字母大小写是敏感的。因此，W3C 推荐 HTML 文档中用小写字母来命名。

（7）选择器的分组

对于具有相同样式的选择器，可以将这些选择器分成一个组，用逗号将每个选择器隔开。这样，同组的选择器就可以分享相同的声明。

例如，定义 h1～h6 标题的颜色都为蓝色，将所有的标题元素合为一组。

```
h1,h2,h3,h4,h5,h6 { color: blue; }
```

19 CSS 的
选择器

4.5 CSS 的选择器

选择器（Selector）也被称为选择符，CSS 选择器用于指明样式对哪些元素生效。HTML 中的所有元素都是通过不同的 CSS 选择器进行控制的。在 CSS 中，根据选择器的功能或作用范围，可以将选择器分为元素选择器、class 类选择器、id 选择器和伪类选择器等。

需要明确的是，一个选择器可能会出现多个元素，但生效的只有一个，其他元素和符号都可以被视为条件。

4.5.1 元素选择器

元素选择器也称标签选择器。HTML 页面是由多个不同的元素组成的，如 h1、p、img 等。CSS 的元素选择器用于声明这些元素的样式。元素选择器是最简单的选择器，选择器是某个 HTML 元素。元素选择器的格式如下：

E {property1: value1; property2: value2; ... }

E 是 Element（元素）的缩写，表示元素的名称，例如 p、div、td 等 HTML 元素。property 是 CSS 的属性名，value 是对应的属性值。

需要注意的是，CSS 对所有属性和属性值都有严格要求，如果声明的属性在 CSS 规范中不存在，或者某个属性值不符合该属性的要求，都不能使该 CSS 声明生效。

通过声明具体的元素，可以对文档中这个元素的标签出现的每一个地方应用样式定义。这种做法通常用于设置在整个网页都会出现的基本样式。

例如，下面的定义为网页设置默认字体。

body,p,div,blockquote,td,th,dl,ul,ol { font-family: Verdana, Arial, Helvetica; font-size: 1em; color: black;}

这个选择器声明了一系列的元素，这些元素出现的所有地方都将以定义的样式（字体、字体和颜色）显示。理论上，仅声明 body 元素就能符合规则，因为所有其他元素都会出现在 body 元素中，并且继承它的属性，现在大部分浏览器确实是这样的。但是仍然有浏览器不能正确地将这些样式带入表格和其他标记中，因此，为了避免这种情况而声明了其他元素。

4.5.2 通配符选择器

通配符选择器也称全局选择器，其作用是定义网页中所有元素均使用同一种样式。在编写代码时，用"*"表示通配符选择符。其格式为：

* {property1: value1; property2: value2; ... }

例如，通常在制作网页时首先将页面中所有元素的外边距 margin 和内边距 padding 设置为 0，代码如下：

```
* { margin:0px;    /*外边距设置为 0*/
    padding:0px;    /*内边距设置为 0*/ }
```

此外，还可以对特定元素的子元素应用样式。

【例 4-7】 通配符选择器示例。本例文件 4-7.html 在浏览器中的显示效果如图 4-10 所示。

```
<!DOCTYPE html>
<html>
    <head>
        <meta charset="utf-8">
        <title>通配符选择器</title>
        <style type="text/css">
            * {color: #000;}    /*所有文字的颜色为黑色*/
            p {color: #00f;}    /*段落文字的颜色为蓝色*/
            p * {color: #f00;}    /*段落子元素文字的颜色为红色*/
        </style>
    </head>
    <body>
        <div>
            <h3>通配符选择器</h2>
            <div>默认的文字颜色为黑色</div>
            <p>段落文字颜色为蓝色</p>
            <p><span>段落子元素的文字颜色为红色</span></p>
        </div>
    </body>
</html>
```

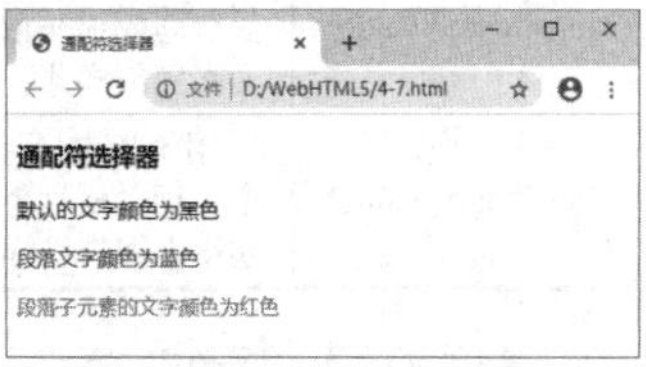

图 4-10　通配符选择器

从代码的执行结果看出，由于通配器选择器定义了所有文字的颜色为黑色，所以<h3>和<div>标签中文字的颜色为黑色。接着又定义了 p 元素的文字颜色为蓝色，所以<p>标签中文字的颜色呈现为蓝色。最后定义了 p 元素内所有子元素的文字颜色为红色，所以<p>和</p>之间的文字颜色为红色。

4.5.3 属性选择器

对带有指定属性的 HTML 元素设置样式的选择器，称为属性选择器。从广义角度来说，元素选择器是属性选择器的特例,是一种忽视指定 HTML 元素的属性选择器。属性选择器可以匹配 HTML 文档中元素定义的属性、属性值或属性值的一部分。属性选择器的格式如下:

E[attribute] {property1: value1; property2: value2; ... }

E（Element）表示元素的名称,可以省略。attribute 表示该元素的某个属性。属性选择器是在元素名后面加一对方括号,方括号中列出各种属性或者表达式。这里 E[attribute]表示属性选择器匹配网页中具有 attribute 属性的 E 元素。如果省略元素名,则为包含指定属性的所有元素设置样式。在 CSS3 中,属性选择器的语法格式有 7 种,见表 4-2。

表 4-2 属性选择器的语法格式

语法格式	描述	例子
[attribute]	用于选取带有指定属性的所有元素,通过匹配指定的属性来控制元素的样式,要把匹配的属性包含在中括号中	[target] 选择带有 target 属性的所有元素
[attribute=value]	用于选取带有指定属性和值的所有元素。用于精准属性匹配,只有当属性值完全匹配指定的属性值时才会应用样式	[target=_blank] 选择 target="_blank"的所有元素
[attribute~=value]	用于选取属性值中包含指定词汇的所有元素。先为属性定义字符串列表,然后只要匹配其中任意一个字符串即可控制元素样式。多个值使用空格分隔	[title~=flower] 选择 title 属性包含单词"flower"的所有元素
[attribute|=value]	用于选取带有以指定值开头的属性值的所有元素,该值必须是整个单词。用于连字符匹配,与空白匹配的功能和用法相同,但是连字符匹配中的字符串列表用连字符"-"进行分割	[lang|=en] 选择 lang 属性值以"en"开头的所有元素
[attribute^=value]	用于选取属性值以指定值开头的所有元素。属性值子串选择器用于前缀匹配,只要属性值的开始字符匹配指定字符串,即可对元素应用样式。前缀匹配使用[^=]	a[src^="https"] 选择 src 属性值以"https"开头的所有 a 元素
[attribute$=value]	用于选取属性值以指定值结尾的所有元素。属性值子串选择器用于后缀匹配,与前缀相反,只要属性的结尾字符匹配指定字符,即可对元素应用样式。后缀匹配使用[$=]	a[src$=".pdf"] 选择 src 属性值以".pdf"结尾的所有 a 元素
[attribute*=value]	用于指定属性值中包含指定值的所有元素,位置不限,也不限制整个单词。属性值子串选择器用于子字符串匹配,只要属性中存在指定字符串即应用样式。使用[*=]形式控制	a[src*="abc"] 选择 src 属性值中包含"abc"子串的所有 a 元素

【例 4-8】 属性选择器示例。本例文件 4-8.html 在浏览器中的显示效果如图 4-11 所示。

```
<!DOCTYPE html>
<html>
    <head>
        <meta charset="utf-8">
        <title>属性选择器示例</title>
        <style type="text/css">
            img[alt] {border: 3px solid #00F;}    /*作用任何带
alt 属性的 img 元素*/
            a[href][title] {font-weight: bold;}    /*作用同时带
href 和 title 属性的 a 元素*/
            a[href="www.taobao.com"][title="淘宝"] {font-size:
18px;}    /*作用地址指向 www.taobao.com 并且 title 为"淘宝"的 a 元素*/
            a[title~="baidu"] {color: red;}
            *[lang|="en"] {color: blue;}
            p[title^="my"] {color: yellow;}
            p[title$="Test"] {color: green;}
            p[title*="est"] {background-color: aqua;}
        </style>
    </head>
    <body>
        <p><img src="images/tulip.jpg" alt="郁金香" width="200" height="120" />
```

图 4-11 属性选择器

```
                <img src="images/tulip.jpg" width="200" height="120" />
        </p>
        <a href="www.taobao.com" title="淘宝">淘宝网</a>
        <a href="http://www.baidu.com/" title="www baidu com">红色</a>
        <!--元素 a 的 title 属性包含 3 个值（多个值使用空格分隔），其中一个为 baidu，因此可匹配样式。-->
        <p lang="en">E[attribute|=value]属性值选择器</p>
        <p lang="en-US">E[attribute|=value]属性值选择器</p>
        <p title="myTest">E[attribute^=value]属性值子串选择器</p>
        <p title="myTest">E[attribute$=value]属性值子串选择器</p>
        <p title="myTest">E[attribute*=value]属性值子串选择器</p>
    </body>
</html>
```

4.5.4　派生选择器

派生选择器是指依据元素在其位置的上下文关系定义样式，在 CSS 1.0 中，这种选择器被称为上下文选择器，CSS 2.0 改名为派生选择器。也有人将这种选择器叫作父子选择器。派生选择器允许根据文档的上下文关系来确定某个元素的样式。通过合理地使用派生选择器，可以使 HTML 代码变得更加整洁。派生选择器可以分成 3 种：后代选择器、子元素选择器和相邻兄弟选择器。

1．后代选择器

后代选择器（Descendant Selector）又称为包含选择器，后代选择器可以选择某元素后代的元素，两个元素之间的层次间隔可以是无限的。其格式如下：

父元素　子元素{property1: value1; property2: value2; ..}.

在后代选择器中，规则左边的选择器一端包括两个或多个用空格分隔的选择器。选择器之间的空格是一种结合符（Combinator）。每个空格结合符可以解释为"……在……找到""……作为……的一部分""……作为……的后代"，但是要求必须从右向左读选择器，即"'子元素'在'父元素'找到""'子元素'作为'父元素'的一部分""'子元素'作为'父元素'的后代"。

因此，h1 em 选择器可以解释为"h1 元素后代的任何 em 元素"。如果要从右向左读选择器，可以换成以下说法"包含 em 的所有 h1 会把以下样式应用到该 em"。

可以定义后代选择器来创建一些规则，使这些规则在某些文档结构中起作用，而在另外一些结构中不起作用。

【例 4-9】　后代选择器示例。本例只对 h3 元素中的 em 元素应用样式，文件 4-9.html 在浏览器中的显示效果如图 4-12 所示。

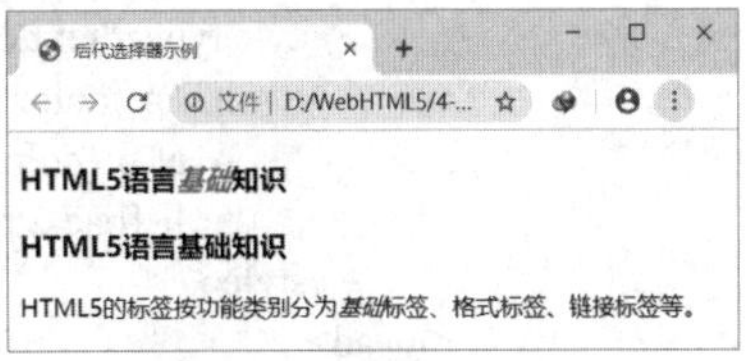

```
<!DOCTYPE html>
<html>
    <head>
        <meta charset="utf-8">
        <title>后代选择器示例</title>
        <style type="text/css">
            h3 em {color:red;}
        </style>
    </head>
    <body>
        <h3>HTML5 语言<em>基础</em>知识</h3>
        <h3>HTML5 语言基础知识</h3>
        <p>HTML5 的标签按功能类别分为<em>基础</em>标签、格式标签、链接标签等。</p>
    </body>
</html>
```

图 4-12　后台选择器

h3 em {color:red;}规则会把作为 h3 元素后代的 em 元素的文本变为红色。其他 em 文本（如不含

em 的 h3、段落或块引用中的 em）则不会应用这个规则。

2．子元素选择器

子元素选择器（Child Selector）只能选择作为某元素子元素的元素。它与后代选择器最大的不同就是元素间隔不同，后代选择器将该元素作为父元素，它所有的后代元素都是符合条件的，而子元素选择器只有相对于父元素来说的第一级子元素符合条件。其格式如下：

父元素 > 子元素{property1: value1; property2: value2; ...}

子选择器使用了大于号（子结合符）。子结合符两边可以有空白符，这是可选的。

例如，如果希望选择只作为 h3 元素子元素的 strong 元素，可以这样写：

h3 > strong {color:red;}

选择器 h3 > strong 可以解释为"选择作为 h3 元素子元素的所有 strong 元素"。这个规则会把第一个 h3 元素下面的两个 strong 元素变为红色，但是第二个 h3 元素中的 strong 不受影响。

```
<h3>这是<strong>非常</strong> <strong>非常</strong>重要</h3>
<h3>这是<em>真的<strong>非常</strong></em>重要</h3>
```

3．相邻兄弟选择器

相邻兄弟选择器（Adjacent Sibling Selector）可选择紧接在另一元素后的元素，且两者有相同的父元素。与后代选择器和子元素选择器不同的是，相邻兄弟选择器针对的元素是同级元素，且两个元素是相邻的，拥有相同的父元素。其格式如下：

兄弟 1 + 兄弟 2 {property1: value1; property2: value2; ...}

相邻兄弟选择器使用了加号（+），即相邻兄弟结合符（Adjacent Sibling Combinator）。与子结合符一样，相邻兄弟结合符旁边可以有空白符。请记住，用一个结合符只能选择两个相邻兄弟中的第二个元素。两个标签相邻时，使用相邻兄弟选择器，可以对后一个标签进行样式修改。例如，如果要把紧接在 h3 元素后出现的元素段落 p 改成红色，可以这样写：

h3 + p {color: red;}

这个选择器读作："选择紧接在 h3 元素后出现的段落，h3 和 p 元素拥有共同的父元素"。

【例 4-10】 相邻兄弟选择器示例。本例文件 4-10.html 在浏览器中的显示效果如图 4-13 所示。

```
<!DOCTYPE html>
<html>
    <head>
        <meta charset="utf-8">
        <title>相邻兄弟选择器示例</title>
        <style type="text/css">
            h3+p {color: red;}
            p+p+p {color: blue;}
            li+li {background-color: aqua;}
        </style>
    </head>
    <body>
        <p>第零个段落</p>
        <p>第一个段落</p>
        <h3>标题 3</h3>
        <p>第二个段落</p><!--p 相邻 h3，p 为红色-->
        <p>第三个段落</p>
        <p>第四个段落</p><!--连续第 3 个 p 为相邻-->
        <p>第五个段落</p><!--也是连续的第 3 个 p 相邻-->
```

图 4-13　相邻兄弟选择器

```
        <div>
            <ul>
                <li>咖啡</li>
                <li>茶</li><!--第二个<li>标签会选中,因为它是第一个<li>标签紧邻的<li>标签-->
                <li>可口可乐</li><!--第三个<li>标签也会选中:因为第三个<li>标签的上一个
标签也是<li> 标签,也满足 CSS 选择器 li+li{}的条件-->
            </ul>
            <ol>
                <li>面包</li>
                <li>馍</li>
                <LI>汉堡</LI>
            </ol>
        </div>
    </body>
</html>
```

相邻兄弟选择器只会影响下面的 p 标签的样式,不影响上面兄弟的样式。

在上面代码中,div 元素中包含两个列表:一个是无序列表,另一个是有序列表,每个列表都包含三个列表项。这两个列表是相邻兄弟,列表项本身也是相邻兄弟。不过,第一个列表中的列表项与第二个列表中的列表项不是相邻兄弟,因为这两组列表项不属于同一父元素。这个选择器只会把列表中的第二个和第三个列表项变为粗体。第一个列表项不受影响。

派生选择器是可以结合使用的,以相邻兄弟选择器为例:p + ul,相邻兄弟结合符还可以结合其他结合符:html > body p + ul {color: red;}。

从后往前,这个选择器解释为:选择紧接在 p 元素后出现的所有兄弟 ul 元素。该 p 元素包含在一个 body 元素中,body 元素本身是 html 元素的子元素。

从前往后,选择 html 元素的子元素 body 的后代元素 p 元素的相邻元素 ul。

4.5.5 兄弟选择器

兄弟选择器使用波浪号(~),即兄弟结合符(Sibling Combinator)。兄弟元素选择符用来指定位于同一个父元素之中的某个元素之后的其他某个种类的所有兄弟元素所使用的样式。当两个标签不相邻时,要想修改后一个标签的样式,需要使用兄弟选择器。

其格式如下:

元素 1 ~ 元素 2 {property1: value1; property2: value2; ...}

兄弟选择器与相邻兄弟选择器是不一样的。相邻兄弟选择器是指两个元素相邻,拥有同一个父元素;兄弟选择器选择元素 1 之后的所有元素 2,元素 2 和元素 1 拥有同一个父元素,且它们之间不一定要相邻。

【例 4-11】兄弟选择器示例。本例文件 4-11.html 在浏览器中的显示效果如图 4-14 所示。

```
<!DOCTYPE html>
<html>
    <head>
        <meta charset="utf-8">
        <title>兄弟选择器示例</title>
        <style type="text/css">
            h3~p {background-color: aqua;}
        </style>
    </head>
    <body>
        <h3>标题 3</h3>
```

图 4-14　兄弟选择器

```
            <h2>标题 2</h2>
            <p>段落一，父元素是 body</p>
            <p>段落二，父元素是 body</p>
            <div>
                <p>div 元素中的段落一，这里 p 的父元素是 div，与 h3 不是同一个父元素，不受影
响</p>
                <p>div 元素中的段落二，这里 p 的父元素是 div，与 h3 不是同一个父元素，不受影
响</p>
            </div>
            <h2>标题 2</h2>
            <p>段落三，父元素是 body</p>
        </body>
    </html>
```

兄弟元素选择器 h3～p 表示选择 h3 元素之后的同一个父元素之中的所有 p 元素。

4.5.6　id 选择器

id 选择器可以为标有特定 id 的单一 HTML 元素指定单独的样式。定义 id 选择器时要在 id 名称前加上一个"#"号。其格式为：

E#idValue {property1: value1; property2: value2; ...}

由于 id 的唯一性，因此通常会将标签名 E 省略。#idVaule 是定义的 id 选择符名称。由于在一个 HTML 文档中 id 是唯一的，因此该选择符名称在一个文档中也是唯一的，只对页面中的唯一元素进行样式定义。这个样式定义在页面中只能出现一次，其适用范围为整个 HTML 文档中所有由 id 选择符所引用的设置。

虽然 id 选择器已经很明确地选择了某元素，但它依然可以用于其他选择器。例如，用在派生选择器中，可以选择该元素的后代元素或者子元素等。

id 选择器的使用有很大局限性，只能单独定义某个元素的样式，一般只在特殊情况下使用。

【例 4-12】 id 选择器示例。本例文件 4-12.html 在浏览器中的显示效果如图 4-15 所示。

```
<!DOCTYPE html>
<html>
    <head>
        <meta charset="utf-8">
        <title>id 选择器示例</title>
        <style type="text/css">
            #title {color: red;}
            #sub_title { background-color: aqua;}
            #p_content, #p_title strong {color: blue;}
            p{text-indent: 2em;}
        </style>
    </head>
    <body>
        <h2 id="title">CSS3 简介</h2>
        <p id="p_content">CSS（Cascading Style Sheet，串联样式表，也叫层叠样式表），简称为样式表，
CSS 是用于定义如何显示 HTML 元素，控制网页样式并将样式与网页内容分离的一种标记性语言。</p>
        <h2 id="sub_title">CSS3 语法基础</h2>
        <p>CSS 的基本语法由两部分组成，其格式为：</p>
        <p id="p_title"><strong>selector{property1: value1; property2: value2; ... } </strong></p>
        <p>selector 被称为选择器，选择器决定了样式定义需要改变的 HTML 元素。property: value
被称为样式声明，有一条或多条样式时，用冒号隔开，以分号结束，包含在一对大括号"{}"内。</p>
```

图 4-15　id 选择器

```
        </body>
    </html>
```

4.5.7   class 选择器

class 选择器可以为指定类（class）的 HTML 元素指定样式。其格式如下：

E.classValue {property1: value1; property2: value2; ...}

元素 E 可以省略，省略 E 后表示在所有的元素中筛选，有相同的 class 属性将被选择。如果要指定 E 元素的相同 class 属性，那么需要在定义 clsss 选择器前加上元素名 E，使范围限于元素 E 所包含的元素。省略元素 E 的 class 选择器是最常用的定义方法，使用这种方法，可以很方便地在任意元素上套用预先定义好的类样式。

class 属性值除了不具有唯一性，其他规范与 id 值相同，类名称可以是任意英文单词组合或者以英文字母开头的英文字母与数字的组合，一般根据其功能和效果简要命名。

class 选择器也可以配合派生选择器，但与 id 选择器不同的是，使用 class 选择器时元素可以基于它的类而被选择。

【例 4-13】   class 选择器示例。本例文件 4-13.html 在浏览器中的显示效果如图 4-16 所示。

```
<!DOCTYPE html>
<html>
    <head>
        <meta charset="utf-8">
        <title>class 选择器示例</title>
        <style type="text/css">
            .keynote{background: beige;
                     font-weight: bold;color: blue;}
            p.important{color: red;}
        </style>
    </head>
    <body>
        <h2 class="keynote">CSS3 简介</h2>
        <p>CSS（Cascading Style Sheet，串联样式表，
也叫层叠样式表），简称为样式表，CSS 是用于定义如何显示 HTML 元素，控制网页样式并将样式与网页
内容分离的一种标记性语言。</p>
        <h2>CSS3 语法基础</h2>
        <p class="keynote">CSS 的基本语法由两部分组成，其格式为：</p>
        <p class="important"><strong>selector{property1: value1; property2: value2; ... } </strong></p>
        <p>selector 被称为选择器，选择器决定了样式定义需要改变的 HTML 元素。property:
value 被称为样式声明，有一条或多条样式时，用冒号隔开，以分号结束，包含在一对大括号 "{}"
内。</p>
    </body>
</html>
```

图 4-16   class 选择器

4.5.8   伪类选择器

伪类是指同一个标签，根据其不同状态，有不同的样式。伪类之所以名字中有"伪"字，是因为它所指定的对象在文档中并不存在，它指定的是一个与其相关的选择器的状态。伪类选择器和类选择器不同，它不能像类选择器一样随意用别的名字。例如，div 属于块级元素，这一点很明确。但是 a 属于什么类别？不明确。因为需要看用户单击前是什么状态，单击后是什么状态。所以，就把它叫作"伪类"。

伪类是指那些处在特殊状态的元素。伪类名可以单独使用，泛指所有元素，也可以和元素名称

连起来使用，特指某类元素。伪类以冒号（:）开头，元素选择符和冒号之间不能有空格，伪类名中间也不能有空格。伪类选择器的一般语法格式如下：

selector:pseudo-class {property1: value1; property2: value2; ...}

其中，selector 表示一个选择器；pseudo-class 表示伪类名。

CSS 类也可与伪类搭配使用，此时伪类选择器的语法格式如下：

selector.class : pseudo-class {property: value}

伪类可以让用户在使用页面的过程中增加更多的交互效果，伪类见表 4-3。

表 4-3 伪类

伪类名	描述
:link	向未被访问的链接添加样式，即超链接被单击之前的样式
:visited	向已被访问的链接添加样式，即超链接被单击之后的样式
:active	向被激活的元素添加样式，即单击该元素时按下鼠标左键不松手时的样式
:hover	向鼠标指针悬停在上方的元素添加样式
:focus	向拥有输入焦点的元素添加样式
:first-child	向元素添加样式，且该元素是它的父元素的第一个元素
:lang	向带有指定 lang 属性的元素添加样式

例如，应用最为广泛的锚点元素 a 的几种状态（未访问超链接状态、已访问超链接状态、鼠标指针悬停超链接状态和被激活超链接状态）。记住，在 CSS 中，这四种状态必须按照固定的顺序写：a:link、a:visited、a:hover、a:active。这叫"l(link)ov(visited)e h(hover)a(active)te，love hate"爱恨原则，即必须先爱后恨。如果不按照顺序，CSS 的就近原则（后面的样式覆盖前面的样式）会导致显示与预期不符。

【例 4-14】 伪类的应用。当鼠标指针悬停在超链接上的时候背景色变为其他颜色，并且添加了边框线，待鼠标指针离开超链接时又恢复到默认状态，这种效果就可以通过伪类实现。本例文件 4-14.html 在浏览器中的显示效果如图 4-17 所示。

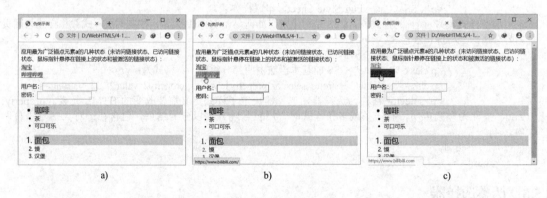

图 4-17 伪类的应用

a) 未访问超链接状态　b) 鼠标指针悬停超链接状态　c) 被激活超链接状态

```
<!DOCTYPE html>
<html>
    <head>
        <meta charset="utf-8">
        <title>伪类示例</title>
```

```
<style type="text/css">
    a:link {color: blue;} /*超链接单击之前是蓝色*/
    a:visited {color: red;} /*超链接单击之后是红色*/
    /*鼠标指针悬停时，绿色，较大的字体，背景是湖绿色*/
    a:hover {color: green;font-size: large;background-color: aqua;}
    /*按下鼠标按键不松手的时候，字体是黑色，背景是蓝紫色*/
    a:active {color: black;background-color: blueviolet;}
    input:focus {background-color: yellow;} /*输入框获得焦点时，背景色是黄色*/
    /*列表的第一项元素字体是 22px，背景色是浅蓝色*/
    li:first-child {font-size: 22px;background-color: #00FFFF;}
</style>
</head>
<body>
    <p>应用最为广泛的锚点元素 a 的几种状态（未访问超链接状态、已访问超链接状态、鼠
标指针悬停超链接状态和被激活超链接状态）:<br />
        <a href="https://www.taobao.com/">淘宝</a><br />
        <a href="https://www.bilibili.com/">哔哩哔哩</a>
    </p>
    <form action="login" method="post">
        用户名：<input type="text" name="username" id="username" value="" /><br />
        密码：<input type="password" name="password" id="password" value="" />
    </form>
    <div id="">
        <ul>
            <li>咖啡</li>
            <li>茶</li>
            <li>可口可乐</li>
        </ul>
        <ol>
            <li>面包</li>
            <li>馍</li>
            <li>汉堡</li>
        </ol>
    </div>
</body>
</html>
```

需要注意的是，active 样式要写到 hover 样式后面，否则 active 样式不生效。因为当浏览者单击超链接未松手（active）的时候其实也是鼠标指针悬停（hover）的时候，所以如果把 hover 样式写到 active 样式后面就把样式重写了。

【例 4-15】: first-child 伪类示例。使用:first-child 伪类选择元素的第一个子元素。本例文件 4-15.html 在浏览器中的显示效果如图 4-18 所示。

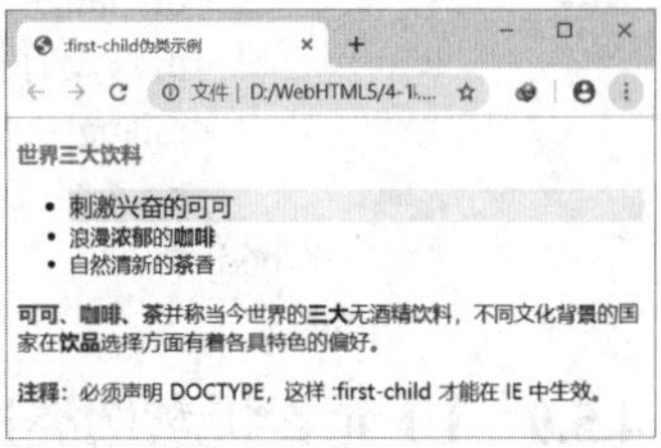

图 4-18　:first-child 伪类示例

```
<!DOCTYPE html>
<html>
    <head>
        <meta charset="utf-8">
        <title>:first-child 伪类示例</title>
        <style type="text/css">
            /*把作为某元素的第一个子元素的所有 p 元素设置为粗体、红色*/
            p:first-child {font-weight: bold;color: red;}
            /*把作为某个元素（在 HTML 中是 ol 或 ul 元素）第一个子元素的所有 li 元素变成大
字体、黄色背景*/
```

```
                    li:first-child { font-size: large; background-color: yellow; }
                    /*把作为某个元素第一个元素的所有 b、strong 元素变成蓝色*/
                    b:first-child,strong:first-child {color: blue;}
            </style>
        </head>
        <body>
            <div>
                    <p>世界三大饮料</p>
                    <ul>
                            <li>刺激兴奋的可可</li>
                            <li>浪漫<strong>浓郁</strong>的<strong>咖啡</strong> </li>
                            <li>自然清新的<strong>茶</strong>香</li>
                    </ul>
                    <p><b>可可、咖啡、茶</b>并称当今世界的<b>三大</b>无酒精饮料，不同文化背
景的国家在<b>饮品</b>选择方面有着各具特色的偏好。</p>
            </div>
            <p><b>注释：</b>必须声明 DOCTYPE，这样 :first-child 才能在 IE 中生效。</p>
        </body>
    </html>
```

【例 4-16】:lang 伪类示例。:lang 伪类选择器要求匹配的内容必须是指定语言的元素，可为不同
的语言定义特殊的规则。对使用多语言版本的网站，可以根据不同语言版本设置不同的样式。在本
例中，:lang 伪类为属性值为 zh 的元素加边框，为属性值为 no 的 q 元素定义引号的类型。本例文件
4-16.html 在浏览器中的显示效果如图 4-19 所示。

```
        <!DOCTYPE html>
        <html>
            <head>
                    <meta charset="utf-8">
                    <title>:lang 伪类示例</title>
                    <style type="text/css">
                            /* 定义对语言为 zh 的元素起作用  */
                            :lang(zh) { border: 1px solid red;height: 30px; }
                            q:lang(no) { quotes: " 【""】 "; }
                    </style>
            </head>
            <body>
                    <div lang="zh">定义对语言为 zh 的元素起作用</div>
                    <div>没有指定 lang，对元素不起作用</div>
                    <p lang="zh">定义对语言为 zh 的元素起作用</p>
                    <p>文字<q lang="no">段落中的引用的文字</q>文字</p>
            </body>
        </html>
```

图 4-19   :lang 伪类示例

4.5.9   UI 元素状态伪类选择器

CSS3 新增了 UI（User Interface，用户界面）元素状态伪类选择器。该选择器用于指定当元素处
于某种状态时，指定的样式才起作用，在默认状态下不起作用。UI 元素的状态包括：启用、禁用、
选中、未选中、获得焦点、失去焦点、锁定和待机等。CSS3 定义的 UI 元素状态伪类选择器有 17 种，
见表 4-4。

表 4-4　UI 元素状态伪类选择器

名　　称	描　　述
E:hover	伪类选择器被用来指定当鼠标指针移动到元素上时元素所使用的样式
E:active	伪类选择器被用来指定元素被激活（按下鼠标左键没有松开）时使用的样式
E:focus	伪类选择器被用来指定元素获得焦点时使用的样式
E:enabled	伪类选择器被用来指定当元素处于可用状态时的样式
E:disabled	伪类选择器被用来指定当元素处于不可用状态时的样式
E:read-only	伪类选择器被用来指定当元素处于只读状态时的样式
E:read-write	伪类选择器被用来指定当元素处于读写状态时的样式
E:checked	伪类选择器用来指定当表单中的单选框或复选框处于选中状态时的样式
E:default	伪类选择器用来指定当页面打开时默认处于选中状态的单选框或复选框的控件的样式
E:indeterminate	伪类选择器用来指定当页面打开时，一组单选框中没有任何一个单选框被设定为选中状态时，整组单选框的样式
E::selection	伪类选择器用来指定当元素处于选中状态时的样式
E:invalid	伪类选择器用来指定当元素内容不能通过元素的诸如 required 等属性所指定的检查或元素内容不符合元素规定的格式时的样式
E:valid	伪类选择器用来指定当元素内容能通过诸如 required 等属性所指定的检查或元素内容符合元素规定的格式时的样式
E:required	伪类选择器用来指定允许使用 required 属性，而且已经指定 required 属性的 input 元素、select 元素以及 textarea 元素的样式
E:optional	伪类选择器用来指定允许使用 required 属性，而且未指定 required 属性的 input 元素、select 元素以及 textarea 元素的样式
E:in-range	伪类选择器用来指定当元素的有效值被限定在一段范围之内，且实际的输入值在该范围之内时的样式
E:out-of-rang	伪类选择器用来指定当元素的有效值被限定在一段范围之内，但实际输入值超出范围时使用的样式

UI 元素状态伪类选择器的语法格式如下：

E[type="元素类型属性值"]: pseudo-class {property1: value1; property2: value2; ...}

E 表示元素的名称，可以在元素中添加元素的 type 属性。pseudo-class 表示伪类名。

在使用 UI 状态伪类选择器时，可以结合属性选择器[type="元素类型属性值"]来限定特定元素的类型，甚至将 UI 状态伪类结合在一起使用来创造更丰富的样式。如果不限定元素的类型，则对任何元素均有效。

1．E:hover、E:active 和 E:focus 伪类选择器

这 3 个选择器一般是针对单行文本框 text、多行文本框 textarea 这两个表单元素。

例如，当文本框获取焦点时使用 outline 属性为文本框添加一个红色轮廓线。关键代码为：

```
<style type="text/css">
    input:focus { outline: 1px solid red; /*对所有 input 元素设置获取焦点时的样式*/ }
</style>
<p><label for="name">姓名: </label><input type="text" name="name" /></p>
<p><label for="email">邮箱: </label><input type="text" name="email" /></p>
```

【例 4-17】　E:hover、E:active 和 E:focus 伪类选择器的应用。本实例文件 4-17.html 在浏览器中运行时，鼠标指针经过、激活（按下鼠标左键但未松开）、获得焦点在浏览器中的显示效果如图 4-20 所示。

图 4-20　E:hover、E:active 和 E:focus 伪类选择器的应用

a) 鼠标指针经过　b) 激活　c) 获得焦点

```
<!DOCTYPE html>
<html>
    <head>
        <meta charset="utf-8">
        <title>选择器 E:hover、E:active 和 E:focus 应用</title>
        <style type="text/css">
            input[type="text"]:hover { /*姓名框，鼠标指针经过（悬停）*/
                background-color: pink; }
            input[type="text"]:focus { /*获得焦点（单击）并进行文字输入时*/
                background-color: #ccc; }
            input[type="text"]:active { /*激活（按下鼠标左键还未松开）*/
                background-color: yellow; }
            input[type="password"]:hover { /*密码框，鼠标指针经过（悬停）*/
                background-color: red; }
        </style>
    </head>
    <body>
        <h3>选择器 E:hover、E:active 和 E:focus</h3>
        <form>
            姓名: <input type="text" placeholder="请输入姓名"><br /><br />
            密码: <input type="password" placeholder="请输入密码">
        </form>
    </body>
</html>
```

2．E:enabled 与 E:disabled 伪类选择器

在表单中，有些表单元素（如输入框、密码框、复选框等）有"可用"和"不可用"两种状态。默认情况下，这些表单元素都处在可用状态。这两个选择器来分别设置表单元素的可用与不可用两种状态的 CSS 样式。

【例 4-18】 E:enabled 与 E:disabled 伪类选择器的应用。本实例文件 4-18.html 运行后，"可用"和"不可用"在浏览器中的显示效果如图 4-21 所示。

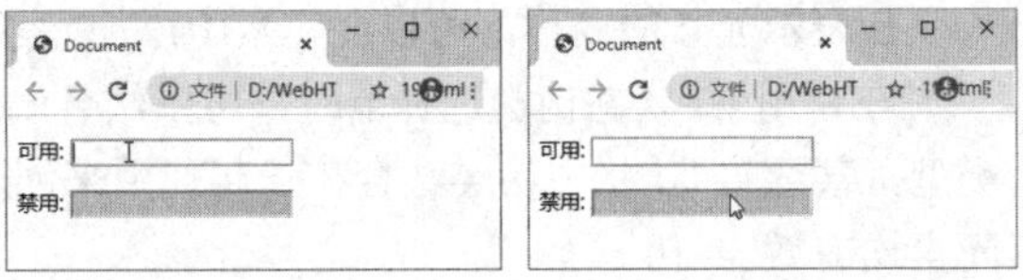

图 4-21 E:enabled 与 E:disabled 伪类选择器的应用
a) "可用"效果 b) 不可用效果

```
<!DOCTYPE html>
<html>
    <head>
        <meta charset="utf-8">
        <title>E:enabled 与 E:disabled 伪类选择器</title>
        <style type="text/css">
            input[type="text"]: enabled { /*可用状态*/
                outline: 1px solid #63E3FF; }
            input[type="text"]: disabled { /*不可用状态*/
                background-color: #FFD572; }
        </style>
    </head>
    <body>
        <form>
            <p><label for="enabled">姓名: </label><input type="text" name="en" /></p>
            <p><label for="disabled">学校：</label><input type="text" name="dis" disabled=
"disabled" /></p>
        </form>
    </body>
</html>
```

3．E:read-only 与 E:read-write 伪类选择器

在表单中，有些表单元素（如文本框、文本域等）有"可读写"和"只读"这两种状态。默认情况下，这些表单元素都处于"可读写"状态。这两个伪类选择器分别设置表单元素的"可读写"与"只读"这两种状态的 CSS 样式。

【例 4-19】 E:read-write 与 E:read-only 伪类选择器的应用。本实例文件 4-19.html 运行后，"可读写"和"只读"在浏览器中的显示效果如图 4-22 所示。

图 4-22　E:read-write 与 E:read-only 伪类选择器的应用

a)"可读写"效果　b)"只读"效果

```
<!DOCTYPE html>
<html>
    <head>
        <meta charset="utf-8">
        <title>read-only 与 E:read-write 伪类选择器</title>
        <style type="text/css">
            input[type="text"]:read-write { /*读写*/
                outline: 1px solid #63E3FF; }
            input[type="text"]:read-only { /*只读*/
                background-color: #EEEEEE; }
        </style>
    </head>
    <body>
        <form>
            <p><label for="text1">读写: </label><input type="text" name="text1" /></p>
            <p><label for="text2">只读: </label><input type="text" name="text2" readonly=
"readonly" /></p>
        </form>
    </body>
</html>
```

4．E:checked、E:default 和 E:indeterminate 伪类选择器

E:checked 伪类选择器指定当表单中的单选框或复选框处于选中状态时的样式。E:default 选择器指定当页面打开时默认处于选中状态的单选框或复选框控件的样式。E:indeterminate 选择器指定当页面打开时，一组单选框中没有任何一个单选框被设定为选中状态时，整组单选框的样式。

【例 4-20】 E:checked 与 E:indeterminate 伪类选择器的应用。本实例文件 4-20.html 在浏览器中的显示效果如图 4-23 所示。

图 4-23　显示效果

```
<!DOCTYPE html>
<html>
    <head>
        <meta charset="utf-8">
        <title> E:checked 和 E:indeterminate 伪类选择器</title>
        <style type="text/css">
            input[type="checkbox"]: checked { outline: 2px solid green; }
            input[type="radio"]:indeterminate { outline: 2px solid red; }
        </style>
```

```
        </head>
        <body>
            <h3>E:checked 和 indeterminate 伪类选择器</h3>
            <form>
                <p>您的爱好: <input type="checkbox">美食 <input type="checkbox">健身 <input
type= "checkbox">影视 <input type="checkbox">旅游</p>
                <p>您的性别: <input type="radio" name="gender">男 <input type="radio" name=
"gender">女</p>
            </form>
        </body>
    </html>
```

5．E::selection 伪类选择器

默认情况下，浏览器中被选中的网页文本都是以"深蓝的背景，白色的字体"显示的，可以用
E::selection 伪类选择器指定当元素处于选中状态时的样式。

【例 4-21】 E::selection 伪类选择器的应用。本实例文件 4-21.html 在浏览器中的显示效果如图
4-24 所示。

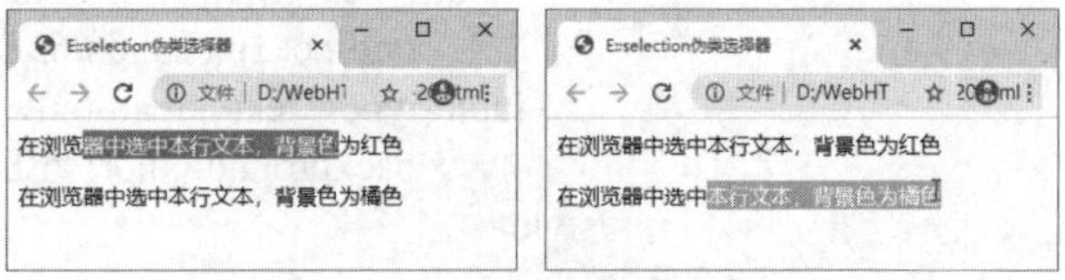

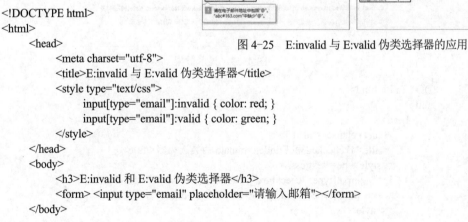

图 4-24 E::selection 伪类选择器的应用

```
        <!DOCTYPE html>
        <html>
            <head>
                <meta charset="utf-8">
                <title></title>
                <style type="text/css">
                    div::selection { background-color: red; /*选中 div 元素的背景色：红色*/
                        color: white; /*白色字体*/ }
                    p::selection { background-color: orange; /*选中 p 元素的背景色：橘色*/
                        color: white;/*白色字体*/ }
                </style>
            </head>
            <body>
                <div>在浏览器中选中本行文本，背景色为红色</div>
                <p>在浏览器中选中本行文本，背景色为橘色</p>
            </body>
        </html>
```

6．E:invalid 与 E:valid 伪类选择器

E:invalid 和 E:valid 伪类选择器指定在元素的内容校验不通过或校验通过时显示的样式。

【例 4-22】 E:invalid 与 E:valid 伪类选择
器的应用。本实例文件 4-22.html 在浏览器中
的显示效果如图 4-25 所示。

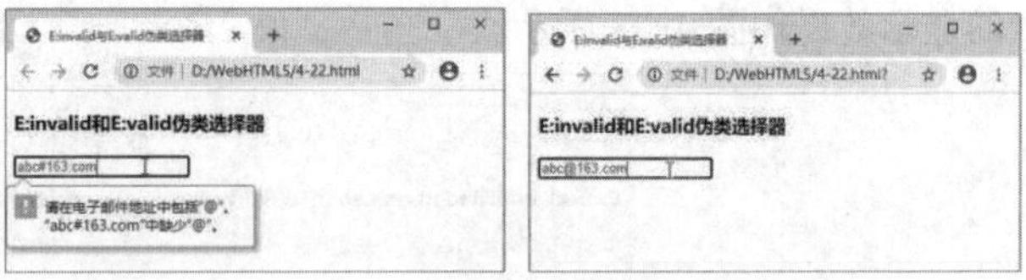

图 4-25 E:invalid 与 E:valid 伪类选择器的应用

```
        <!DOCTYPE html>
        <html>
            <head>
                <meta charset="utf-8">
                <title>E:invalid 与 E:valid 伪类选择器</title>
                <style type="text/css">
                    input[type="email"]:invalid { color: red; }
                    input[type="email"]:valid { color: green; }
                </style>
            </head>
            <body>
                <h3>E:invalid 和 E:valid 伪类选择器</h3>
                <form> <input type="email" placeholder="请输入邮箱"></form>
            </body>
```

```
    </html>
```

7. E:required 与 E:optional 伪类选择器

E:required 伪类选择器指定使用了 required 属性的 input 元素、select 元素以及 textarea 元素的样式。

E:optional 伪类选择器指定允许使用 required 属性，而且未指定 required 属性的 input 元素、select 元素以及 textarea 元素的样式。

【例 4-23】 E:required 与 E:optional 伪类选择器的应用。本实例文件 4-23.html 在浏览器中的显示效果如图 4-26 所示。

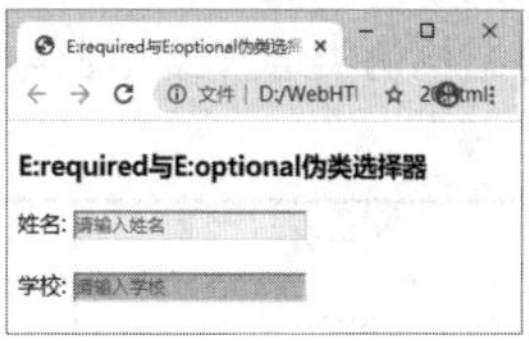

图 4-26　E:required 与 E:optional
伪类选择器的应用

```
<!DOCTYPE html>
<html>
    <head>
        <meta charset="utf-8">
        <title>E:required 与 E:optional 伪类选择器</title>
        <style type="text/css">
            input[type="text"]:required { background: yellow; }
            input[type="text"]:optional { background: pink; }
        </style>
    </head>
    <body>
        <h3>E:required 与 E:optional 伪类选择器</h3>
        <form>
            姓名: <input type="text" placeholder="请输入姓名" required> <br /> <br />
            学校: <input type="text" placeholder="请输入学校">
        </form>
    </body>
</html>
```

8. E:in-range 与 E:out-of-range 伪类选择器

E:in-range 伪类选择器指定当元素的有效值被限定在一段范围之内，且实际的输入值在该范围之内时的样式。E:out-of-range 伪类选择器指定当元素的有效值被限定在一段范围之内，但实际输入值超出范围时使用的样式。

【例 4-24】 E:in-range 伪类选择器指定输入值在该范围之内时显示绿色背景，E:out-of-range 伪类选择器指定输入值超过限定范围时显示红色背景。本实例文件 4-24.html 在浏览器中的显示效果如图 4-27 所示。

图 4-27　E:in-range 与 E:out-of-range 伪类选择器的应用

```
<!DOCTYPE html>
<html>
    <head>
        <meta charset="utf-8">
        <title>E:in-range 与 E:out-of-range 伪类选择器</title>
        <style type="text/css">
            input[type="number"]:in-range { color: #ffffff; background: green; }
            input[type="number"]:out-of-range { background: red; color: #ffffff; }
        </style>
    </head>
    <body>
        <h3>E:in-range 与 E:out-of-range 伪类选择器</h3>
        <input type="number" min="0" max="100" value="0">
    </body>
</html>
```

4.5.10 结构伪类选择器

结构伪类选择器（Structural Pseudo-class）是 CSS3 新增的类型选择器。结构伪类选择器是指根据 HTML 元素之间的文档结构树（DOM）实现元素过滤，也就是通过文档结构的相互关系来匹配特定的元素，从而减少文档内对 class 属性和 id 属性的定义，使得文档更加简洁。在 CSS3 版本中，新增的结构伪类选择器见表 4-5。

表 4-5 结构伪类选择器

伪类名	描述
:root	匹配文档的根元素，在 HTML 中永远是 html 元素
:last-child	向元素添加样式，且该元素是它的父元素的最后一个子元素，等同于:nth-last-child(1)
:nth-child(n)	向元素添加样式，且该元素是它的父元素的第 n 个子元素。第 1 个元素编号为 1
:nth-last-child(n)	向元素添加样式，且该元素是它的父元素的倒数第 n 个子元素
:only-child	向元素添加样式，且该元素是它的父元素的唯一子元素
:first-of-type	向元素添加样式，且该元素是同级同类型元素中的第一个元素
:last-of-type	向元素添加样式，且该元素是同级同类型元素中的最后一个元素
:nth-of-type(n)	向元素添加样式，且该元素是同级同类型元素中的第 n 个元素
:nth-last-of-type(n)	向元素添加样式，且该元素是同级同类型元素中的倒数第 n 个元素
:only-of-type	向元素添加样式，且该元素是同级同类型元素中的唯一的元素
:empty	向没有子元素（包括文本内容）的元素添加样式

结构伪类选择器的语法格式如下：

selector:pseudo-class {property1: value1; property2: value2; ...}

其中，selector 表示选择器，pseudo-class 表示伪类名。下面分别介绍各结构伪类选择器。

1．:root 伪类选择器

该伪类选择器用于匹配 HTML 文档的根元素，根元素只能是 html 元素。

【**例 4-25**】 :root 伪类选择器示例。在样式表中分别定义了:root 的背景色和 body 的背景色。本例文件 4-25.html 在浏览器中的显示效果如图 4-28 所示。

```
<!DOCTYPE html>
<html>
    <head>
        <meta charset="utf-8">
        <title>:root 伪选择器示例</title>
        <style type="text/css">
            :root {background-color: gainsboro;}
            body {background-color: darkgrey;}
        </style>
    </head>
    <body>
        <h3>2020 年编程语言排行</h3>
        <ol>
            <li>Java 语言</li>
            <li>C 语言</li>
            <li>Python 语言</li>
            <li>C++语言</li>
            <li>C#语言</li>
            <li>Visual Basic.NET 语言</li>
```

图 4-28 :root 伪类选择器示例

```
                    <li>JavaScript 语言</li>
            </ol>
        </body>
    </html>
```

2．:first-child、:last-child、:nth-child、:nth-last-child 和:only-child 伪类选择器

该组伪类选择器统称为子节点伪类选择器。该组选择器依次要求匹配该元素的必须是其父元素的第一个子节点、最后一个子节点、第 n 个子节点、倒数第 n 个子节点、唯一的子节点。

【**例 4-26**】 子节点伪类选择器示例。本例文件 4-26.html 在浏览器中的显示效果如图 4-29 所示。

```
<!DOCTYPE html>
<html>
    <head>
        <meta charset="utf-8">
        <title> :child </title>
        <style type="text/css">
            /* 定义对作为其父元素的第一个子节点的 li 元素起作用的 CSS 样式 */
            li:first-child {border: 1px solid black;}
            /* 定义对作为其父元素的最后一个子节点的 li 元素起作用的 CSS 样式 */
            li:last-child {background-color: #aaa;}
            /* 定义对作为其父元素的第 2 个子节点的 li 元素起作用的 CSS 样式 */
            li:nth-child(2) {color: #888;}
            /* 定义对作为其父元素的倒数第 2 个子节点的 li 元素起作用的 CSS 样式 */
            li:nth-last-child(2) {font-weight: bold;}
            /* 定义对作为其父元素的唯一的子节点的 span 元素起作用的 CSS 样式 */
            span:only-child {font-size: 30pt;font-family: "隶书";}
        </style>
    </head>
    <body>
        <ol>
            <li>Java 语言</li>
            <li>C 语言</li>
            <li>Python 语言</li>
            <li>C++语言</li>
            <li>C#语言</li>
            <li>Visual Basic.NET 语言</li>
            <li>JavaScript 语言</li>
        </ol>
        <ul>
            <li id="java">Java 语言</li>
            <li id="c">C 语言</li>
            <li id="python">Python 语言</li>
            <li id="cplus">C++语言</li>
            <li id="vb">Visual Basic.NET 语言</li>
            <li><span id="js">JavaScript 语言</span></li>
        </ul>
        <span>2020 年编程语言排行</span>
    </body>
</html>
```

图 4-29　子节点伪类选择器示例

:nth-child 和:nth-last-child 两个伪类选择器的功能不止于此，它们还支持奇数节点、偶数节点和 xn+y 的用法，见表 4-6。

表 4-6   :nth-child 和:nth-last-child 伪类选择器的其他用法

伪类名	描述
:nth-child(odd/event)	父元素的奇数/偶数个子节点的元素
:nth-last-child(odd/event)	父元素的倒数奇数/偶数个子节点的元素
:nth-child(xn+y)	父元素的第 $xn+y$ 个子节点
:nth-last-child(xn+y)	父元素的倒数第 $xn+y$ 个子节点

【例 4-27】   :nth-child 和:nth-last-child 伪类选择器示例。本例文件 4-27.html 在浏览器中的显示效果如图 4-30 所示。

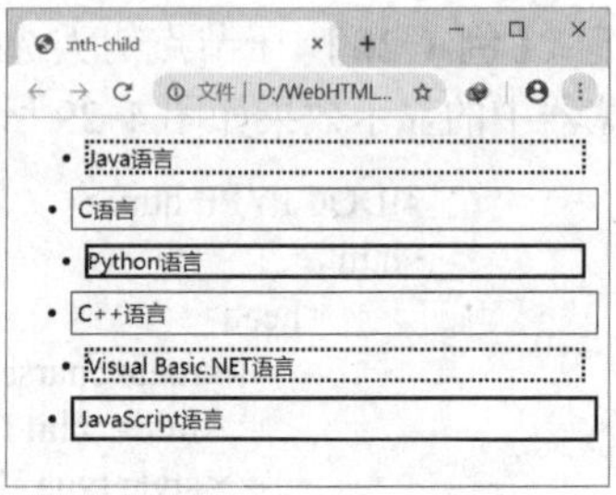

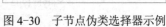

```
<!DOCTYPE html>
<html>
    <head>
        <meta charset="utf-8">
        <title> :nth-child </title>
        <style type="text/css">
            /* 定义对作为其父元素的奇数个子节点的li元
素起作用的 CSS 样式 */
            li:nth-child(odd) {margin: 10px;border: 2px dotted black;}
            /* 定义对作为其父元素的偶数个子节点的 li 元素起作用的 CSS 样式 */
            li:nth-child(even) {padding: 4px;border: 1px solid black;}
            /* 定义对作为其父元素的倒数第 3n+1 个(1、4、7)子节点的li 元素起作用的 CSS 样式 */
            li:nth-last-child(3n+1) {border: 2px solid black;}
        </style>
    </head>
    <body>
        <ul>
            <li id="java">Java 语言</li>
            <li id="c">C 语言</li>
            <li id="python">Python 语言</li>
            <li id="cplus">C++语言</li>
            <li id="vb">Visual Basic.NET 语言</li>
            <li id="js">JavaScript 语言</li>
        </ul>
    </body>
</html>
```

图 4-30   子节点伪类选择器示例

3．:first-of-type、:last-of-type、:nth-of-type、:nth-last-of-type 和:only-of-type 伪类选择器

这组伪类选择器称为兄弟节点伪类选择器，与子节点伪类选择器有些类似，它们要求与自己有共同类型、同级元素的第 1 个、倒数第 1 个、第 n 个、倒数 n 个、唯一的元素。跟子节点伪类选择器一样拥有奇/偶数个节点和 xn+y 的用法。

【例 4-28】   伪类选择器示例。本例文件 4-28.html 在浏览器中的显示效果如图 4-31 所示。

```
<!DOCTYPE html>
<html>
    <head>
        <meta charset="utf-8">
        <title> :type </title>
        <style type="text/css">
            p {padding: 5px;}
```

图 4-31   伪类选择器示例

78

```
                    /* 匹配p选择器，且是与它同类型、同级的兄弟元素中的第一个元素的CSS样式 */
                    p:first-of-type {border: 1px solid black;}
                    /* 匹配p选择器，且是与它同类型、同级的兄弟元素中的最后一个元素的CSS样式 */
                    p:last-of-type {background-color: #aaa;}
                    /* 匹配p选择器，且是与它同类型、同级的兄弟元素中的第2个的CSS样式 */
                    p:nth-of-type(2) {color: #888;}
                    /* 匹配p选择器，且是与它同类型、同级的兄弟元素中的倒数第2个的CSS样式 */
                    p:nth-last-of-type(2) {font-weight: bold;}
                </style>
        </head>
        <body>
                <div>2020年编程语言排行</div>
                <p>No.1</p>
                <p>No.2</p>
                <p>No.3</p>
                <p>No.4</p>
                <hr />
                <div>
                        <div id="java">Java 语言</div>
                        <div id="c">C 语言</div>
                        <p id="python">Python 语言</p>
                        <p id="cplus">C++语言</p>
                        <p id="vb">Visual Basic.NET 语言</p>
                        <p id="js">JavaScript 语言</p>
                        <div id="php">PHP 语言</div>
        </body>
    </html>
```

4．:empty 伪类选择器

:empty 伪类选择器要求该元素只能是空元素，不能包含子节点，也不能包含文本内容（包括空格）。

【例 4-29】:empty 伪类选择器示例。本例文件 4-29.html 在浏览器中的显示效果如图 4-32 所示。

```
<!DOCTYPE html>
<html>
    <head>
        <meta charset="utf-8">
        <title> :empty.</title>
        <style type="text/css">
            /* 定义对空元素起作用的 CSS 样式 */
            :empty { border: 1px solid brown; height: 60px; }
        </style>
    </head>
    <body>
        <img src="baidu.jpg" alt="www.baidu.com" />
        <div></div>
        <div> </div> <!-有一个空格，不是空元素，所以不会显示->
    </body>
</html>
```

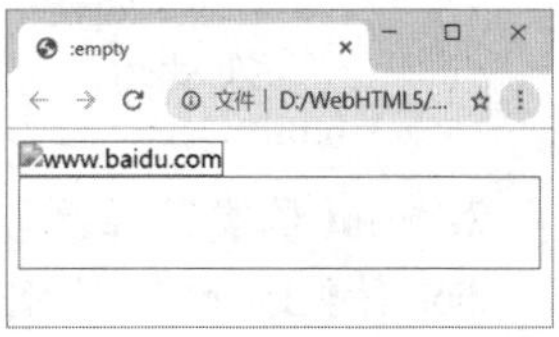

图 4-32　:empty 伪类选择器示例

4.5.11　其他伪类选择器

1．:target 伪类选择器

:target 伪类选择器（目标伪类选择器）要求元素必须是命名锚点（可将访问者快速带到指定位置）

的目标，而且必须是正在访问的目标。可以通过该选择器高亮显示正在被访问的目标。

【例 4-30】 :target 伪类选择器示例。单击导航栏中的菜单，目
标区域显示为黄色背景。本例文件 4-30.html 在浏览器中的显示效果
如图 4-33 所示。

```
<!DOCTYPE html>
<html>
    <head>
        <meta charset="utf-8">
        <title> :target </title>
        <style type="text/css">
            /*目标区域为黄色背景*/
            :target { background-color: #ff0; }
        </style>
    </head>
    <body>
        <p id="menu"><a href="#groupbuy">团购</a> | <a href="#brandmake">品牌</a> | <a
href="#coupon">优惠券</a> | <a href="#integrationcenter">积分中心</a></p>
        <div id="groupbuy">
            <h3>团购</h3>
            <p>今天团购...</p>
        </div>
        <div id="brandmake">
            <h3>品牌</h3>
            <p>今日大牌...</p>
        </div>
        <div id="coupon">
            <h3>优惠券</h3>
            <p>100-10 元优惠券</p>
        </div>
        <div id="integrationcenter">
            <h3>积分中心</h3>
            <p>您的积分...</p>
        </div>
    </body>
</html>
```

图 4-33　:target 伪类选择器示例

2．:not 伪类选择器

:not 伪类选择器（否定伪类选择器）就是用两个选择器做减法，选择器匹配非指定元素或者选择器的每个元素。

【例 4-31】 :not 伪类选择器示例。本例文件 4-31.html 在浏览器中的显示效果如图 4-34 所示。

```
<!DOCTYPE html>
<html>
    <head>
        <meta charset="utf-8">
        <title> :not </title>
        <style type="text/css">
            /*id 不是 python 的列表项显示为棕色加粗*/
            li:not(#python) { color: brown; font-weight: bold; }
        </style>
    </head>
    <body>
        <ul>
```

图 4-34　:not 伪类选择器示例

```
                    <li id="java">Java 语言</li>
                    <li id="c">C 语言</li>
                    <li id="python">Python 语言</li>
                    <li id="cplus">C++语言</li>
                    <li id="vb">Visual Basic.NET 语言</li>
                    <li id="js">JavaScript 语言</li>
                </ul>
            </body>
        </html>
```

4.5.12　伪元素选择器

伪元素不是真正的页面元素，在 HTML 中没有对应的元素。伪元素代表了某个元素的子元素，这个子元素虽然在逻辑上存在，实际并不存在于 HTML 文档树中。伪元素在 HTML 中无法审查，但是伪元素的用法和真正的页面元素一样，可以用来对 CSS 设置样式，用于将特殊的效果添加到某些选择器。

伪类的效果可以通过添加一个实际的类来达到，而伪元素的效果则需要通过添加一个实际的元素才能达到，这也是它们一个称为伪类，另一个称为伪元素的原因。

CSS3 为了区分伪类和伪元素，规定伪类用一个冒号（:）来表示，伪元素用两个冒号（::）来表示。伪元素由双冒号和伪元素名称组成。伪元素的一般语法格式如下：

selector::pseudo-element {property1: value1; property2: value2; ...}

CSS 类也可以与伪元素配合使用，此时伪元素的语法格式如下：

selector.class::pseudo-element {property1: value1; property2: value2; ...}

其中，selector 表示选择器，pseudo-element 表示伪元素。

CSS3 定义的伪元素选择器见表 4-7。

表 4-7　伪元素选择器

名　称	描　　述
::first-letter	将样式添加到文本的首字母
::first-line	将样式添加到文本的首行
::before	在某元素之前插入某些内容。::before、::after 必须搭配 content 属性使用才有效
::after	在某元素之后插入某些内容
::enabled	向当前处于可用状态的元素添加样式，通常用于定义表单的样式或者超链接的样式
::disabled	向当前处于不可用状态的元素添加样式，通常用于定义表单的样式或者超链接的样式
::checked	向当前处于选中状态的元素添加样式
::not(selector)	向不是 selector 元素的元素添加样式
::target	向正在访问的锚点目标元素添加样式
::selection	向用户当前选取内容所在的元素添加样式

伪类选择器是用来选择对象的，其本质是插入一个元素或者说插入一个盒子。伪元素选择器默认插入的是行内元素（inline），浏览器无法直接审查伪元素。下面分别介绍各伪元素选择器。

1. ::first-letter、::first-line 和::selection

1）::first-letter 定义第一个字。

2）::first-line 定义第一行（以浏览器为准的第一行）。

3）::selection 定义被选中的字行（鼠标选中的字段），只能向::selection 伪元素选择器应用少量 CSS 属性：color、background、cursor 以及 outline。

【例 4-32】 伪元素选择器示例。本例文件 4-32.html 在浏览器中的显示效果如图 4-35a 图所示；当用鼠标选中内容时，被选中部分的背景改变颜色，如图 4-35b、c 所示。

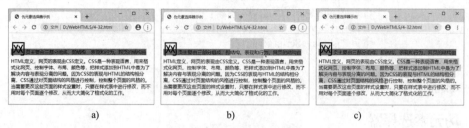

图 4-35　伪元素选择器示例 1

a) 显示效果　b) 选中内容效果　c) 选中内容效果

```
<!DOCTYPE html>
<html>
    <head>
        <meta charset="utf-8">
        <title>伪元素选择器示例</title>
        <style type="text/css">
            p::first-letter {   /* 第一个字 */
                font-size: 50px; }
            p::first-line {   /* 第一行（以浏览器为准的第一行） */
                background: chocolate; }
            p::selection {   /* 被选中的字行（鼠标选中的字段） */
                background: chartreuse; }
        </style>
    </head>
    <body>
        <p>网页主要由三部分组成，即结构、表现和行为。网页的结构由 HTML 定义，网页的表
现由 CSS 定义。CSS 是一种表现语言，用来格式化网页、控制字体、布局、颜色等，把样式添加到 HTML
中是为了解决内容与表现分离的问题。因为 CSS 的表现与 HTML 的结构相分离，CSS 通过对页面结构的
风格进行控制，控制整个页面的风格的。当需要更改这些页面的样式设置时，只要在样式表中进行修
改，而不用对每个页面逐个修改，从而大大简化了格式化的工作。</p>
    </body>
</html>
```

2. ::before 和::after

1）::before 和::after 必须搭配 content 属性使用才有效，最后产生 before 或 after 伪对象，在块内部（例如<div>....::before</div>）所有子元素的前面或后面插入内容。这里的 content 属性可以包含的主要内容有：

- 文本或者其他字符串。
- 图片，但是图片是原始尺寸，不太好控制，比如：content:url(images/1.jpg)。
- 空。content:""，产生一个空对象，特别适合设置为一个 position:absolute 的对象，然后就可以结合背景或者定位实现丰富的效果了。

【例 4-33】 伪元素选择器示例。本例文件 4-33.html 在浏览器中的显示如图 4-36 所示。

```
<!DOCTYPE html>
<html>
    <head>
        <meta charset="utf-8">
        <title>伪元素选择器示例</title>
```

图 4-36　伪元素选择器示例 2

```
            <style type="text/css">
                div::before { content: "我是插入的内容";
                        background: aqua; }
            </style>
        </head>
        <body>
            <div>必须带一个属性 content</div>
        </body>
    </html>
```

2）当插入的内容定义宽高和其他属性时，其实就是定义一个盒子（必须通过 display 转换，因为默认是一个行内元素）。

【例 4-34】 伪元素选择器示例。本例文件 4-34.html 在浏览器中的显示效果如图 4-37 所示。

```
<!DOCTYPE html>
<html>
    <head>
        <meta charset="utf-8">
        <title>伪元素选择器示例</title>
        <style type="text/css">
            div { width: 280px; height: 220px;
                    border: 1px solid #000; }
            div::before { content: "插入的盒子";
display: block; width: 150px; height: 150px; background:    chartreuse; }
        </style>
    </head>
    <body>
        <div>盒子 1</div>
    </body>
</html>
```

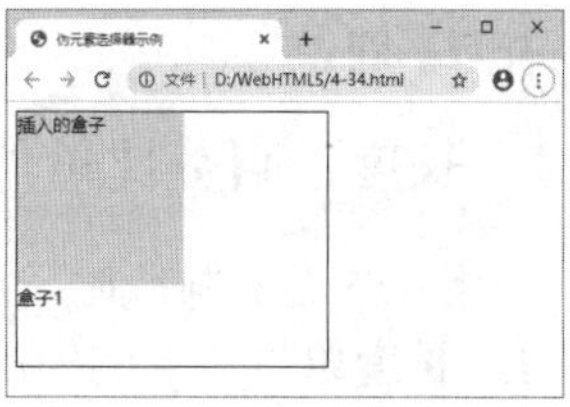

图 4-37　伪元素选择器示例 3

【例 4-35】 伪元素选择器示例。本例文件 4-35.html 在浏览器中的显示效果如图 4-38a 所示；当鼠标指针指向图片时，图片位置出现红色框，图像下移，如图 4-38b 所示。

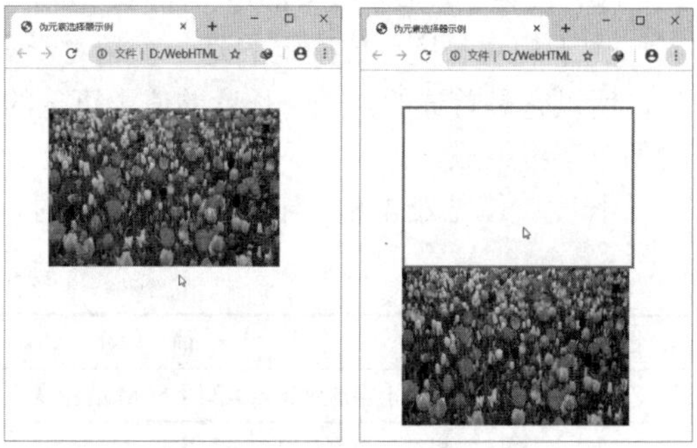

```
<!DOCTYPE html>
<html>
    <head>
        <meta charset="utf-8">
        <title>伪元素选择器示例</title>
        <style type="text/css">
            div { width: 300px;height: 200px;margin: 50px auto;}
            img {    /*img 是行内块元素*/
                width: 300px;height: 200px;}
            div:hover::before {    /*当鼠标指针经过 div 的时候在前面添加一个盒子*/
                content: "";    /*必须有这个属性，表示产生一个内容对象，后面的样式都是为
这个虚拟出来的对象设置的*/
                width: 300px;height: 200px;border: 3px solid red;
                display: block;    /*伪元素默认是行内元素，转化为块级元素*/
            }
        </style>
    </head>
    <body>
        <div><img src="images\tulip.jpg" alt=""></div>
```

a)　　　　　　　　　b)

图 4-38　伪元素选择器示例 4

a) 显示效果　b) 指向图片时效果

```
        </body>
    </html>
```

1）在样式中定义一个 div 盒子，宽度为 300px，高度为 200px，并定义边距为 100px 让盒子居中对齐；定义图片的宽度、高度使图片与盒子一样大，让图片填满盒子（也可以不一样大）。

2）需要注意的是，伪元素默认是行内元素，而行内元素无法设置宽度和高度，因此需要将伪元素转化为块级元素。添加伪元素实现 content 属性。

3）在\<body\>中 div 盒子内放置一个 img 元素。

4.6 属性值的写法和单位

样式表是由属性和属性值组成的，有些属性值会用到单位。在 CSS 中，属性值的单位与在 HTML 中的有所不同。

4.6.1 长度、百分比单位

使用 CSS 进行排版时，常常会在属性值后面加上长度或者百分比的单位。

1. 长度单位

长度单位有相对长度单位和绝对长度单位两种类型。

相对长度单位是指，以前一个属性的单位值为基础来完成当前属性的设置。

绝对长度单位将不会随着显示设备的不同而改变。换句话说，属性值使用绝对长度单位时，不论在哪种设备上，显示效果都是一样的，如屏幕上的 1cm 与打印机上的 1cm 是一样长的。

由于相对长度单位确定的是一个相对于另一个长度属性的长度，因而它能更好地适应不同的媒体，所以它是首选的。一个长度的值由可选的正号"+"或负号"–"，接着一个数字，后跟标明单位的两个字母组成。

长度单位见表 4-8。当使用 pt 作单位时，设置显示字体大小不同，显示效果也会不同。

表 4-8　长度单位

长度单位	简　　介	示　　例	长度单位类型
em	相对于当前对象内大写字母 M 的宽度	div { font-size：1.2em }	相对长度单位
ex	相对于当前对象内小写字母 x 的高度	div { font-size：1.2ex }	相对长度单位
px	像素（pixel），像素是相对于显示器屏幕分辨率而言的	div { font-size：12px }	相对长度单位
pt	点（point），1pt = 1/72in	div { font-size：12pt }	绝对长度单位
pc	派卡（pica），相当于汉字新四号铅字的尺寸，1pc = 12pt	div { font-size：0.75pc }	绝对长度单位
in	英寸（inch），1in = 2.54cm = 25.4mm = 72pt = 6pc	div { font-size：0.13in }	绝对长度单位
cm	厘米（centimeter）	div { font-size：0.33cm }	绝对长度单位
mm	毫米（millimeter）	div { font-size：3.3mm }	绝对长度单位

设置属性值时，大多数属性仅能使用正数，只有少数属性可使用正、负数。若属性值设置为负数，且超过浏览器所能接受的范围，浏览器将会选择比较靠近且支持的数值。

2. 百分比单位

百分比单位也是一种常用的相对类型。百分比值总是相对于另一个值来说的，该值可以是长度单位或其他单位。每一个可以使用百分比值单位指定的属性，同时也自定义了这个百分比值的参照值。在大多数情况下，这个参照值是该元素本身的字体尺寸。并非所有属性都支持百分比单位。

一个百分比值由可选的正号"+"或负号"–"，接着一个数字，后跟百分号"%"组成。如果百分比值是正的，正号可以不写。正负号、数字与百分号之间不能有空格。例如：

```
p{ line-height: 200% }    /*  本段文字的高度为标准行高的 2 倍  */
hr{ width: 80% }    /*  水平线长度是相对于浏览器窗口的 80% */
```

注意，不论使用哪种单位，在设置时，数值与单位之间不能加空格。

4.6.2 色彩单位

在 HTML 网页或者 CSS 样式的色彩定义里，设置色彩的方式是 RGB 方式。在 RGB 方式中，所有色彩均由红色（Red）、绿色（Green）、蓝色（Blue）三种色彩混合而成。

在 HTML 标记中只提供了两种设置色彩的方法：十六进制数和色彩英文名称。CSS 则提供了 4 种定义色彩的方法：用颜色名称、用十六进制数、用 rgb 函数和用 rgba 函数。

1．用颜色名称表示色彩值

在 CSS 中也提供了与 HTML 一样的用颜色英文名称表示色彩的方式。CSS 颜色规范中定义了 147 种颜色名，其中有 17 种标准颜色和 130 种其他颜色。常用的 17 种标准颜色名称包括 aqua（水绿色）、black（黑色）、blue（蓝色）、fuchsia（紫红）、gray（灰色）、green（绿色）、lime（石灰）、maroon（褐红色）、navy（海军蓝）、olive（橄榄色）、orange（橙色）、purple（紫色）、red（红色）、silver（银色）、teal（青色）、white（白色）、yellow（黄色）。例如下面的示例代码。

```
div {color: red }
```

2．用十六进制数表示色彩值

在计算机中，定义每种色彩的强度范围为 0～255。当所有色彩的强度都为 0 时，将产生黑色；当所有色彩的强度都为 255 时，将产生白色。

在 HTML 中，使用 RGB 指定色彩时，前面是一个"#"号，再加上 6 个十六进制数字，表示方法：#RRGGBB。其中，前两个数字代表红光强度（Red），中间两个数字代表绿光强度（Green），后两个数字代表蓝光强度（Blue）。以上 3 个参数的取值范围为：00～ff。参数必须是两位数。对于只有 1 位的参数，应在前面补 0。这种方法共可表示 256×256×256 种色彩，即 16M 种色彩。而红色、绿色、黑色、白色的十六进制设置值分别为：#ff0000、#00ff00、#0000ff、#000000、#ffffff。例如下面的示例代码。

```
div { color: #ff0000 }
```

如果每个参数各自的两位上的数字都相同，也可缩写为#RGB 的方式。例如：#cc9900 可以缩写为#c90。

3．用 rgb 函数表示色彩值

在 CSS 中，可以用 rgb 函数设置所要的色彩。语法格式为：rgb(R,G,B)。其中，R 为红色值，G 为绿色值，B 为蓝色值。这 3 个参数可取正整数值或百分比值，正整数值的取值范围为 0～255，百分比值的取值范围为色彩强度的百分比 0.0%～100.0%。例如下面的示例代码。

```
div { color: rgb(128,50,220) }
div { color: rgb(15%,100,60%) }
```

请注意，当使用 RGB 百分比时，即使当值为 0 时也要写百分比符号。但是在其他的情况下就不需要这么做了。比如，当尺寸为 0 像素时，0 之后不需要使用 px 单位，因为 0 就是 0，无论单位是什么。

4．用 rgba 函数表示色彩值

rgba 函数在 rgb 函数的基础上增加了控制透明度 alpha 的参数。语法格式为：rgba(R,G,B,A)。其中，R、G、B 参数等同于 rgb 函数中的 R、G、B 参数，A 参数表示透明度 alpha，取值在 0～1 之间，不可为负值。例如下面的示例代码。

```
<div style="background-color: rgba(0,0,0,0.5);">alpha 值为 0.5 的黑色背景</div>
```

4.7　HTML 文档结构与元素类型

CSS 通过与 HTML 文档结构相对应的选择符来达到控制页面表现的目的，文档结构在样式的应用中具有重要的角色。CSS 之所以强大，是因为它采用 HTML 文档结构来决定其样式的应用。

4.7.1　文档结构的基本概念

为了更好地理解"CSS 采用 HTML 文档结构来决定其样式的应用"这句话，首先需要理解文档是怎样结构化的，也为以后学习继承、层叠等知识打下基础。

【例 4-36】 文档结构示例。本例文件 4-36.html 在浏览器中的显示效果如图 4-39 所示。

```
<!DOCTYPE html>
<html>
    <head>
        <meta charset="utf-8">
        <title>文档结构示例</title>
    </head>
    <body>
        <h1>CSS3 基础</h1>
        <p>CSS 是一组格式设置规则，用于控制<em>Web
</em>页面的外观。</p>
        <ul>
            <li>CSS 的优点
                <ul>
                    <li>表现和内容（结构）分离</li>
                    <li>易于维护和<em>改版</em></li>
                    <li>更好地控制页面布局</li>
                </ul>
            </li>
            <li>CSS 设计与编写原则</li>
        </ul>
    </body>
</html>
```

图 4-39　文档结构示例

在 HTML 文档中，文档结构都是基于元素层次关系的，在 HBuilder X 中的"视图"菜单中选中"显示文档结构图"，显示的文档结构图如图 4-40 所示。本例中代码的元素间的层次关系可以用图 4-41 所示的树形结构图来描述。

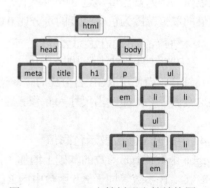

图 4-40　HBuilder X 中的文档结构图　　　　图 4-41　HTML 文档树形文档结构图

在这样的文档结构图中，每个元素都处于文档结构中的某个位置，而且每个元素或是父元素，或是子元素，或既是父元素又是子元素。例如，文档中的 body 元素既是 html 元素的子元素，又是 h1、p 和 ul 的父元素。整个代码中，html 元素是所有元素的祖先，也称为根元素。前面讲解的"后代"选择符就是建立在文档结构的基础上的。

4.7.2　元素类型

在前面已经以文档结构树形图的形式讲解了文档中元素的层次关系，这种层次关系同时也依赖于元素类型间的关系。CSS 使用 display 属性规定元素生成的框的类型，任何元素都可以通过 display 属性改变默认的显示类型。

1．块级元素（display:block）

display 属性设置为 block 将显示块级元素，块级元素的宽度为 100％，且后面隐藏附带有换行符，使块级元素始终占据一行。如 div 常常被称为块级元素，这意味着这些元素显示为一块内容。标题、段落、列表、表格、分区（div）和 body 等元素都是块级元素。

2．行内元素（display:inline）

行内元素也称内联元素，display 属性设置为 inline 将显示行内元素，元素前后没有换行符，行内元素没有高度和宽度，因此也就没有固定的形状，显示时只占据其内容的大小。超链接、图像、范围 span、表单元素等都是行内元素。

3．列表项元素（display:list-item）

listitem 属性值表示列表项目，其实质上也是块状显示，不过是一种特殊的块状类型，它增加了缩进和项目符号。

4．隐藏元素（display:none）

none 属性值表示隐藏并取消盒模型，所包含的内容不会被浏览器解析和显示。通过把 display 设置为 none，该元素及其所有内容就不再显示，也不占用文档中的空间。

5．其他分类

除了上述常用的分类之外，还包括以下分类：

display : inline-table | run-in | table | table-caption | table-cell | table-column | table-column-group | table-row | table-row-group | inherit

如果从布局角度来分析，上述显示类型都可以归为 block 和 inline 两种，其他类型都是这两种类型的特殊显示，真正能够应用并获得所有浏览器支持的只有 4 个：none、block、inline 和 listitem。

4.8　实训——制作内容详情页

本节将结合本章介绍的基础知识制作一个较为综合的案例，有些属性会用到后面章节的知识。

【实训 4-1】使用链接外部样式表的方法制作社区网站内容详情网页的局部内容。本例文件 pt4-1.html 在浏览器中的显示效果如图 4-42 所示。

1．前期准备

（1）栏目目录结构

在栏目文件夹下创建文件夹 images 和 css，分别存放图像素材和外部样式表文件。

（2）页面素材

将本页面需要使用的图像素材 new.jpg 存放在文件夹 images 下。

图 4-42　内容详情网页

（3）外部样式表

在文件夹 css 下新建一个名为 new_xiangqing.css 的样式表文件。

2．制作页面

CSS 文件 new_xiangqing.css 的代码如下：

```css
/*新闻内容详情 new_xiangqing.css*/
.content{ width: 1200px; margin: 0 auto; margin-top: 34px; }
.hr1{ height:1px; border:none; border-top:1px solid rgb(204,204,204); margin-top: 5px; width: 902px; }
.new_xiangqing{ width: 902px; padding-right: 15px; }
.new_xiangqing h2{ font-size: 22px; line-height: 30px; text-align: center; color: #494949; margin-top: 30px; font-weight: 600; }
.new_xiangqing h3{ font-size: 12px; line-height: 21px; color: #878787; text-align: center; margin-top: 5px; font-weight: 300; }
.new_xiangqing p{ font-size: 14px; line-height: 30px; color: #4b4b4b; text-indent: 2em; }
.new_xiangqing img{ margin-left: 156px; width: 600px; height: 339px; margin-top: 20px; }
```

网页结构文件 pt4-1.html 的 HTML 代码如下：

```html
<!DOCTYPE html>
<html>
    <head>
        <meta charset="utf-8">
        <title>内容详情</title>
        <link rel="stylesheet" href="css/new_xiangqing.css" />
    </head>
    <body>
        <div class="content">
            <div class="new_xiangqing">
                <hr class="hr1" />
                <h2>到新疆去看花儿</h2>
                <h3>发布时间：2020-05-17</h3>
                <img src="images/new.jpg" />
                <p>新疆是中国地理上面积最大的一个省份，占据祖国总面积的六分之一，可谓物产丰富，地缘辽阔。从春天到冬天，每一个季节，这里的风景一旦被分享都会分分钟刷屏！</p>
                <p>一到清明前后，这里便是一片粉色的世界，吐鲁番托克逊县的气温比乌鲁木齐高很多，早熟的杏子迫不及待地开花了。大片大片的杏花次第开放，漫山遍野，美丽极了。</p>
                <p>另外，在吐尔根近十万亩野杏花，银色雪山和绿色丘陵之间，也在趁势怒放，粉色的花瓣在天地之间，飘然开放，远处雪山还未消融，草色刚刚露出绿芽，一片粉色点缀，冰清玉洁，自带诗意。</p>
                <p>此时的新疆，已经进入了夏季，冰雪消融的河水开始滋润整个新疆大地，新疆也进入了一个绿色与花海的浪漫的世界。</p>
                <p>在天山下，在大草原上，根据海拔的高低，气温的不同，各色的花儿也在各自开放，牛羊在山坡上吃草，牧马人在挥舞马鞭，没有哪一个画面是不和谐的，也没有哪一个画面是不震撼的。</p>
                <p>喀拉峻大草原，位于新疆伊犁河谷的特克斯县境内，是西天山向伊犁河谷的过渡地带，这里降水丰富，气候凉爽，土质肥厚，十分适宜牧草的生长，生长有上百种优质牧草。不仅如此，喀拉峻草原还有独特的风景，优美流畅的草原丘体让喀拉峻草原更富有韵味，就像人体的自然曲线，又被称为"人体草原"，气候凉爽，风景优美，是很多旅行者心心念念的地方。</p>
            </div>
        </div>
    </body>
</html>
```

习题 4

1. 使用内嵌样式表设置 h1 的属性，通过类选择器改变 span 的颜色，实现五彩标题，即每个 span 设置的字呈现不同的颜色，如图 4-43 所示。

2. 使用伪类相关的知识制作鼠标指针悬停效果，当鼠标指针悬停在链接上时呈现不同的样式，如图 4-44 所示。

图 4-43　五彩标题　　　　　　　　　　图 4-44　鼠标指针悬停效果

3. 使用 CSS 制作社区网的页脚版权信息局部页面，如图 4-45 所示。

图 4-45　页脚版权信息

4. 使用 CSS 制作主页 Logo 栏局部页面，如图 4-46 所示。

图 4-46　题 4 图

5. 使用 CSS 制作如图 4-47 所示的页面。

图 4-47　题 5 图

第5章 CSS3的属性

网页由文本、超链接、图片等基本元素组成，使用 HTML+CSS 技术可以精确地控制这些元素的显示效果。

学习目标：掌握 CSS 的属性，包括 CSS 背景、文本、列表、图像、表格、表单、链接等元素的属性样式。

重点难点：重点是 CSS 背景、文本、列表、图像、链接的属性样式，难点是表格、表单元素的属性样式。

5.1 CSS 背景属性

网页背景是网页设计的主要元素之一，不同类型的网站有不同的背景和基调。CSS 有非常丰富的背景属性。CSS 允许为任何元素添加纯色背景，也允许使用图像作为背景。背景属性在命名时，使用"background-"前缀。

20 CSS 背景属性

5.1.1 背景颜色属性 background-color

background-color 属性用于设置背景颜色，它可以设置任何有效的颜色值。

语法：**background-color : color | transparent**

参数：color 指定颜色，颜色取值前面已经介绍过，颜色值可以使用多种书写方式，可以使用颜色名，也可以使用十六进制颜色值，还可以使用 rgb 函数值。transparent 表示透明的意思，也是浏览器的默认值。

说明：background-color 不能继承，默认值是 transparent，如果一个元素没有指定背景色，那么背景就是透明的，这样其父元素的背景才能看见。

示例：设置元素的背景颜色属性。

```
p { background-color: silver; }
div { background-color: rgb(223,71,177); }
body { background-color: #98AB6F; }
pre { background-color: transparent; }
```

【例 5-1】 设置元素的背景颜色。本例文件 5-1.html 在浏览器中的显示效果如图 5-1 所示。

```
<!DOCTYPE html>
<html>
    <head>
        <meta charset="utf-8">
        <title>设置背景色</title>
        <style type="text/css">
            h1 { /*标题 1 的背景色*/ background-color: coral;}
            p { /*段落的背景色*/ background-color: darkgrey;}
            table { /*表格的背景色*/ background-color: yellow;}
        </style>
    </head>
    <body style="background: gainsboro;">   <!--设置整个网页的背景色-->
        <h1>设置背景色</h1>
        <p>网页背景是网页设计的最要因素之一，不同类型的网站有不同的背景和基调。</p>
        <table border="1" cellspacing="" cellpadding="">
```

图 5-1 设置元素的背景颜色

```
<tr>
        <th style="background-color: red;">姓名</th>    <!--表格单元格的背景色-->
        <th>性别</th>
</tr>
<tr style="background-color: yellowgreen;"><!--设置表格的行的背景色-->
        <td>张三</td>
        <td>女</td>
</tr>
    </table>
  </body>
</html>
```

5.1.2　背景图像属性 background-image

背景图像属性 background-image 用来设置背景图像，该属性还可以用来设置线性渐变等效果。

语法：**background-image : none | url(url), url(url), … | linear-gradient | radial-gradient | repeating-linear-gradient | repeating-radial-gradient**

参数：默认为 none，表示不加载图像，即无背景图。

url 设置要插入背景图像的路径，使用绝对或相对地址指定背景图像。在 CSS3 之前，每个元素只能设置一个背景，如果同时指定背景颜色和背景图像，背景图像会覆盖背景颜色。CSS3 允许元素使用多个背景图像，多个 url 属性值之间用逗号分隔。

CSS3 增加的属性还有：linear-gradient 使用线性渐变创建背景图像；radial-gradient 使用径向（放射性）渐变创建背景图像；repeating-linear-gradient 使用重复的线性渐变创建背景图像；repeating-radial-gradient 使用重复的径向（放射性）渐变创建背景图像。

说明：如果设置了 background-image，建议同时也设置 background-color，以便当背景图像不可见时保持与文本形成一定的对比。

若要把图像添加到整个浏览器窗口，可以将其添加到<body>标签。对于块级元素，则从元素的左上角开始放置背景图片，并沿着 x 轴和 y 轴平铺，占满元素的全部尺寸。通常要配合 background-repeat 控制图像的平铺。

示例：设置元素的背景图片属性。

```
body { background-image: none; }
div { background-image: url("images/backimg.jpg"); }
blockquote { background-image: url("backpic.jpg"); }
br { background-image: url(http://baidu.com/ImageFile/aa.gif); }
body{ /*为 body 元素设置两幅背景图片*/ background-image:url(bg_flower.gif), url(bg_flower_2.gif);}
div{ background:url("bg1.jpg") 0 0 no-repeat, url("bg2.jpg") 200px 0 no-repeat,
     url("gb3.jpg") 400px 200px no-repeat;}
```

【例 5-2】 设置元素的背景图像。本例文件 5-2.html 在浏览器中的显示效果如图 5-2 所示。

```
<!DOCTYPE html>
<html>
    <head>
        <meta charset="utf-8">
        <title>设置背景图像</title>
        <style type="text/css">
            body { /*整个网页的背景图片*/
                background-image: url(images/
sunshine.jpg);}
```

图 5-2　背景图片

```
p { /*段落的背景图片和颜色*/
        background-color: darkgrey;
        background-image: url(images/flowers1.jpg);}
table { /*表格的背景图片*/ background-image: url(images/rose2.jpg);
        width: 400px;height: 300px;}
    </style>
</head>
<body>
    <p>网页背景是网页设计的最要因素之一，不同类型的网站有不同的背景和基调。CSS 有
非常丰富的背景属性。CSS 允许为任何元素添加纯色背景，也允许使用图像作为背景。</p>
    <table border="1" cellspacing="20" cellpadding="30">
        <tr>
            <th style="background-image: url(images/buttonblue.jpg); ">姓名</th>
            <!--表格的单元格的背景图片-->
            <th>性别</th>
        </tr>
        <tr style="background-image: url(images/buttonaqua.jpg);">
            <!--设置表格的行的背景图片-->
            <td>张三</td>
            <td>女</td>
        </tr>
    </table>
</body>
</html>
```

【例 5-3】 多背景图像属性。本例文件 5-3.html 在浏览器中的显示
效果如图 5-3 所示。

图 5-3 页面显示效果

```
<!DOCTYPE html>
<html>
    <head>
        <meta charset="utf-8">
        <title>多背景图像</title>
        <style type="text/css">
            div { width: 400px; height: 300px; border: 5px dashed; float: left; margin: 5px;
            background-image: url(images/apple.jpg), url(images/apple2.gif), url(images/apple3.jpg),
            url(images/apple4.jpg); background-repeat: no-repeat, no-repeat, no-repeat, no-repeat;
            background-position: left top, right top, right bottom, left bottom;
            background-size: 120px 120px; }
        </style>
    </head>
    <body>
        <div id="">
            内容
        </div>
    </body>
</html>
```

5.1.3 重复背景图像属性 background-repeat

background-repeat 属性的主要作用是设置背景图像以何种方式在网页中显示。通过背景重复，使
用很小的图像就可以填充整个页面，有效地减少图像字节的大小。

在默认情况下，图像会自动向水平和竖直两个方向平铺。如果不希望平铺，或者只希望沿着一
个方向平铺，可以使用 background-repeat 属性来控制。

语法：**background-repeat : repeat | no-repeat | repeat-x | repeat-y**

参数：repeat 表示背景图像在水平和垂直方向平铺，是默认值；repeat-x 表示背景图像在水平方向平铺；repeat-y 表示背景图像在垂直方向平铺；no-repeat 表示背景图像不平铺。

说明：设置对象的背景图像是否平铺及如何平铺。必须先指定对象的背景图像。

示例：设置表格或段落的背景图片重复属性。

```
table { background: url("images/buttondvark.gif"); background-repeat: repeat-y; }
p { background: url("images/rose.gif"); background-repeat: no-repeat; }
```

【例 5-4】 设置重复背景图像。本例文件 5-4a.html、5-4b.html、5-4c.html、5-4d.html 在浏览器中的显示效果如图 5-4 所示。

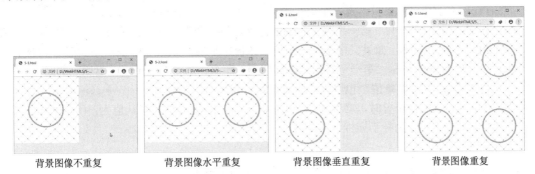

背景图像不重复　　　　　背景图像水平重复　　　　　背景图像垂直重复　　　　　背景图像重复

图 5-4　网页显示效果

背景图像不重复的 CSS 定义代码如下。

```
body{background-color: beige;background-image:url(images/backpic.jpg); background-repeat: no-repeat;}
```

背景图像水平重复的 CSS 定义代码如下。

```
body { background-color: beige;background-image:url(images/backpic.jpg);background-repeat: repeat-x;}
```

背景图像垂直重复的 CSS 定义代码如下。

```
body {background-color: beige;background-image:url(images/backpic.jpg);background-repeat: repeat-y;}
```

背景图像重复的 CSS 定义代码如下。

```
body {background-color: beige;background-image:url(images/backpic.jpg);background-repeat: repeat;}
```

5.1.4　固定背景图像属性 background-attachment

如果希望背景图像固定在屏幕的某一位置，不随着滚动条移动，可以使用 background-attachment 属性来设置。

语法：**background-attachment : scroll | fixed**

参数：background-attachment 属性有两个属性值，其中，scroll 表示图像随页面元素一起滚动（默认值），fixed 表示图像固定在屏幕上，不随页面元素滚动。

说明：设置背景图像是否固定或者随着页面的其余部分滚动。也可以设置 inherit 继承父元素的 background-attachment 设置。

示例：设置或检索背景图像是固定的。

```
html { background-image: url("rose.jpg"); background-attachment: fixed; }
```

5.1.5　背景图像位置属性 background-position

当在网页中插入背景图像时，默认的位置是网页的左上角，可以通过 background-position 属性来改变图像的插入位置。

　　语法：**background-position : position position | length length**

　　参数：position 可取 top（将背景图像同元素的顶部对齐）、center（将背景图像相对于元素水平居中或垂直居中）、bottom（将背景图像同元素的底部对齐）、left（将背景图像同元素的左边对齐）、right（将背景图像同元素的右边对齐）之一。length 为百分比或者由数字和单位标识符组成的长度值。

　　说明：background-position 设置背景图像原点的位置，如果图像需要平铺，则从这一点开始平铺，默认值为左上角零点位置，这两个值用空格隔开，写作 0 0。它的值有以下 3 种写法。

- 位置参数：x 轴有 3 个参数，分别是 left、center、right；y 轴同样有 3 个参数，分别是 top、center、bottom。通常，x 轴和 y 轴参数各取一个组成属性值，如 left bottom 表示左下角，right top 表示右上角。如果只给定一个值，则另一个值默认为 center。
- 百分比：写为 x% y%，第一个表示 x 轴的位置，第二个表示 y 轴的位置，左上角为 0 0，右下角为 100% 100%。如果只指定了一个值，该值用于横坐标 x，纵坐标 y 将默认为 50%。
- 长度：写为 xpos ypos，第一个表示 x 轴离原点的距离，第二个表示 y 轴离原点的距离。其单位可以是 px 等长度单位，也可以与百分比混合使用。

设置对象的背景图像位置时，必须先指定 background-image 属性。默认值为：(0% 0%)。

该属性定位不受对象的补丁属性（padding）设置影响。

示例：

```
body { background: url("images/backpic.jpg"); background-position: top right; }
div { background: url("images/back.gif"); background-position: 30% 75%; }
table { background: url("images/back.gif"); background-position: 35% 2.5cm; }
a { background: url("images/backpic.jpg"); background-position: 5.25in; }
```

【例 5-5】设置背景图像的位置。本例文件 5-5.html 在浏览器中的显示效果如图 5-5 所示。

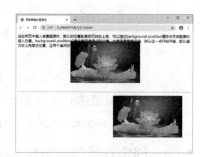

图 5-5　设置背景图像的位置

```
<!DOCTYPE html>
<html>
    <head>
        <meta charset="utf-8">
        <title>背景图像位置属性</title>
        <style type="text/css">
            div {
                background-image:   url(images/lotus.jpg);
/*背景图片*/
                background-repeat: no-repeat; /*图片不重
复显示*/
                width: 800px; /*设置元素宽度*/
                height: 250px; /*设置元素高度*/
            }
        </style>
    </head>
    <body>
        <div style="background-position: center center; /*定位背景图片位置*/">
            当在网页中插入背景图像时，默认的位置都是网页的左上角，可以通过
background-position 属性来改变图像的插入位置。background-position 设置背景图像原点的位置，如果图
像需要平铺，则从这一点开始平铺，默认值为左上角零点位置，这两个值用空格隔开，写作 0 0。
        </div>
        <hr />
        <div style="background-position: 90% 10%; /*定位背景图片位置*/"></div>
    </body>
</html>
```

5.1.6 背景图像大小属性 background-size

在 CSS3 之前，背景图像的尺寸由图像的实际尺寸决定。在 CSS3 中，可以规定背景图像的尺寸。background-size 属性设置背景图像的大小。

语法：**background-size : [length | percentage | auto]{1,2} | cover | contain**

参数：auto 为默认值，保持背景图像的原始高度和宽度。length 为具体的值，可以改变背景图像的大小。percentage 是百分比，可以是 0%～100%之间的任何值，但此值只能应用在块元素上，所设置百分比将使用背景图像大小根据所在元素的宽度的百分比来计算。

cover 将图像拉伸放大以适合铺满整个容器。采用 cover 将背景图像拉伸放大到充满容器的大小，这种方法会使背景图像失真。contain 刚好与 cover 相反，用于将背景图像缩小以适合铺满整个容器，这种方法同样会使图像失真。

当 background-size 取值为 length 和 percentage 时可以设置两个值，也可以设置一个值，当只取一个值时，第二个值相当于 auto，但这里的 auto 并不会使背景图像的高度保持自己的原始高度，而是会与第一个值相同。

说明：设置背景图像的大小，以像素或百分比显示。当指定为百分比时，背景图像的大小由所在父元素区域的宽度和高度决定，还可以通过 cover 和 contain 来对图片进行伸缩。

示例：

```
div{background:url(bg_flower.gif);background-size: 100px 80px;background-repeat:no-repeat;}
```

【例 5-6】 设置背景图像的大小。本例文件 5-6.html 在浏览器中的显示效果如图 5-6 所示，对背景图像进行拉伸，使其完全填充内容区域。

```
<!DOCTYPE html>
<html>
    <head>
        <meta charset="utf-8">
        <title>背景图像大小属性</title>
    </head>
    <body>
        <div style="border: 1px solid #00f; padding:90px 5px 10px;
background:url(images/lotus.jpg) no-repeat; background-size:100% 80px">
            这里的 background-size: 100% 80px。背景图像与 div 一样宽，高为 80px。
        </div>
    </body>
</html>
```

图 5-6　设置背景图像的大小

5.1.7 背景属性 backgroud

background 是复合属性，可以在一个样式中将 backeground-color、background-position、background-attachment、background-repeat、background-image 全部设置，也可以省略其中的某几项。将这几项的属性值直接用空格拼接，作为 background 的属性值即可。还可以直接设置 inherit，从父元素继承。

语法：**background : background-color | background-image | background-repeat | background- attachment | background-position**

参数：该属性是复合属性。请参阅各参数对应的属性。默认值为 transparent none repeat scroll 0% 0%。

说明：如使用该复合属性定义其单个参数，则其他参数的默认值将无条件覆盖各自对应的单个属性设置。

尽管该属性不可继承，但如果未指定，其父对象的背景颜色和背景图像将在对象中显示。

示例：

```
body { background: url("images/bg.gif") repeat-y; }
div { background: red no-repeat scroll 5% 60%; }
caption { background: #ffff00 url("images/bg.gif") no-repeat 50% 50%; }
pre { background: url("images/bg.gif") top right; }
```

5.1.8　背景覆盖区域属性 background-clip

background-clip 属性用于设置背景的覆盖区域。这是 CSS3 新增的背景属性。

语法：**background-clip: border-box|padding-box|content-box**

参数：它的属性值有 3 个，border-box 值设置背景显示区域到边框中，是默认值。padding-box 值设置背景显示区域到内边距框。content-box 值设置背景显示区域到内容框。

其显示区域的具体划分将在 CSS 盒模型中详细介绍。

【例 5-7】 设置背景覆盖区域。本例文件 5-7.html 在浏览器中的显示效果如图 5-7 所示。

```
<!DOCTYPE html>
<html>
    <head>
        <meta charset="utf-8">
        <title>背景覆盖区域属性</title>
        <style type="text/css">
            div {width: 100px; height: 120px; padding: 20px; border: 5px dotted;    float: left;
                margin: 5px; background: aqua; }
        </style>
    </head>
    <body>
        <div>内容</div>
        <div style="background-clip: border-box;">内容</div>
        <div style="background-clip: padding-box;">内容</div>
        <div style="background-clip: content-box;">内容</div>
    </body>
</html>
```

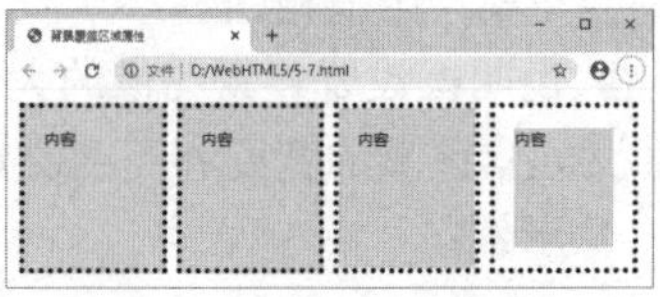

图 5-7　设置背景覆盖区域

5.1.9　背景图像起点属性 background-origin

属性 background-origin 与 background-clip 的属性值相同，都表示背景覆盖的起点，但是当背景有横向纵向重复时，纯色的背景是看不出差别的。所以 background-origin 用于表示背景图像的起点。background-origin 属性规定 background-position 属性相对于什么位置来定位。如果背景图像的 background-attachment 属性值为 fixed，则该属性没有效果。

语法：**background-origin: padding-box | border-box | content- box**

参数：border-box 表示背景图像的起点在外边框的左上角。padding-box 表示背景图像的起点在内边框的左上角，是默认值。content-box 表示背景图像起点在内容框的左上角。三种边框的示意图如图 5-8 所示。

示例：相对于内容框 content-box 来定位背景图像。

```
div{background-image: url('bg.jpg');
    background-repeat: no-repeat;
    background-position: 100% 100%;
    background-origin: content-box; }
```

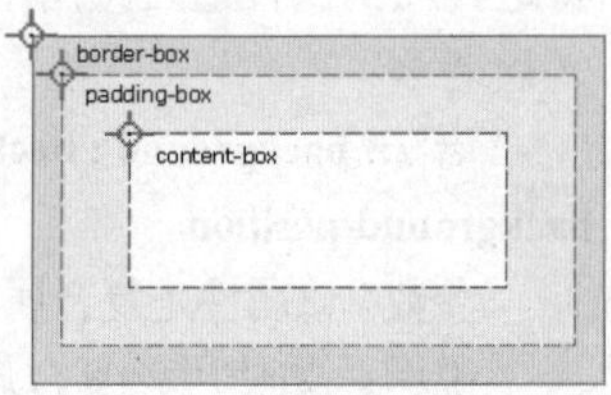

图 5-8　三种边框的示意图

96

【例 5-8】 背景图像起点属性。本例文件 5-8.html 在浏览器中的显示效果如图 5-9 所示。

```
<!DOCTYPE html>
<html>
    <head>
        <meta charset="utf-8">
        <title>background-origin 属性</title>
        <style type="text/css">
            div { padding: 30px; border: 10px dashed darkorange;
                background-image: url('images/apple.jpg');
background- size: 100px 100px;
                background-repeat: no-repeat; }
            #div1 { background-origin: border-box; }
            #div2 { background-origin: padding-box; }
            #div3 { background-origin: content-box; }
        </style>
    </head>
    <body>
        <p>background-origin:border-box： </p>
        <div id="div1">
            <p>这是文本内容。这是文本内容。这是文本内容。这是文本内容。这是文本内
容。这是文本内容。这是文本内容。这是文本内容。这是文本内容。这是文本内容。这是文本内容。这
是文本内容。这是文本内容。</p>
        </div>
        <p>background-origin:padding-box： </p>
        <div id="div2">
            <p>这是文本内容。这是文本内容。这是文本内容。这是文本内容。这是文本内
容。这是文本内容。这是文本内容。这是文本内容。这是文本内容。这是文本内容。这是文本内容。这
是文本内容。这是文本内容。</p>
        </div>
        <p>background-origin:content-box： </p>
        <div id="div3">
            <p>这是文本内容。这是文本内容。这是文本内容。这是文本内容。这是文本内
容。这是文本内容。这是文本内容。这是文本内容。这是文本内容。这是文本内容。这是文本内容。这
是文本内容。这是文本内容。</p>
        </div>
    </body>
</html>
```

图 5-9　背景图像起点

5.1.10　背景渐变属性 background-image

background-image 属性还可以设置线性渐变等效果。

1. 线性渐变

为了创建一个线性渐变，必须至少定义两个颜色结点。颜色结点就是想要呈现平稳过渡的颜色。同时，也可以设置一个起点。

语法：**background-image: linear-gradient | radial-gradient (direction, color-stop1, color- stop2, ...)**

参数：linear-gradient 使用线性渐变创建背景图像。radial-gradient 使用径向（放射性）渐变创建背景图像。direction 是渐变的预定义方向（值为 to bottom、to top、to right、to left、to bottom right 等）。color-stop 是过渡的颜色结点。

说明：CSS3 渐变可以在两个或多个指定的颜色结点之间显示平稳地过渡。CSS3 定义了两种类型的渐变。其中，线性渐变（linear-gradient）可以是向下、向上、向左、向右、对角方向，径向渐变（radial-gradient）由中心定义。

示例：线性渐变，从上到下（默认情况）。下面的代码从顶部开始线性渐变，起点是红色，慢慢过渡到黄色：

#div1 { background-image: linear-gradient(red, yellow);}

线性渐变，从左到右。下面的代码从左边开始线性渐变，起点是红色，慢慢过渡到黄色：

#div2 { background-image: linear-gradient(to right, red , yellow); }

线性渐变，对角。通过指定水平和垂直的起始位置来制作一个对角渐变。下面的代码从左上角开始（到右下角）的线性渐变。起点是红色，慢慢过渡到黄色：

#div3 { background-image: linear-gradient(to bottom right, red, yellow); }

2．使用角度

如果想要在渐变的方向上做更多的控制，可以定义一个角度，而不用预定义方向。

语法：**background-image: linear-gradient | radial-gradient (angle, color-stop1, color-stop2)**

参数：angle 是渐变的角度。

说明：角度是指水平线和渐变线之间的角度，以顺时针方向为正。换句话说，0deg（度）将创建一个从下到上的渐变，90deg 将创建一个从左到右的渐变。角度示意图如图 5-10 所示。但是，有些浏览器（Chrome、Safari、Firefox 等）使用旧的标准，即 0deg 将创建一个从左到右的渐变，90deg 将创建一个从下到上的渐变。可以用换算公式 90 - x = y 修正，其中 x 为标准角度，y 为非标准角度。

示例：带有指定角度的线性渐变。

#div4 { background-image: linear-gradient(-90deg, red, yellow); }

【例5-9】 背景渐变属性。本例文件 5-9.html 在浏览器中的显示效果如图 5-11 所示。

图 5-10　角度示意图　　　　　　　　　　图 5-11　背景渐变 1

```html
<!DOCTYPE html>
<html>
    <head>
        <meta charset="utf-8">
        <title>背景渐变</title>
        <style type="text/css">
            div { width: 200px; height: 200px; border: 5px dashed; float: left; margin: 5px; }
        </style>
    </head>
    <body>
        <div style="background-image: linear-gradient(red, yellow); float: left;">
            内容 1
        </div>
        <div style="background-image: linear-gradient(to right, red , yellow); float: left;">
            内容 2
        </div>
        <div style="background-image: linear-gradient(to bottom right, red, yellow); float: left;">
            内容 3
```

```
        </div>
        <div style="background-image: linear-gradient(-90deg, red, yellow); float: left;">
            内容 4
        </div>
        <div style="background-image:linear-gradient(-45deg, red, yellow);float: left;">
            内容 5
        </div>
    </body>
</html>
```

3．使用多个颜色结点

下面的代码创建带有多个颜色结点的从上到下的线性渐变。

```
#div5 { background-image: linear-gradient(red, yellow, green); }
```

下面的代码创建一个带有彩虹颜色和文本的线性渐变。

```
#div6 { /* 标准的语法 */
    background-image: linear-gradient(to right, red,orange,yellow,green,blue,indigo,violet); }
```

4．使用透明度

CSS3 渐变也支持透明度（Transparent），可用于创建减弱变淡的效果。为了添加透明度，使用 rgba()函数来定义颜色结点。rgba()函数中的最后一个参数的范围是从 0 到 1，它定义了颜色的透明度：0 表示完全透明，1 表示完全不透明。

下面的代码创建从左边开始的线性渐变，起点是完全透明，慢慢过渡到完全不透明的红色：

```
#div7 {   /*从左到右的线性渐变，带有透明度*/
    background-image: linear-gradient(to right, rgba(255,0,0,0), rgba(255,0,0,1)); }
```

5．重复的线性渐变

repeating-linear-gradient()函数用于重复线性渐变。

下面的代码是一个重复的线性渐变。

```
#div8 {   /* 标准的语法 */
    background-image: repeating-linear-gradient(red, yellow 10%, green 20%); }
```

【例 5-10】 背景渐变属性。本例文件 5-10.html 在浏览器中的显示效果如图 5-12 所示。

图 5-12　背景渐变 2

```
<!DOCTYPE html>
<html>
    <head>
        <meta charset="utf-8">
        <title>背景渐变</title>
        <style type="text/css">
            div { width: 200px; height: 200px; border: 5px dashed; float: left; margin: 5px; }
        </style>
    </head>
    <body>
        <div style="background-image: linear-gradient(red, yellow, green); float: left;">内容 1</div>
```

```
            <div style="background-image: linear-gradient(to right, red,orange,yellow,green,blue,indigo,violet
); float: left;">内容 2</div>
                <div style="background-image: linear-gradient(to bottom right, red, yellow); float: left;">内容
3</div>
                <div style="background-image: linear-gradient(to right, rgba(255,0,0,0), rgba(255,0,0,1)); float:
left;">内容 4</div>
                <div style="background-image: repeating-linear-gradient(red, yellow 10%, green 20%);float:
left;">内容 5</div>
            </body>
        </html>
```

6．径向渐变

径向渐变由它的中心定义。为了创建一个径向渐变，也必须至少定义两种颜色结点。同时，也可以指定渐变的中心、形状（圆形或椭圆形）、大小。默认情况下，渐变的中心是 center（表示中心点），渐变的形状是 ellipse（表示椭圆形），渐变的大小是 farthest-corner（表示到最远的角落）。

语法：**background-image: radial-gradient(shape size at position, start-color, ..., last-color)**

（1）径向渐变-颜色结点均匀分布（默认情况）

下面的代码创建颜色结点均匀分布的径向渐变。

```
#div9 { background-image: radial-gradient(red, yellow, green); }
```

（2）径向渐变-颜色结点不均匀分布

下面的代码创建颜色结点不均匀分布的径向渐变。

```
#div10 { background-image: radial-gradient(red 5%, yellow 15%, green 60%); }
```

7．设置形状

shape 参数定义了形状。它可以是值 circle 或 ellipse。其中，circle 表示圆形，ellipse 表示椭圆形。默认值是 ellipse。

下面的代码创建形状为圆形的径向渐变。

```
#div11 { background-image: radial-gradient(circle, red, yellow, green); }
```

8．不同尺寸关键字的使用

size 参数定义渐变的大小。它可以是以下四个值：closest-side、farthest-side、closest-corner、farthest-corner。

下面的代码创建带有不同尺寸关键字的径向渐变。

```
#div12 { background-image: radial-gradient(closest-side at 60% 55%, red, yellow, black); }
#div13 { background-image: radial-gradient(farthest-side at 60% 55%, red, yellow, black); }
```

9．重复的径向渐变

repeating-radial-gradient() 函数用于重复径向渐变，下面的代码创建一个重复的径向渐变。

```
#div14 { background-image: repeating-radial-gradient(red, yellow 10%, green 15%); }
```

5.2 CSS 字体属性

网页主要是通过文字传递信息，字体具有两方面的作用：一是传递语义功能，二是美学效应。由于不同的字体给人带来不同的感受，因此对于网页设计人员来说，首先需要考虑的问题就是准确地选择字体属性。CSS 的文字设置属性不仅可以控制文本的大小、颜色、对齐方式、字体，还可以控制行高、首行缩进、字母间距和字符间距等。字体属性主要涉及文字本身的效果，在命名字体属性时使用 font-前缀。

5.2.1 字体类型属性 font-family

font-family 属性用于设置文本元素的字体类型。

语法：**font-family : name1, name2,…**

参数：name 是字体名称。字体名称按优先顺序排列，以逗号隔开。如果字体名称包含空格，则应用引号括起。

说明：用 font-family 属性可控制显示字体。不同的操作系统，其字体名是不同的。对于 Windows 系统，其字体名就如 Word 中的"字体"列表中所列出的字体名称。

示例：

```
div { font-family: Courier, "Courier New", monospace; }
```

5.2.2 字体尺寸属性 font-size

font-size 属性用于设置字体的大小，实际上，它设置的是字体中字符框的高度，实际的字符字体可能比这些框高或低。

语法：**font-size : absolute-size | relative-size | length | percentage**

参数：其值可以是绝对值也可以是相对值。它的取值有以下几种。

absolute-size（绝对尺寸）：将字体设置为不同的尺寸，取值有 xx-small | x-small | small | medium | large | x-large | xx-large。其中 medium 为默认值。这些尺寸都没有精确定义，只是相对而言的，在不同的设备下，这些关键字可能会显示不同的字号。

relative-size（相对尺寸）：设置的尺寸相对于父元素中字体尺寸进行调节。使用成比例的 em 单位计算。取值有 larger | smaller。

length（长度）：由浮点数字和单位标识符组成的长度值，不可为负值。常见的有 px（绝对单位）、pt（绝对单位）。

percentage（百分数）：设置的尺寸是基于父元素中字体尺寸的百分比数。

示例：

```
p { font-style: normal; }
p { font-size: 12px; }
p { font-size: 20%; }
```

5.2.3 字体倾斜属性 font-style

font-style 属性用于设置字体的风格，有正常字体、斜体和倾斜的字体。

语法：**font-style : normal | italic | oblique**

参数：normal 为正常字体（默认值），italic 为斜体，对于没有斜体变量的特殊字体，将应用 oblique。oblique 为倾斜的字体。

说明：一些不常用的字体可能只有正常字体，如果用 italic 就没有效果，此时要用 oblique，可以让没有斜体属性的字体倾斜。

示例：

```
p { font-style: normal; }
p { font-style: italic; }
p { font-style: oblique; }
```

5.2.4 小写字体属性 font-variant

font-variant 属性用于设置元素中的文本是否为小型的大写字母。

语法：**font-variant : normal | small-caps**

参数：normal 默认为正常的字体。small-caps 表示将使所有的小写字母转换为大写字母字体，但是所有使用小型大写字体的字母与其余文本相比，其字体尺寸更小。

示例：

　　span { font-variant: small-caps; }

5.2.5　字体粗细属性 font-weight

font-weight 属性用于设置元素中文本字体的粗细。

语法：**font-weight : normal | bold | bolder | lighter | number**

参数：normal 是正常的字体，相当于 number 为 400，声明此值将取消之前的任何设置。bold 表示粗体，相当于 number 为 700，也相当于 html b 加粗元素。bolder 表示粗体再加粗，即特粗体。lighter 表示比默认字体还细。number 数字越大，字体越粗，包括 100、200、300、400、500、600、700、800 和 900。

示例：

　　span { font-weight:800; }

【例 5-11】设置字体样式。本例文件 5-11.html 的显示效果如图 5-13 所示。

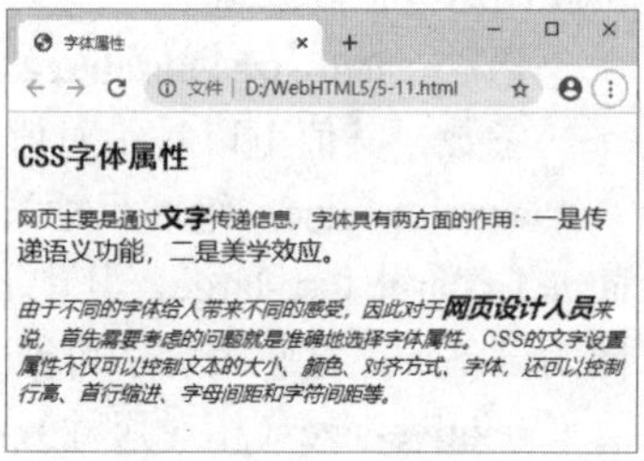

图 5-13　字体样式

```
<!DOCTYPE html>
<html>
    <head>
        <meta charset="utf-8">
        <title>字体属性</title>
        <style type="text/css">
            h2 { font-family: 黑体;　/*设置字体类型*/ }
            p { font-family: Arial, "Times New Roman"; font-size: 12pt;　/*设置字体大小*/ }
            .one { font-weight: bold;　/*设置字体为粗体*/　font-size: 20px; }
            .two { font-weight: 400;　/*设置字体为 400 粗细*/　font-size: 20px; }
            .three { font-weight: 900;　/*设置字体为 900 粗细*/　font-size: 20px; }
            p.italic { font-style: italic;　/*设置斜体*/ }
        </style>
    </head>
    <body>
        <h2>CSS 字体属性</h2>
        <p>网页主要是通过<span class="one">文字</span>传递信息，字体具有两方面的作用：
<span class="two">一是传递语义功能，二是美学效应。</span></p>
        <p class="italic">由于不同的字体给人带来不同的感受，因此对于<span class="three">网页
设计人员</span>来说，首先需要考虑的问题就是准确地选择字体属性。CSS 的文字设置属性不仅可以控
制文本的大小、颜色、对齐方式、字体，还可以控制行高、首行缩进、字母间距和字符间距等。
        </p>
    </body>
</html>
```

大多数操作系统和浏览器还不支持非常精细的文本加粗设置，通常只能设置"正常"（normal）和"加粗"（bold）两种粗细。

5.2.6　字体简写属性 font

font 是字体属性的复合属性。

语法： **font : font-style | font-variant | font-weight | font-size | line-height | font-family**

　　　　 font : caption | icon | menu | message-box | small-caption | status-bar

参数：可以全部设置，也可以省略其中的几项，将各项的属性值用空格拼接，作为 font 的属性值。请参阅各参数对应的属性。

说明：声明方式参数必须按照如上的排列顺序。每个参数仅允许有一个值。省略参数值的将使用对应的独立属性的默认值。

示例：

```
h1 { font: 15px bold "Arial" normal }
p { font: italic small-caps 500 12px Courier; }
p { font: italic small-caps 500 12px  宋体; }
p { font: italic small-caps 500 150% Courier; }
p { font:18px serif; }
```

5.2.7　CSS3 新增使用服务器字体

在 CSS3 之前，只能使用本地字体，为了防止出现有些字体在用户端的系统上没有安装的情况，往往需要写一个字体优先表，但即便如此，也会遇到在用户端上缺字体的情况。为了改善这种情况，CSS3 增加了使用服务器字体的属性，目前支持的服务器字体只有 TrueType 格式和 OpenType 格式。使用服务器字体非常简单，只要使用@font-face 定义服务器字体即可。

格式：**@font-face{ font-family:字体名称;**

　　　　　　 src:url(字体文件 url),local(该字体在本地的名称); }

参数："font-family:字体名称"定义字体名称，在其他地方直接使用该名称。"src:url(字体文件 url）,local(该字体在本地的名称)"为必需的，定义字体文件的 URL。浏览器在解析该字体名称时，优先使用客户端的字体，找不到时才会使用服务器字体，这样可以减轻服务器的压力，并节省用户的流量。

说明：在@font-face 规则中，必须首先定义字体的名称，然后指向该字体文件。

示例：下面的代码定义字体。

```
@font-face{font-family: myFirstFont; src: url('Sansation_Light.ttf');}
```

【例 5-12】　使用服务器字体的完整示例。

```
<!DOCTYPE html>
<html>
    <head>
        <meta charset="utf-8">
        <title></title>
        <style>
            @font-face { font-family: myFirstFont; /*定义字体名*/
                src: url('Sansation_Light.ttf'); }
            div { font-family: myFirstFont;/*使用定义的字体名*/ }
        </style>
    </head>
    <body>
        <div>CSS3 新增使用服务器字体</div>
    </body>
</html>
```

5.3　CSS 文本属性

文本属性包括文本对齐方式、行高、文本修饰、段落首行缩进、首字下沉、文本截断、文本换行、文本颜色及背景色等。字体属性主要涉及文字本身的效果，而文本属性主要涉及多个文字的排版效果。

5.3.1　文本颜色属性 color

color 属性用于设置文本的颜色。

语法：**color: color**

参数：color 指定颜色，颜色取值前面已经介绍过，可以用颜色名，也可以用十六进制颜色值，还可以用 rgb 函数值。

说明：有些颜色名称不被一些浏览器接受。

示例：

　　　　div {color: red; }　　/*颜色值为颜色名称*/
　　　　div {color: #000000; }　　/*颜色值为十六进制值*/
　　　　div { color: rgb(0,0,255); }　　/*颜色值为 rgb 函数值*/
　　　　div{ color: rgb(0%,0%,80%);}　　/*颜色值为 rgb 百分数*/

5.3.2　文本方向属性 direction

direction 属性用于设置文本流的方向。

语法：**direction : ltr | rtl | inherit**

参数：ltr 设置文本流从左到右。rtl 设置文本流从右到左。inherit 设置文本流方向的值不可继承。

说明：若应用 direction 属性于内联文本，必须设置 unicode-bidi 属性为 embed 或 bidi-override。

示例：

　　　　div { direction: rtl; unicode-bidi: bidi-override; }

5.3.3　字符间隔属性 letter-spacing

letter-spacing 属性用于设置对象中的文字间隔。

语法：**letter-spacing : normal | length**

参数：normal 表示采用默认间隔。length 表示由浮点数字和单位标识符组成的长度值，允许为负值。

说明：该属性将指定的间隔添加到每个文字之后，最后一个字除外。

示例：

　　　　div {letter-spacing:5px; }
　　　　div {letter-spacing:0.5pt; }

5.3.4　行高属性 line-height

line-height 属性用于设置元素的行高，即字体最底端与字体内部顶端之间的距离，如图 5-14 所示。

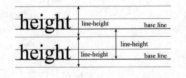

图 5-14　行高示意图

语法：**line-height : length | normal | inherit**

参数：length 为由百分比数或由数值、单位标识符组成的长度值，允许为负值。其百分比取值是基于字体的高度尺寸。normal 为默认行高。Inherit 表示从父元素继承 line-height 设置。

说明：如果行内包含多个对象，则应用最大行高。此时行高不可为负值。

示例：

　　　　div {line-height:6px; }

```
div {line-height:10.5; }
p { line-height:100px; }
```

5.3.5　文本水平对齐方式属性 text-align

使用 text-align 属性可以设置元素中文本的水平对齐方式。

语法：**text-align : left | right | center | justify**

参数：left 为左对齐，right 为右对齐，center 为居中对齐，justify 为两端对齐。

说明：设置对象中文本的对齐方式。

示例：

```
div { text-align : center; }
```

5.3.6　为文本添加装饰属性 text-decoration

使用 CSS 样式可以对文本进行简单的修饰，text 属性所提供的 text-decoration 属性，主要实现文本加下画线、上画线、删除线及文本闪烁等效果。

语法：**text-decoration : none | underline| blink | overline| line-through**

参数：none 为无装饰。underline 为下画线，blink 为闪烁，overline 为上画线，line-through 为删除线。

说明：text-decoration 属性定义添加到文本的修饰，包括下画线、上画线、删除线等。有些元素默认具有某种修饰，例如 a 元素中的文本默认值为 underline，可以使用本属性改变修饰。如果应用的对象不是文本，则此属性不起作用。

示例：

```
div { text-decoration : underline; }
a { text-decoration : underline overline; }
```

5.3.7　段落首行缩进属性 text-indent

段落首行缩进指的是段落的第一行从左向右缩进一定的距离，而首行以外的其他行保持不变，其目的是为了便于阅读和区分文章段落。text-indent 属性用于设置文本块首行文本的缩进，可应用于所有块级元素，但不能应用于行内元素。如果想把一个行内元素的第一行缩进，可以用左内边距或外边距创造这种效果。

语法：**text-indent : length**

参数：length 为百分比数或由浮点数字、单位标识符组成的长度值，允许为负值。它的属性可以是固定的长度值，也可以是相对于父元素宽度的百分比，默认值为 0。

说明：设置对象中的文本段落的缩进。本属性只应用于整块的内容。

示例：

```
div { text-indent : -5px; }
div { text-indent : underline 10%; }
```

5.3.8　文本的阴影属性 text-shadow

text-shadow 属性用于设置对象中的文本是否有阴影及模糊效果。普通文本默认无阴影。

语法：**text-shadow : x_position_length | y_position_length | blur | color**

参数：x_position_length 表示阴影在 x 轴方向的向右偏移的距离，可为负值，负值表示向左偏移。y_position_length 表示阴影在 y 轴方向的向下偏移的距离，可为负值，负值表示向上偏移。blur 表示模糊效果的作用距离，不可为负值。如果仅仅需要模糊效果，将前 x_position_length 和

y_position_length 都设定为 0。模糊的距离越大，模糊的程度也越大。

color 表示阴影的颜色。

4 个参数中，x_position_length 和 y_position_length 是必需的。

说明：每个阴影由两个或三个长度值和一个可选的颜色值进行规定。省略的长度是 0。可以设定多组阴影效果，这时属性值用逗号分隔每组的阴影列表。

示例：

```
p { text-shadow: 0px 0px 20px yellow, 0px 0px 10px orange, red 5px -5px; }
p:first-letter { font-size: 36px; color: red; text-shadow: red 0px 0px 5px;}
```

5.3.9　文本的大小写属性 text-transform

text-transform 属性用于设置元素中文本的大小写。这个属性会改变文本的大小写，而不考虑源文件中的大小写。

语法：**text-transform : none | capitalize| uppercase| lowercase**

参数：默认值是 none，表示不转换，与源文件保持一致。capitalize 表示将每个单词的第一个首字母转换成大写，其余不转换。uppercase 表示将全部字母都转换成大写。lowercase 表示将全部转换成小写。

示例：

```
div { text-transform : uppercase; }
```

5.3.10　元素内部的空白属性 white-space

white-space 属性用于设置元素内空格的处理方式。

语法：**white-space : normal | pre | nowrap**

参数：normal 是默认处理方式。pre 表示用等宽字体显示预先格式化样式的文本，不合并字间的空白距离和进行两端对齐，空白被浏览器保留，等同于 pre 元素。nowrap 表示强制在同一行内显示所有文本，直到文本结束或者遇到 br 对象，参阅 td、div 等对象的 nowrap 属性。

示例：

```
p { white-space: nowrap; }
```

5.3.11　单词之间的间隔属性 word-spacing

word-spacing 属性用于设置元素中的单词之间插入的空格数。

语法：**word-spacing : normal | length**

参数：属性值只能为 normal 或者一个长度值。normal 表示默认间距。length 表示由浮点数字和单位标识符组成的长度值，允许为负值。

说明：word-spacing 与 letter-spacing 有相似之处，两者的不同是 word-spacing 通常只对西文有效，而且间隔是单词之间的间隔；letter-spacing 基本上对所有的语言都有效，它的间隔是每个字符之间的。

示例：

```
div { word-spacing : 10; }
div { word-spacing : 10px; }
```

5.3.12　文本的截断效果属性 text-overflow

text-overflow 属性可以实现文本的截断效果。本属性需要配合 overflow:hidden 和 white-space:nowrap 才能生效。

语法：**text-overflow : clip | ellipsis**

参数：clip 定义简单的裁切，不显示省略标记（…）。ellipsis 定义当文本溢出时显示省略标记（…）。

说明：设置文本的截断。要实现溢出文本显示省略号的效果，除了使用 text-overflow 属性以外，还必须配合 white-space:nowrap（强制文本在一行内显示）和 overflow:hidden（溢出内容为隐藏）同时使用才能实现。

示例：

```
div { text-overflow : clip; white-space:nowrap; overflow:hidden; }
```

5.3.13　文本的换行方式属性 word-break

word-break 属性用于设置元素内文本自动换行的处理方式，尤其在出现多种语言时。

语法：**word-break : normal | break-all | keep-all**

参数：normal 表示依照亚洲语言的文本规则，允许在字内换行。break-all 与亚洲语言的 normal 相同，也允许非亚洲语言文本行的任意字内断开，该值适合包含一些非亚洲文本的亚洲文本。keep-all 与所有非亚洲语言的 normal 相同。

说明：对于中文、日文、韩文，不允许字断开，应该使用 break-all。

示例：

```
div {word-break : break-all; }
```

5.3.14　单词断字属性 word-wrap

word-wrap 属性用于设置在当前行超过指定容器的边界时是否断开转行，用于设置长单词是否允许换行显示到下一行。

语法：**word-wrap : normal | break-word**

参数：normal 是默认值，表示允许内容顶开指定的容器边界，只在允许的断字点换行。

break-word 表示将在边界内把长单词或者 URL 换行，如果需要，词内换行（word-break）也会发生。

示例：

```
div { word-wrap: break-word; }
```

【例 5-13】　设置文本样式示例。本例文件 5-13.html 在浏览器中的显示效果如图 5-15 所示。

图 5-15　文本样式

```
<!DOCTYPE html>
<html>
    <head>
        <meta charset="utf-8">
        <title>文本属性</title>
        <style type="text/css">
            h1 { font-family: 微软雅黑, 黑体; /*设置字体类型*/
                font-size: 36px; text-align: center;    /*文本居中对齐*/
                color: #FF7F50; text-shadow: 2px 2px 8px chocolate; }
            h2 {  text-align: center; color: white; text-shadow: 2px 2px 4px #000000; }
            .shadow { font-family: 微软雅黑, 黑体; font-size: 30px; text-align: center; color: coral;
            text-shadow: 5px 5px 3px, 10px 10px 5px yellow, 15px 15px 8px #FF7F50, 0-35px red; }
            p { font-family: Arial, "Times New Roman" ; font-size: 12pt; /*设置字体大小*/
                background-color: #ccc; /*设置背景色为灰色*/
```

```
                    text-indent: 2em; /*段落首行缩进 2 个父元素的宽度*/ }
              p.indent { text-indent: 2em; line-height: 200%; /*设置行高为字体高度的 2 倍*/ }
              p.ellipsis { width: 300px; /*设置裁切的宽度*/ height: 20px; /*设置裁切的高度*/
                 overflow: hidden; /*溢出隐藏*/ white-space: nowrap; /*强制文本在一行内显示*/
                 text-overflow: ellipsis; /*当文本溢出时显示省略标记（…）*/ }
              .red { color: rgb(255, 0, 0); /*红色文本*/ }
              .one { font-size: 24px; text-decoration: underline;   /*设置下画线*/ }
              .two { font-size: 24px; text-decoration: overline;   /*设置上画线*/ }
              .three { font-size: 24px; text-decoration: line-through;   /*设置贯穿线*/
                 text-shadow: 0 0 3px #FF0000; }
          </style>
      </head>
      <body>
          <p id="p1">CSS 文本属性</p>
          <h1>CSS 文本属性</h1>
          <p>文本属性包括文本对齐方式、行高、<span  class="one">文本修饰</span>、段落首行
缩进、首字下沉、文本截断、文本换行、文本颜色及背景色等。<span class="two">字体属性</span>主要
涉及文字本身的效果，而<span class="three">文本属性</span>主要涉及多个文字的排版效果。</p>
          <p  class="indent">text-overflow 属性可以实现文本的截断效果。本属性需要配合 overflow:
hidden 和 white-space:nowrap 才能生效。</p>
          <h2>白色文本的阴影效果！</h2>
          <p class="ellipsis">要实现溢出文本显示省略号的效果，除了使用 text-overflow 属性以外，
还必须配合 white-space:nowrap（强制文本在一行内显示）和 overflow:hidden（溢出内容为隐藏）同时使用
才能实现。</p>
          <p class="shadow">文本的阴影属性 text-shadow</p>
          <p>text-shadow 设置对象中文本的文字是否有阴影及模糊效果。普通文本默认是没有阴影
的。</p>
      </body>
  </html>
```

  text-indent 属性的属性值是长度，为了缩小两个汉字的距离，常用的距离是“2em”。1em 等于一个中文字符长度，两个英文字符长度相当于一个中文字符长度。因此，如果需要在英文段落的首行缩进两个英文字符，只需设置“text-indent:1em;”。

5.4 CSS 尺寸属性

  CSS 可以控制每个元素的宽度、最小宽度、最大宽度、高度、最小高度、最大高度。元素的大小通常是自动设置的，浏览器会根据内容计算出实际的宽度和高度。正常的元素默认值分别是 width=auto; height=auto。如果手动设置了宽度和高度，则可以定制元素的大小。宽度和高度都可以设置一个最小值与一个最大值，当测量的长度超过了定义的最小值或者最大值时，则直接转换成最小值或者最大值。取值方式可以是 CSS 允许的长度，如 24px；也可以是基于包含它的块级元素尺寸的百分比。

5.4.1 宽度属性 width

  width 属性用于设置元素的宽度。
  语法：**width : auto | length**
  参数：默认值 auto 无特殊定位，是 HTML 定位规则的宽度。
  length 由浮点数字和单位标识符组成的长度值，或者百分比数。百分比数是基于父级对象的宽度，不可为负数。
  说明：对于 img 对象来说，仅指定此属性，其 height 值将根据图片源尺寸等比例缩放。

按照样式表的规则，对象的实际宽度为其下列属性值之和（如图 5-16 所示）：

margin-left + border-left + padding-left + width + padding-right + border-right + margin-right

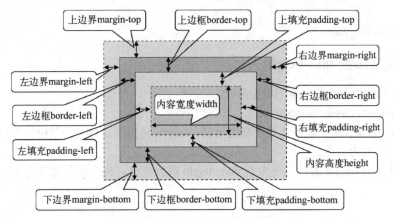

图 5-16　宽度值和高度值示意图

示例：

```
div { width: 1.5in; }
div { position:absolute; top:-3px; width:6px; }
```

5.4.2　高度属性 height

height 属性用于设置对象的高度。

语法：height : auto | length

参数：auto 为默认值，表示无特殊定位，根据 HTML 定位规则确定高度。length 表示由浮点数字和单位标识符组成的长度值或百分比数。百分比数是基于父级对象的高度。不可为负数。

按照样式表的规则，对象的实际高度为其下列属性值之和（如图 5-16 所示）：

margin_top+border_top+padding_top+height+padding_bottom+border_bottom+margin_bottom

示例：

```
div { height: 2in; }
div { position:absolute; top:-2px; height:5px; }
```

5.4.3　最小宽度属性 min-width

min-width 属性用于设置元素的最小宽度。

语法：min-width : none | length

参数：none 为默认值，表示无最小宽度限制。length 是由浮点数字和单位标识符组成的长度值，或者百分比数。不可为负数。

说明：如果 min-width 属性的值大于 max-width 属性的值，将会被自动转设为 max-width 属性的值。

示例：

```
p { min-width: 200px; }
```

5.4.4　最大宽度属性 max-width

max-width 属性用于设置元素的最大宽度。

语法：max-width : none | length

参数：none 为默认值，表示无最大宽度限制。length 是由浮点数字和单位标识符组成的长度值或者百分比数。不可为负数。

说明：如果 max-width 属性的值小于 min-width 属性的值，将会被自动转设为 min-width 属性的值。

示例：

p { max-width: 200%; }

5.4.5 最小高度属性 min-height

min-height 属性用于设置元素的最小高度。

语法：min-height : none | length

参数：none 为默认值，表示无最小高度限制。length 是由浮点数字和单位标识符组成的长度值或者百分比数。不可为负数。

说明：如果 min-height 属性的值大于 max-height 属性的值，将会被自动转设为 max-height 属性的值。

示例：

p { min-height: 200px; }

5.4.6 最大高度属性 max-height

max-height 属性用于设置元素的最大高度。

语法：max-height : none | length

参数：none 为默认值，表示无最大高度限制。length 是由浮点数字和单位标识符组成的长度值或者百分比数。不可为负数。

说明：如果 max-height 属性的值小于 min-height 属性的值，将会被自动转设为 min-height 属性的值。

示例：

p { max-height: 200%; }

【例 5-14】 设置文本样式。本例文件 5-14.html 在浏览器中的显示效果如图 5-17 所示。

图 5-17　文本样式

```
<!DOCTYPE html>
<html>
    <head>
        <meta charset="utf-8">
        <title>尺寸属性</title>
    </head>
    <body>
        <p>图片原始尺寸宽度、高度为 300px、200px<img src="images/sunshine.jpg" />---
            设置最大宽度 150px，小于原来的宽度<img src="images/sunshine.jpg" style="max-width:150px;" /></p>
        <p>设置最小高度 250px，大于原来高度<img src="images/sunshine.jpg" style="min- height:250px;" />---
            设置宽度与高度，比例与原始比例不同<img src="images/sunshine.jpg" style= "width:50px; height:150px;" /></p>
        <div style="width: 200px;height: 200px;">
            <p>用百分比设置宽度和高度</p>
            <img src="images/sunshine.jpg" style="width:50%;height:50%;" />
        </div>
    </body>
</html>
```

110

5.5 CSS 列表属性

列表属性用于改变列表项标记，在 CSS 样式中，主要是通过 list-style-image、list-style-position 和 list-style-type 这 3 个属性改变列表修饰符的类型。

5.5.1 图像作为列表项标记属性 list-style-image

除了传统的项目符号外，CSS 还提供了 list-style-image 属性，可以将项目符号显示为任意图像。list-style-image 属性用于设置将一个图像作为列表项的标记。

语法：**list-style-image : none | url (url) | inherit**

参数：none 为默认值，表示不显示图像。url 表示使用绝对地址或相对地址指定背景图像。Inherit 表示从父元素继承属性，部分浏览器对此属性不支持。

说明：若 list-style-image 属性为 none 或指定图像不可用时，list-style-type 属性会替代 list-style-image 属性对列表产生作用。

图像相对于列表项内容的放置位置通常使用 list-style-position 属性控制。

示例：

    ul.out { list-style-position: outside; list-style-image: url("images/it.gif"); }

5.5.2 列表项标记位置属性 list-style-position

list-style-position 属性用于设置列表项标记的位置，即设置作为对象的列表项标记如何根据文本排列。

语法：**list-style-position : outside | inside**

参数：outside 表示列表项标记放置在文本以外，且环绕文本不根据标记对齐。inside 表示列表项标记放置在文本以内，且环绕文本根据标记对齐。

说明：仅作用于具有 display 值为 list-item 的对象（如 li 对象）。

注意：ol 对象和 ul 对象的 type 特性为其后的所有列表项（如 li 对象）指明列表属性。

示例：

    ul.in { display: list-item; list-style-position: inside; }

5.5.3 列表项标记类型属性 list-style-type

list-style-type 属性用于设置元素的列表项所使用的预设标记。

语法：**list-style-type : disc | circle | square | decimal | lower-roman | upper-roman | lower-alpha | upper-alpha | none | armenian | cjk-ideographic | georgian | lower-greek | hebrew | hiragana | hiragana-iroha | katakana | katakana-iroha | lower-latin | upper-latin**

参数：列表项通常采用<ul>或<ol>标签，然后配合<li>标签罗列各个项目。在 CSS 样式中，列表项的标志类型是通过属性 list-style-type 来修改的，无论是<ul>标记还是<ol>标记，都可以使用相同的属性值，而且效果是完全相同的。

list-style-type 属性主要用于修改列表项标记的类型，例如，在一个无序列表中，列表项标记是出现在各列表项旁边的圆点，而在有序列表中，列表项标记可能是字母、数字或其他符号。

当给<ul>或者<ol>标签设置 list-style-type 属性时，在它们中间的所有<li>标签都采用该设置，而如果对<li>标签单独设置 list-style-type 属性，则仅仅作用在该项目上。当 list-style-image 属性为 none 或者指定的图像不可用时，list-style-type 属性将发生作用。

list-style-type 属性常用的属性值，见表 5-1。

表 5-1 常用的 list-style-type 属性值

属性值	描述
disc	默认值，标记是实心圆
circle	标记是空心圆
square	标记是实心正方形
decimal	标记是阿拉伯数字
lower-roman	标记是小写罗马字母，如 i , ii ,iii,iv , v ,vi,vii,...
upper-roman	标记是大写罗马字母，如 I, II ,III,IV, V , VI,VII,...
lower-alpha	标记是小写英文字母，如 a,b,c,d,e,f,...
upper-alpha	标记是大写英文字母，如 A,B,C,D,E,F,...
none	不显示任何符号

说明：若 list-style-image 属性为 none 或指定图像不可用时，list-style-type 属性将起作用。仅作用于具有 display 值等于 list-item 的对象（如 li 对象）。

当选用背景图像作为列表修饰时，list-style-type 属性和 list-style-image 属性都要设置为 none。

示例：

li { list-style-type: square }

5.5.4 列表简写属性 list-style

list-style 属性是列表的复合属性，可以把关于列表的所有属性值写在个属性中，也可以省略某几项。

语法：list-style : list-style-type | list-style-position | list-style-image

参数：可以按顺序设置属性 list-style-type、list-style-position、list-style-image。属性值之间用空格分隔。还可以直接设置 inherit，从父元素继承。

示例：

li { list-style: url(images/sqpurple.gif), inside, circle; }
ul { list-style: outside, upper-roman; }
ol { list-style: square; }

【例 5-15】 设置列表项标记图像。本例文件 5-15.html 在浏览器中的显示效果如图 5-18 所示。

图 5-18 列表项标记

```
<!DOCTYPE html>
<html>
    <head>
        <meta charset="utf-8">
        <title>列表属性</title>
        <style type="text/css">
        ul { font-size: 1.2em; color: green; list-style-position: inside;
             list-style-image: url(images/drink.gif); /*设置列表项标记图像*/
             list-style-type: circle; }
        .img_none { list-style-image: none; /*设置列表项标记图像不显示*/ }
        .img_cocoa { list-style-position: outside; list-style-image: url(images/cocoa.gif);
             list-style-type: none; }
        .img_coffee { list-style-position: inside; list-style-image: url(images/coffee.gif);
             list-style-type: none; }
        .img_tea { list-style-position: outside; list-style-image: url(images/tea.gif);
```

```
                    list-style-type: none; }
            div { width: 300px; height: 200px; border: 2px dashed; float: left; margin: 10px; }
        </style>
    </head>
    <body>
        <ul>
            <li>可可</li>
            <li>咖啡</li>
            <li class="img_none">茶</li>
        </ul>
        <ul style="list-style: square inside;">
            <li>可可</li>
            <li>咖啡</li>
            <li>茶</li>
        </ul>
        <div>
            <ul style="list-style-type: decimal;">
                <li>可可</li>
                <li>咖啡</li>
                <li>茶</li>
            </ul>
        </div>
        <div>
            <ul>
                <li class="img_cocoa">可可</li>
                <li class="img_coffee">咖啡</li>
                <li class="img_tea">茶</li>
            </ul>
        </div>
    </body>
</html>
```

【说明】

1）页面预览后可以清楚地看到，当 list-style-image 属性设置为 none 或者设置的图像路径出错时，list-style-type 属性会替代 list-style-image 属性对列表产生作用。

2）虽然使用 list-style-image 便于实现设置列表项标记图像的目的，但是也失去了一些常用特性。比如，它不能够精确控制列表项标记图像相对于列表项文字的位置，它在这个方面不如 background-image 属性灵活。

【例 5-16】 使用背景图像替代列表项标记。本例文件 5-16.html 在浏览器中的显示效果如图 5-19 所示。

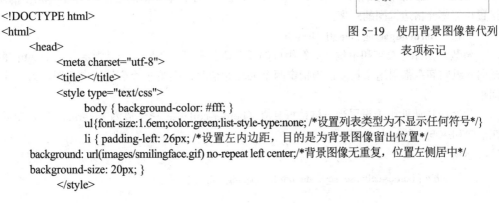

图 5-19　使用背景图像替代列表项标记

```
<!DOCTYPE html>
<html>
    <head>
        <meta charset="utf-8">
        <title></title>
        <style type="text/css">
            body { background-color: #fff; }
            ul{font-size:1.6em;color:green;list-style-type:none; /*设置列表类型为不显示任何符号*/}
            li { padding-left: 26px; /*设置左内边距，目的是为背景图像留出位置*/
background: url(images/smilingface.gif) no-repeat left center;/*背景图像无重复，位置左侧居中*/
background-size: 20px; }
        </style>
```

```
        </head>
        <body>
            <ul>
                <li>可可</li>
                <li>咖啡</li>
                <li>茶</li>
            </ul>
        </body>
    </html>
```

【说明】

1）在设置背景图像作为列表项标记时，必须确定背景图像的宽度。本例中的背景图像宽度为20px，因此，CSS 代码中的 padding-left:26px;设置左内边距为 26px，目的是为背景图像留出位置。

2）如果列表项标记采用图像的方式，建议将 list-style-type 属性设置为 none，然后修改<li>标签的背景属性 background。

5.6　CSS 表格属性

CSS 表格属性用于改善表格的外观，方便排出美观的页面。

5.6.1　合并边框属性 border-collapse

border-collapse 属性用于设置表格的行的边框与单元格的边框是合并在一起还是按照标准的 HTML 样式分开且有各自的边框。

语法：**border-collapse : separate | collapse**

参数：separate 是默认值，表示边框分开，不合并。collapse 表示边框合并，即如果两个边框相邻，则共用同一个边框。

说明：表格的默认样式虽然有点立体的感觉，但在整体布局中并不美观。通常情况下，会把表格的 border-collapse 属性设置为 collapse（合并边框），然后设置表格单元格 td 的 border（边框）为 1px，即可显示细线表格的样式。

示例：

```
table { border-collapse: separate; }
```

5.6.2　边框间隔属性 border-spacing

border-spacing 属性用于设置当表格边框独立时，行和单元格的边框在横向和纵向上的间距，即设置相邻单元格边框间的距离。

语法：**border-spacing : length | length**

参数：由浮点数字和单位标识符组成的长度值，不可为负值。当只指定一个 length 值时，表示横向和纵向间距都用这个长度；当指定两个 length 值时，则第 1 个表示横向间距，第 2 个表示纵向间距。

说明：该属性用于设置当表格边框独立（border-collapse 属性值为 separate）时，单元格的边框在横向和纵向上的间距。

示例：

```
table { border-collapse: separate; border-spacing: 10px; }
```

5.6.3 标题位置属性 caption-side

caption-side 属性用于设置表格的标题（caption 元素）在表格中的位置。

语法：**caption-side : bottom | left | right | top**

参数：默认为 top，表示标题在表格的上方。bottom 表示标题在下方。多数浏览器不支持 left（标题在左边）和 right（标题在右边）。

说明：设置表格的 caption 元素在表格的哪一边，与 caption 元素一起使用。

示例：

```
table caption { caption-side: top; width: auto; text-align: left; }
```

5.6.4 单元格无内容显示方式属性 empty-cells

empty-cells 属性用于设置当表格的单元格无内容时，是否显示该单元格的边框。

语法：**empty-cells : hide | show**

参数：show 是默认值，表示当表格的单元格无内容时显示单元格的边框。hide 表示当表格的单元格无内容时隐藏单元格的边框。

说明：只有当表格边框独立（border-collapse 属性值为 separate）时此属性才起作用。

图 5-20 相邻单元格边框间的距离

【例 5-17】 使用 border-spacing 属性设置相邻单元格边框间的距离。本例文件 5-17.html 的显示效果如图 5-20 所示。

```
<!DOCTYPE html>
<html>
    <head>
        <meta charset="utf-8">
        <title>CSS 表格属性</title>
        <style type="text/css">
            table.one { border-collapse: separate; /*表格边框独立*/
                border-spacing: 10px; /*单元格水平、垂直距离均为 10px*/ }
            table.two { border-collapse: separate; /*表格边框独立*/
                border-spacing: 10px 20px; /*单元格水平距离 10px、垂直距离 20px*/
                empty-cells: hide; /*表格的单元格无内容时隐藏单元格的边框*/ }
        </style>
    </head>
    <body>
        <table border="1" style="caption-side: bottom;">
            <caption>每餐饮料</caption>
            <tr>
                <th>早餐</th><th>午餐</th><th>晚餐</th>
            </tr>
            <tr>
                <td>可可</td><td>咖啡</td><td>茶</td>
            </tr>
        </table>
        <hr />
        <table border="1" style="border-collapse: collapse;border-spacing: 10px 20px;">
            <tr>
                <th>早餐</th><th>午餐</th><th>晚餐</th>
            </tr>
            <tr>
```

```
                        <td>可可</td><td>咖啡</td><td>茶</td>
                    </tr>
                </table>
                <hr />
                <table class="one" border="1">
                    <tr>
                        <th>早餐</th><th>午餐</th><th>晚餐</th>
                    </tr>
                    <tr>
                        <td>可可</td><td>咖啡</td><td>茶</td>
                    </tr>
                </table>
                <br />
                <table class="two" border="1">
                    <tr>
                        <th>早餐</th><th>午餐</th><th></th>
                    </tr>
                    <tr>
                        <td>可可</td><td></td><td>茶</td>
                    </tr>
                </table>
            </body>
        </html>
```

5.6.5　表格设置方式属性 table-layout

table-layout 属性用于设置表格单元格列宽的设置方式。

语法： **table-layout : auto | fixed**

参数： auto 为默认值，表示列宽基于各单元格的内容，表格在显示之前要先计算每一个单元格的内容，效率较低。fixed 表示水平布局仅基于表格的宽度、表格边框的宽度、单元格间距、列的宽度，而与表格内容无关，这种方式可能会造成文字重叠的问题，但效率较高。

示例：

```
table { table-layout: auto; }
```

【例 5-18】　使用 table-layout 属性设置表格单元格列宽。本例文件 5-18.html 的显示效果如图 5-21 所示。

```
<!DOCTYPE html>
<html>
    <head>
        <meta charset="utf-8">
        <title>table-layout 属性</title>
    </head>
    <body>
        <table border="1" style="table-layout: auto;">
            <tr>
                <th>早餐</th><th>午餐</th><th>晚餐</th>
            </tr>
            <tr>
                <td>可可</td><td>咖啡</td><td>茶</td>
            </tr>
        </table>
        <hr />
```

图 5-21　表格单元格列宽

```
<table border="1" style="table-layout: fixed;width: 150px;">
    <tr>
        <th width="90%">早餐</th>
        <th width="10%">午餐</th>
        <th width="10%">晚餐</th>
    </tr>
    <tr>
        <td width="90%">可可</td>
        <td width="50%">咖啡</td>
        <td width="100%">茶</td>
    </tr>
</table>
</body>
</html>
```

5.7 CSS 内容属性

content 属性通常与::after、::before 伪元素选择器配合使用，用于插入显示的内容，默认插入的内容显示为行内内容。

语法：**content : attr(attribute) | counter(name) | counter(name, list-style-type) | counters(name, string) | counters(name, string, list-style-type) | no-close-quote | no-open-quote | close-quote | open-quote | string | url (url)**

参数：content 属性值见表 5-2。

表 5-2 content 属性值

属性值	描　　述
none	设置 content 的属性值为 none，则不指定插入内容。none 是默认值
normal	设置 content 的属性值为 normal，则按正常方式插入内容
counter	设置计数器内容。counter(name)表示使用已命名的计数器。counter(name, list-style-type)表示使用已命名的计数器并遵从指定的 list-style-type 属性
counters	counters(name, string)表示使用所有已命名的计数器。 counters(name, string, list-style-type)表示使用所有已命名的计数器并遵从指定的 list-style-type 属性
attr(attribute)	设置 content 作为选择器的属性之一。使用 attribute 特性的文字
string	设置 content 到指定的文本，使用用引号括起的字符串
open-quote	设置 content 是开口引号，插入 quotes 属性的前标记
close-quote	设置 content 是闭合引号，插入 quotes 属性的后标记
no-open-quote	如果指定，移除内容的开始引号。并不插入 quotes 属性的前标记，但减少其嵌套级别
no-close-quote	如果指定，移除内容的闭合引号。并不插入 quotes 属性的后标记，但增加其嵌套级别
url(url)	设置某种媒体（图像、声音、视频等内容），使用指定的绝对或相对地址
inherit	指定的 content 属性的值，应该从父元素继承

说明：与::after、::before 伪元素配合使用，在元素前或元素后显示内容。

示例：

    p::after { content: url("http:www.divcss5.com"); text-decoration: none; }
    p::before { content: url("beep.wav") }

【例 5-19】 content 属性示例。本例文件 5-19.html 的显示效果如图 5-22 所示。

    <!DOCTYPE html>

图 5-22　页面显示效果

```
<html>
    <head>
        <meta charset="utf-8">
        <title>content 属性</title>
        <style type="text/css">
            h2::before {content: "Web 前端开发"; /*content 设置的内容插入到前面*/ }
            h3::after { content: url(images/web.jpg);/*content 设置的内容插入到后面*/ }
            a::after { content: attr(href);/*content 设置的内容插入到后面*/ }
        </style>
    </head>
    <body>
        <h2>(HTML5+CSS3+JavaScript)</h2> <!--content 设置的内容插入到之前-->
        <h3>H5+C3+JS</h3> <!--content 设置的内容插入到之后-->
        <a href="https://www.w3.org/">网址：</a>
    </body>
</html>
```

content 属性遵循一个原则：CSS 仅仅改变样式。因此，所加入的内容不会在 HTML 源代码中直接展现。事实上，在浏览器中按〈F12〉键调试会发现，浏览器把::after、::before 作为一个特殊的节点嵌入到目标元素中。

5.8 CSS 属性的应用

本节介绍 CSS 属性在图像、表单、链接、导航菜单中的应用。

5.8.1 设置图像样式

图像即 img 元素，作为 HTML 的一个独立对象，需要占据一定的空间。因此，img 元素在页面中的风格样式仍然用盒模型来设置。CSS 样式中有关图像控制的常用属性见表 5-3。

表 5-3　图像控制的常用属性

属　性	描　述	属　性	描　述
width、height	设置图像的缩放	background-repeat	设置背景图像的重复方式
border	设置图像边框样式	background-position	设置背景图像定位
opacity	设置图像的不透明度	background-attachment	设置背景图像固定
background-image	设置背景图像	background-size	设置背景图像大小

虽然图像本身的很多属性可以直接在 HTML 中进行调整，但是通过 CSS 统一管理，不但可以更加精确地调整图像的各种属性，还可以实现很多特殊的效果。

1. 图像缩放

使用 CSS 样式控制图像的大小，可以通过 width 和 height 两个属性来实现。需要注意的是，当 width 和 height 两个属性的取值使用百分比数值时，它是相对于父元素而言的。如果将这两个属性设置为相对于 body 的宽度或高度，就可以实现当浏览器窗口改变时，图像大小也发生相应变化的效果。

【例 5-20】 设置图像缩放。本例文件 5-20.html 的显示效果如图 5-23 所示。

```
<!DOCTYPE html>
<html>
    <head>
        <meta charset="utf-8">
        <title>设置图像的缩放</title>
```

图 5-23　图像缩放

```
<style type="text/css">
    #box { padding: 10px; width: 500; height: 200px; border: 2px dashed #FF8C00; }
    img.per { width:30%; /*相对宽度为 30%*/    height: 40%; /*相对高度为40%*/ }
    img.pixel {width:180px; /*绝对宽度为180px*/    height: 200px; /*绝对高度为200px*/ }
</style>
</head>
<body>
    <div id="box">
        <img src="images/sunshine.jpg"> <!--图像的原始大小-->
        <img src="images/sunshine.jpg" class="per"> <!--相对于父元素缩放的大小-->
        <img src="images/sunshine.jpg" class="pixel"> <!--绝对像素缩放的大小-->
    </div>
</body>
</html>
```

【说明】

1）本例中图像的父元素为 id="box"的 div 容器，在 img.per 中定义 width 和 height 两个属性的取值为百分比数值。该数值是相对于 id="box"的 div 容器而言的，而不是相对于图像本身的。

2）在 img.pixel 中定义 width 和 height 两个属性的取值为绝对像素值，图像将按照定义的像素值显示大小。

2．图像边框

图像的边框就是利用 border 属性作用于图像元素而呈现的效果。在 HTML 中可以直接通过 <img>标记的 border 属性值为图像添加边框，属性值为边框的粗细，以像素为单位，从而控制边框的粗细。当设置 border 属性值为 0 时，则显示为没有边框，如以下代码所示。

```
<img src="images/sunshine.jpg" border="0">   <!--显示为没有边框-->
<img src="images/sunshine.jpg" border="1">   <!--设置边框的粗细为1px-->
<img src="images/sunshine.jpg" border="2">   <!--设置边框的粗细为2px -->
<img src="images/sunshine.jpg" border="3">   <!--设置边框的粗细为3px -->
```

通过浏览器的解析，图像边框的粗细从左至右依次递增，效果如图 5-24 所示。

图 5-24　在 HTML 中控制图像边框的粗细

然而，使用这种方法存在很大的限制，即所有的边框都只能是黑色，而且风格十分单一，都是实线，只是在边框粗细上能够进行调整。

如果希望更换边框的颜色，或者换成虚线边框，仅仅依靠 HTML 都是无法实现的。下面的实例讲解了如何用 CSS 样式美化图像的边框。

【例 5-21】　设置图像边框。本例文件 5-21.html 的显示效果，如图 5-25 所示。

图 5-25　图像边框

```
<!DOCTYPE html>
<html>
    <head>
        <meta charset="utf-8">
        <title></title>
        <style type="text/css">
            .test1 {
                border-style: dotted; /*点画线边框*/
                border-color: #fd8e47; /*边框颜色为橘红色*/
                border-width: 4px; /*边框粗细为4px*/
                margin: 5px;
            }
            .test2 {
                border-style: dashed; /*虚线边框  */
                border-color: blue; /*边框颜色为蓝色*/
                border-width: 2px; /*边框粗细为2px*/
                margin: 5px;
            }
            .test3 {
                border-style: solid dotted dashed double; /*4 边的线型依次为实线、点画线、虚线
和双线边框*/
                border-color: red green blue purple; /*4 边的颜色依次为红色、绿色、蓝色和紫色*/
                border-width: 1px 5px 10px 15px; /*4 边的边框粗细依次为1px、5px、10px 和15px*/
                margin: 5px;
            }
        </style>
    </head>
    <body>
        <img src="images/sunshine.jpg" class="test1">
        <img src="images/sunshine.jpg" class="test2">
        <img src="images/sunshine.jpg" class="test3">
    </body>
</html>
```

【说明】如果希望分别为 4 条边框设置不同的样式，在 CSS 中也是可以实现的，只需要分别设置 border-left、border-right、border-top 和 border-bottom 的样式即可。

3．图像的不透明度

在 CSS3 中，使用 opacity 属性能够使图像呈现出不同的透明效果。

语法：**opacity：value | inherit**

参数：value 表示不透明度的值，是一个 0～1 之间的浮点数值。其中，0 表示完全透明，1 表示完全不透明（默认值），0.5 表示半透明。inherit 表示 opacity 属性的值从父元素继承。

【例 5-22】 设置图像的透明度。本例文件 5-22.html 的显示效果如图 5-26 所示。

```
<!DOCTYPE html>
<html>
    <head>
        <meta charset="utf-8">
        <title>设置图像的透明度</title>
        <style type="text/css">
            #boxwrap { width: 610px;margin: 10px auto;
                border: 2px dashed #fd8e47; }
            img:first-child { opacity: 1; }
            img:nth-child(2) { opacity: 0.8; }
```

图 5-26　图像的透明度

```
                img:nth-child(3) { opacity: 0.5; }
                img:nth-child(4) { opacity: 0.2; }
        </style>
    </head>
    <body>
        <div id="boxwrap">
            <img src="images/sunshine.jpg">
            <img src="images/sunshine.jpg">
            <img src="images/sunshine.jpg">
            <img src="images/sunshine.jpg">
        </div>
    </body>
</html>
```

5.8.2　设置链接

使用 CSS 样式可以实现链接的多样化效果。

1．设置文字超链接的外观

在 HTML 语言中，超链接是通过标记<a>来实现的。链接的具体地址则是利用<a>标记的 href 属性来指定的，代码如下：

```
<a href="http://www.baidu.com">百度</a>
```

在默认的浏览器方式下，超链接统一为蓝色且带下画线，访问过的超链接则为紫色且有下画线。这种最基本的超链接样式已经无法满足设计人员的要求，通过 CSS 可以设置超链接的各种属性，而且通过伪类还可以制作出许多动态效果。

伪类中通过:link（未被访问的链接）、:visited（已访问的链接）、:hover（鼠标指针位于链接的上方）和:active（链接被单击的时刻）来控制链接内容访问前、访问后、鼠标指针悬停时以及用户激活时的样式。需要说明的是，这 4 种状态的顺序不能颠倒，否则可能会导致伪类样式不能实现。并且这 4 种状态并不是每次都要用到，一般情况下只需要定义链接标签的样式以及:hover 伪类样式即可。

【例 5-23】　使用 CSS 伪类设置超链接样式，指针悬停时有按下去的效果。本例文件 5-23.html 的显示效果如图 5-27 所示。

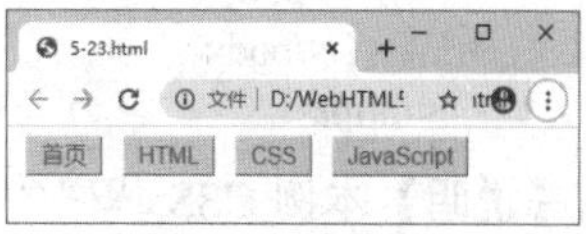

图 5-27　超链接样式

```
<!DOCTYPE html>
<html>
    <head>
        <meta charset="utf-8">
        <title></title>
        <style type="text/css">
            <style type="text/css">
                body { margin: 20px; }
                a { font-family: Arial; margin: 5px; }
                a:link, a:visited { color: #008000; padding: 4px 10px 4px 10px;
                background-color: #DDDDDD; text-decoration: none;
                border-top: 1px solid #EEEEEE; border-left: 1px solid #EEEEEE;
                border-bottom: 1px solid #717171; border-right: 1px solid #717171; }
                a:hover { color: #821818; padding: 5px 8px 3px 12px; background-color: #CCC;
                border-top: 1px solid #717171; border-left: 1px solid #717171;
                border-bottom: 1px solid #EEEEEE; border-right: 1px solid #EEEEEE; }
        </style>
    </head>
    <body>
        <a href="http://www.hao123.com">首页</a>
```

```
                <a href="http://www.hao123.com">HTML</a>
                <a href="http://www.hao123.com">CSS</a>
                <a href="http://www.hao123.com">JavaScript</a>
        </body>
    </html>
```

本例中对文字超链接增加边框、背景颜色等方式进行修饰，实现了按钮效果。

2. 图文超链接

对超链接的修饰，还可以利用背景图片进一步美化。

【例 5-24】 图文超链接。本例文件 5-24.html，鼠标指针未悬停时的效果如图 5-28a 所示；鼠标指针悬停时的效果如图 5-28b 所示。

a)   b)

图 5-28 图文超链接的效果

a) 鼠标指针未悬停时 b) 鼠标指针悬停时

```
    <!DOCTYPE html>
    <html>
        <head>
            <meta charset="utf-8">
            <title>图文链接</title>
            <style type="text/css">
                .a { padding-left: 40px; /*设置左内边距用于增加空白显示背景图片*/
                    font-size: 24px; text-decoration: none; /*无修饰*/ }
                .a:hover { background: url(images/coffee.gif) no-repeat left center; /*增加背景图*/
                    text-decoration: underline; /*下画线*/ }
            </style>
            <a href="#" class="a">  鼠标悬停在超链接上时显示咖啡杯图片</a>
        </head>
        <body>
        </body>
    </html>
```

【说明】本例 CSS 代码中的 "padding-left:40px;" 用于增加容器左侧的空白，为显示背景图片做准备。当触发鼠标指针悬停操作时，增加背景图片，位置是容器的左边中间。

5.8.3 创建导航菜单

作为一个成功的网站，导航菜单必不可缺，导航菜单的风格决定了整个网站的风格。在传统方式下，制作导航菜单是很烦琐的工作。设计者不仅要用表格布局，还要使用 JavaScript 实现鼠标指针悬停或鼠标按键按下等动作的相应功能。如果使用 CSS 来制作导航菜单，将大大简化设计的流程。导航菜单按照菜单的布局显示分类，可以分为纵向导航菜单和横向导航菜单。

1. 纵向导航菜单

应用 Web 标准进行网页制作时，通常使用无序列表<ul>标签构建菜单，其中纵向列表模式的导航菜单又是应用得比较广泛的一种。由于纵向导航菜单的内容并没有逻辑上的先后顺序，因此可以使用无序列表来实现。

【例 5-25】 制作列表模式的纵向导航菜单。本例文件 5-25.html，鼠标指针未悬停时的效果如

图 5-29a 所示；鼠标指针悬停时的效果如图 5-29b 所示。

图 5-29　列表模式的纵向导航菜单

a) 鼠标指针未悬停时　b) 鼠标指针悬停时

制作过程如下。

（1）建立网页结构

首先建立一个包含无序列表的 div 容器，列表包含 5 个项目，每个项目中包含 1 个用于实现导航菜单的文字超链接。代码如下。

```html
<body>
    <div id="nav">
        <ul>
            <li><a href="#">首页</a></li>
            <li><a href="#">HTML</a></li>
            <li><a href="#">CSS</a></li>
            <li><a href="#">JavaScript</a></li>
            <li><a href="#">关于</a></li>
        </ul>
    </div>
</body>
```

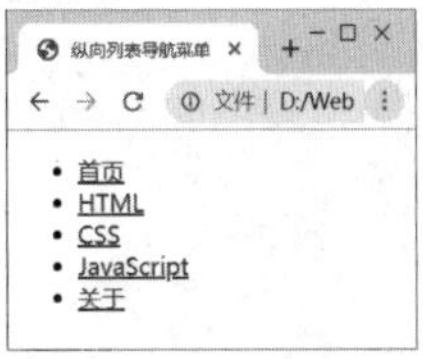

图 5-30　无 CSS 样式的菜单效果

无 CSS 样式的菜单效果如图 5-30 所示。

（2）设置容器及列表的 CSS 样式

接着设置菜单 div 容器的整体区域样式，设置菜单的宽度、字体，以及列表和列表选项的类型和边框样式。代码如下。

```html
<style type="text/css">
    #nav { width: 200px; /*设置菜单的宽度*/
        font-family: Arial; }
    #nav ul { list-style-type: none; /*不显示项目符号*/
        margin: 0px; /*外边距为 0px*/
        padding: 0px; /*内边距为 0px*/ }
    #nav li { border-bottom: 1px solid #ed9f9f; /*设置列表选项（菜单
项）的下边框线*/ }
</style>
```

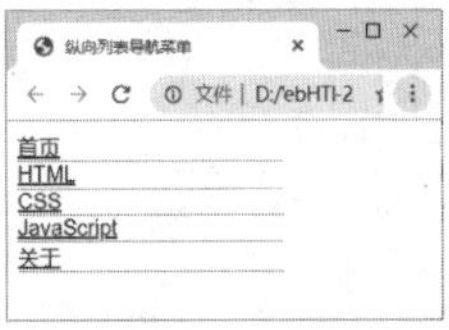

图 5-31　修改后的菜单效果

经过以上关于容器及列表的 CSS 样式设置后，菜单显示效果如图 5-31 所示。

（3）设置菜单项超链接的 CSS 样式

在设置容器的 CSS 样式之后，菜单项的显示效果并不理想，还需要进一步美化。接下来设置菜单项超链接的区块显示、左边的红色粗边框、右侧阴影及内边距。最后，创建未访问过的链接、访问过的链接及鼠标指针悬停时的菜单项样式。代码如下。

```css
#nav li a{ display:block;  /*区块显示*/
    padding:5px 5px 5px 0.5em;
    text-decoration:none;  /*链接无修饰*/
    border-left:12px solid #711515;  /*左边的红色粗边框*/
```

```
        border-right:1px solid #711515;    /*右侧阴影*/ }
    #nav li a:link, #nav li a:visited{    /*未访问过的链接、访问过的链接的样式*/
        background-color:#c11136;    /*改变背景色*/
        color:#fff;    /*改变文字颜色*/ }
    #nav li a:hover{    /*鼠标指针悬停时的菜单项样式*/
        background-color:#990020;    /*改变背景色*/
        color:#ff0;    /*改变文字颜色*/ }
```

经过进一步美化后，菜单显示效果如图 5-29 所示。

2．列表模式的横向导航菜单

设计人员在制作网页时，经常要设计导航菜单在水平方向上显示的效果。通过 CSS 属性的控制，可以实现列表模式导航菜单的横竖转换。在保持原有 HTML 结构不变的情况下，将纵向导航菜单转变成横向导航菜单最重要的环节就是设置<li>标签为浮动。

【例 5-26】 制作列表模式的横向导航菜单。本例文件 5-26.html，鼠标指针未悬停时的效果如图 5-32a 所示；鼠标指针悬停时的效果如图 5-32b 所示。

a)   b)

图 5-32　列表模式的横向导航菜单

a) 鼠标指针未悬停时　b) 鼠标指针悬停时

制作过程如下。

（1）建立网页结构

首先建立一个包含无序列表的 div 容器，列表包含 5 个选项，每个选项中包含 1 个用于实现导航菜单的文字超链接。代码如下。

```
<body>
    <div id="nav">
        <ul>
            <li><a href="#">首页</a></li>
            <li><a href="#">HTML</a></li>
            <li><a href="#">CSS</a></li>
            <li><a href="#">JavaScript</a></li>
            <li><a href="#">关于</a></li>
        </ul>
    </div>
</body>
```

无 CSS 样式的菜单效果如图 5-30 所示。

（2）设置容器及列表的 CSS 样式

接着设置菜单 div 容器的整体区域样式，设置菜单的宽度、字体，以及列表和列表选项的类型和边框样式。代码如下。

```
<style type="text/css">
    #nav { width: 360px;    /*设置菜单水平显示的宽度*/ }
    #nav ul {    /*设置列表的类型*/
        list-style-type: none;    /*不显示项目符号*/
        margin: 0px;    /*外边距为 0px*/
        padding: 0px;    /*内边距为 0px*/ }
```

```
#nav li { float: left;    /*使得菜单项都水平显示*/ }
    </style>
```

以上设置中最为关键的代码就是"float:left;"，正是设置<li>标签为浮动，才将纵向导航菜单转变成横向导航菜单。经过以上关于容器及列表的 CSS 样式设置后，菜单显示效果如图 5-33 所示。

图 5-33　修改后的菜单效果

（3）设置菜单项超链接的 CSS 样式

在设置容器的 CSS 样式之后，菜单项的显示横向拥挤在一起，效果非常不理想，还需要进一步美化。接下来设置菜单项超链接的区块显示、四周的边框线及内外边距。最后，创建未访问过的链接、访问过的链接及鼠标指针悬停时的菜单项样式。代码如下。

```
#nav li a{ display:block;    /*区块显示*/
    padding:3px 6px 3px 6px;
    text-decoration:none;    /*链接无修饰*/
    border:1px solid #711515;    /*超链接区块四周的边框线效果相同*/
    margin:2px; }
#nav li a:link, #nav li a:visited{    /*未访问过的链接、访问过的链接的样式*/
    background-color:#c11136;    /*改变背景色*/
    color:#fff;    /*改变文字颜色*/ }
#nav li a:hover{    /*鼠标指针悬停时的菜单项样式*/
    background-color:#990020;    /*改变背景色*/
    color:#ff0;    /*改变文字颜色*/ }
```

经过进一步美化后，菜单显示效果如图 5-32 所示。

5.9　实训——制作社区网页面

本节介绍社区网页面的制作，重点介绍综合使用 CSS 修饰页面外观的相关知识。

5.9.1　制作通知公告版块

1．页面布局规划

页面布局的首要任务是弄清网页的布局方式，分析版式结构，待整体页面搭建有明确规划后，再根据规划切图。通知公告版块页面的效果如图 5-34 所示，页面布局示意图如图 5-35 所示。

图 5-34　通知公告版块页面

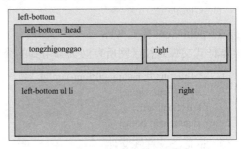

图 5-35　页面布局示意图

2．前期准备

1）栏目目录结构。在栏目文件夹下创建文件夹 images 和 css，分别存放图像素材和外部样式表文件。

2）页面素材。将本页面需要使用的图像素材存放在文件夹 images 下。

3）外部样式表。在文件夹 css 下新建一个名为 public.css、index.css 的样式表文件。

3．编写代码

（1）页面结构代码

index 左下.html 的结构代码如下。

```
<!DOCTYPE html>
<html>
    <head>
        <meta charset="utf-8">
        <title>首页</title>
        <link rel="stylesheet" href="css/public.css" />
        <link rel="stylesheet" href="css/index.css" />
    </head>
    <body>
        <div class="left-bottom">
            <div class="left-bottom_head">
                <div class="tongzhigonggao">
                    <p>通知公告</p>
                </div>
                <p class="right more1"><a href="#">更多>></a></p>
            </div>
            <ul>
                <li><a href="#">1《生活垃圾管理条例》正式实施了，开展垃圾分类宣传<span
class="right">2020-08-18</span></a></li>
                <li><a href="#">2《生活垃圾管理条例》正式实施了，开展垃圾分类宣传<span
class="right">2020-08-18</span></a></li>
                <li><a href="#">3《生活垃圾管理条例》正式实施了，开展垃圾分类宣传<span
class="right">2020-08-18</span></a></li>
                <li><a href="#">4《生活垃圾管理条例》正式实施了，开展垃圾分类宣传<span
class="right">2020-08-18</span></a></li>
                <li><a href="#">5《生活垃圾管理条例》正式实施了，开展垃圾分类宣传<span
class="right">2020-08-18</span></a></li>
                <li><a href="#">6《生活垃圾管理条例》正式实施了，开展垃圾分类宣传<span
class="right">2020-08-18</span></a></li>
            </ul>
        </div>
    </body>
</html>
```

（2）public.css 样式文件

本样式文件是社区网所有网页都用到的公用样式，代码如下。

```
* { margin:0; padding:0;font-family: "微软雅黑";}
.right{float: right;}
.left{float: left;}
.clear{clear: both;}
```

（3）index.css 样式文件

本样式文件是 index 左下.html 网页用到的样式，代码如下。

```
.left-bottom{ width: 834px; margin-top: 18px; border: 1px solid rgb(223,220,221); }
.left-bottom_head{ background: url(../images/left-bottom_hbg.jpg); width: 834px; height: 49px; }
.tongzhigonggao{ float: left; width: 700px; }
.tongzhigonggao p{ text-align: center; margin-left: 70px; padding-top: 10px; font-size: 18px;
    line-height: 26px; color: #FFFFFF; }
.more1{ padding: 14px 31px 0 0; }
.more1 a{ font-size: 12px; color: #FFFFFF; }
```

```
.left-bottom ul li{ list-style: url(../images/list-style.png); padding-left: 10px; }
.left-bottom ul{ margin:20px 0 20px 35px; }
.left-bottom ul li a{        color: #454545; font-size: 14px; line-height: 34px; }
.left-bottom ul li a span{ padding-right: 26px; }
```

5.9.2　制作导航栏

1．页面布局规划

导航栏页面的效果如图 5-36 所示，页面布局示意图如图 5-37 所示。

图 5-36　导航栏页面

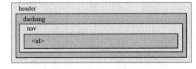

图 5-37　页面布局示意图

2．前期准备

与通知公告版块相同，这里不再重复。

3．编写代码

（1）页面结构代码

nav.html 的结构代码如下。

```
<!DOCTYPE html>
<html>
    <head>
        <meta charset="utf-8">
        <title>首页</title>
        <link rel="stylesheet" href="css/public.css" />
    </head>
    <body>
        <header>
            <div class="daohang">
                <div class="nav">
                    <ul>
                        <li><a href="#">网站首页</a></li>
                        <li><a href="#">生活指南</a>
                            <ul>
                                <li><a href="#">餐饮旅游</a></li>
                                <li><a href="#">文化娱乐</a></li>
                                <li><a href="#">家政服务</a></li>
                                <li><a href="#">教育培训</a></li>
                            </ul>
                        </li>
                        <li><a href="#">热点关注</a></li>
                        <li><a href="#">政策解读</a></li>
                        <li><a href="#">公益捐赠</a></li>
                        <li><a href="#">在线调查</a></li>
                        <li><a href="#">我要留言</a>
                            <ul>
                                <li><a href="#">突发事件</a></li>
                                <li><a href="#">百姓呼声</a></li>
                                <li><a href="#">建言献策</a></li>
                                <li><a href="#">代表直通车</a></li>
```

```
                                    </ul>
                                </li>
                                <li><a href="#">注册加入</a>
                                    <ul>
                                        <li><a href="#">企业加入</a></li>
                                        <li><a href="#">个人加入</a></li>
                                    </ul>
                                </li>
                                <li><a href="#">联系我们</a></li>
                            </ul>
                        </div>
                    </div>
                </header>
            </body>
        </html>
```

（2）public.css 样式文件

本样式文件是社区网所有网页都用到的公用样式，代码如下。

```
* { margin: 0; padding: 0; font-family: "微软雅黑"; }
.header{width: 1200px;height: 30px;margin: 0 auto;}
ul, li { list-style: none; /*去掉列表前的黑点等样式*/ }
a { text-decoration: none; }
/*添加导航栏的背景图片*/
.daohang{width:100%;min-width:1200px;margin:0 auto;background: url(../images/daohang1.jpg) center;height: 57px;}
/*设置导航栏*/
.nav {width: 1200px; margin: 0 auto; overflow: hidden; }
.nav ul li {float: left; margin-top: -1px; }
.nav ul li a { width: 130px; height: 52px; text-align: center; line-height: 40px; display: block;
        color: #FFFFFF; font-size: 18px; margin: 0 1.5px; padding-top: 5px; }
.nav ul li:hover { background: rgb(168, 8, 8); }
.nav ul li ul { position: absolute; display: none; }
.nav ul li ul li { float: none; height: 38px; }
.nav ul li ul li a { border-right: none; border-top: 1px dotted #ccc; background: rgb(215, 17, 17);
        font-size: 16px; padding-top: 0px;   height: 38px; }
.nav ul li:hover ul { display: block; z-index: 999999999; }
```

习题 5

1. 制作隔行换色表格，如图 5-38 所示。
2. 使用 CSS 修饰文本域，显示效果如图 5-39 所示。

图 5-38　隔行换色表格　　　　　　　　　　　图 5-39　修饰文本域

3. 使用 CSS 修饰常用的表单元素，制作用户调查页面，显示效果如图 5-40 所示。
4. 使用 CSS 制作网页中不同区域的超链接风格，显示效果如图 5-41 所示。

图 5-40　用户调查页面　　　　　　　　　图 5-41　制作不同区域的超链接风格

5. 制作如图 5-42 所示的导航栏。
6. 制作如图 5-43 所示的导航栏。

图 5-42　导航栏 1　　　　　　　　　　　　　图 5-43　导航栏 2

7. 使用 CSS 实现社区网广告版块的设计，如图 5-44 所示。

图 5-44　社区网广告版块

第6章　CSS 的盒模型

盒模型是 CSS 控制网页布局的非常重要的概念。网页上的所有元素，包括文本、图像、超链接等，都被放置在一个一个盒子中。这些元素盒子又被放置在容器盒子中，形成大盒子套小盒子的结构。CSS 控制这些盒子的显示属性、定位属性，完成整个页面的布局。

当对一个文档进行布局（Layout）的时候，浏览器的渲染引擎会根据标准之一的 CSS 基础盒模型（CSS Basic Box Model），将所有元素表示为一个个矩形的盒子（Box）。CSS 决定这些盒子的大小、位置以及属性（例如颜色、背景、边框尺寸……）。

学习目标：理解 CSS 盒模型的组成和大小，掌握 CSS 盒模型的属性、布局属性、定位属性。

重点难点：重点是 CSS 盒模型的属性、布局属性、定位属性，难点是布局属性、定位属性。

6.1　CSS 盒模型的组成和大小

页面中的每个元素都包含在一个矩形区域内，这个矩形区域通过一个模型来描述其占用空间，这个模型被称为盒模型（Box Model），也称框模型。盒模型，顾名思义，盒子是用来装东西的，它装的东西就是 HTML 元素的内容，盒子将页面中的元素包含在盒子中。由于每一个可见的元素都是一个盒子，盒模型将页面中的每个元素看作一个盒子，所以下面所说的盒子都是指元素。这里的盒子是二维的。每个盒子除了有自己的大小和位置外，还影响着其他盒子的大小和位置。

6.1.1　盒子的组成

盒模型通过四个边界来描述，一个盒子从内到外依次分为 4 个区域：内容区域（ContentArea）、内边距区域（PaddingArea）、边框区域（BorderArea）和外边距区域（MarginArea），如图 6-1 所示。

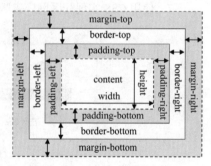

图 6-1　CSS 盒模型

1. 内容区域

由内容边界限制，容纳着元素的"真实"内容，例如文本、图像等。它的尺寸为内容宽度 width（或称 content-box 宽度）和内容高度 height（或称 content-box 高度）。如果内容超出 width 属性和 height 属性限定的大小，盒子会自动放大，但前提是需要使用 overflow 属性设置处理方式。通常具有一个背景颜色（默认颜色为透明）或背景图像。

如果 box-sizing 为 content-box（默认），则内容区域的大小可通过 width、min-width、max-width、height、min-height 和 max-height 控制（这部分元素的宽度 width、高度 height 等属性已经在第 5 章介绍了）。

2. 内边距区域

元素与边框之间的距离叫内边距（也称内补丁、填充），用 padding 设置。内边距区域扩展自内容区域，负责延伸内容区域的背景，填充元素中内容与边框的间距，内边距是透明的。它的尺寸是 padding-box 宽度和 padding-box 高度。内边距区域分为上、右、下、左四部分（按顺时针排列）。

3. 边框区域

边框区域是容纳边框的区域，扩展自内边距区域。边框一般用于分隔不同元素，边框的外围即为元素的最外围。元素外边距内就是元素的边框（Border）。元素的边框是围绕元素内容和内边距的一条或多条线，边框用 border 设置，边框有 3 个属性，分别是边框的宽度（粗细）、样式和颜色。

（1）边框与背景

CSS 规范规定，元素的背景是内容、内边距和边框区的背景，边框绘制在"元素的背景之上"。这很重要，因为有些边框是"间断的"（例如，点线边框或虚线框），元素的背景应当出现在边框的可见部分之间。

（2）边框的样式

边框样式属性指定要显示什么样的边框。样式是边框最重要的一个方面，这不是因为样式控制着边框的显示（当然，样式确实控制着边框的显示），而是因为如果没有样式，将根本没有边框。CSS 的 border-style 属性定义了 10 个不同的非 inherit 样式，包括 none。可以为元素框的某一个边设置边框样式，即上、右、下、左。

（3）边框的宽度

可以通过 border-width 属性为边框指定宽度。也可以定义单边宽度，即上边、右边、下边、左边。

如果将边框样式设置为 none，不仅边框的样式没有了，其宽度也会变成 0。这是因为如果边框样式为 none，即边框根本不存在，那么边框就不可能有宽度，因此边框宽度自动设置为 0。记住这一点非常重要。因此，如果希望出现边框，就必须声明一个边框样式。

（4）边框的颜色

使用 border-color 属性为边框设置颜色，它一次可以接受最多 4 个颜色值。可以使用任何类型的颜色值，可以是命名颜色，也可以是十六进制和 RGB 值。

默认的边框颜色是元素本身的前景色。如果没有为边框声明颜色，它将与元素的文本颜色相同。另一方面，如果元素没有任何文本，假设它是一个表格，其中只包含图像，那么该表的边框颜色就是其父元素的文本颜色（因为 color 可以继承）。这个父元素很可能是 body、div 或另一个 table。

也可以定义单边颜色，与单边样式和宽度属性相似。还可以定义透明边框，创建有宽度的不可见边框。

4．外边距区域

元素之间的距离就是外边距，用 margin 设置。用空白区域扩展边框区域，以分开相邻的元素，外边距是透明的。它的尺寸为 margin-box 宽度和 margin-box 高度。外边距区域的大小也分为四部分，即上、右、下、左。

6.1.2 盒子的大小

当指定一个 CSS 元素的宽度和高度时，只是设置内容区域的宽度和高度。一个完整的元素，还包括填充、边框和边距。

盒子的大小（总元素的大小）指的是盒子的宽度和高度，盒子的大小是这几个部分之和。

1．盒子的宽度

盒子的宽度（总元素的宽度）的计算表达式如下。

盒子的宽度=margin-left（左边距）+border-left（左边框）+padding-left（左填充）+width（内容宽度）+padding-right（右填充）+border-right（右边框）+margin-right（右边界）

2．盒子的高度

盒子的高度（总元素的高度）的计算表达式如下。

盒子的高度=margin-top（上边距）+border-top（上边框）+padding-top（上填充）+height（内容宽度）+padding-bottom（下填充）+border-bottom（下边框）+margin-bottom（下边界）。

根据 W3C 的规范，默认情况下，元素内容 content 的宽和高是由 width 和 height 属性设置的。而内容周围的 margin、border 和 padding 值是另外计算的。在标准模式下的盒模型，盒子实际内容（content）的 width 和 height 等于设置的 width 和 height。

为了更好地理解盒模型的宽度与高度，定义某个元素的 CSS 样式，代码如下。

```
#test{
    margin:10px 20px;    /*定义元素上下外边距为 10px，左右外边距为 20px*/
    padding:20px 10px;    /*定义元素上下内边距为 20px，左右内边距为 10px*/
    border-width:10px 20px;    *定义元素上下边框宽度为 10px，左右边框宽度为 20px*/
    border:solid #f00;    *定义元素边框类型为实线型，颜色为红色*/
    width:100px;    /*定义元素宽度为 100px*/
    height:100px;    /*定义元素高度为 100px*/
}
```

盒模型的宽度=20px+20px+10px+100px+10px+20px+20px=200px

盒模型的高度=10px+10px+20px+100px+20px+10px+10px=180px

一个页面由许多这样的盒子组成，这些盒子之间会互相影响，因此掌握盒子模型需要从两方面来理解：一是理解一个孤立的盒子的内部结构；二是理解多个盒子之间的相互关系。

网页布局的过程可以看作是在页面中摆放盒子的过程，通过调整盒子的边距、边框、填充和内容等参数，控制各个盒子，实现对整个网页的布局。

关于盒模型的几点提示如下。

1）padding、border、margin 都是可选的，大部分 html 元素的盒子属性（margin、padding）的默认值都为 0，但也有少数 html 元素的盒子属性（margin、padding）的默认值不为 0。例如<body>、<p>、<ul>、<li>、<form>标签等，有时有必要先设置元素的这些属性为 0。<input>元素的边框属性默认不为 0，可以设置为 0 达到美化输入框和按钮的目的。

但是浏览器会自行设置元素的 margin 和 padding，所以要通过在 CSS 样式表中设置来覆盖浏览器样式。可使用如下代码清除元素的默认内外边距：

```
* { margin:0;    /*清除外边距*/
    padding:0;    /*清除内边距*/
}
```

注意：这里的*表示所有元素，但是这样做不好，建议依次列出常用的元素来设置。

2）如果给元素设置背景（background-color 或 background-image），并且边框的颜色为透明，背景将应用于内容、内边距和边框组成的外沿（默认为在边框下层延伸，边框会盖在背景上）。此默认表现可通过 CSS 属性 background-clip 来改变。

6.1.3　块级元素与行内元素的宽度和高度

在前面的章节中已经讲到块级元素与行内元素的区别，本节重点讲解两者在宽度和高度属性上的区别。默认情况下，块级元素可以设置宽度和高度，但行内元素是不能设置宽度和高度的。

【例 6-1】　块级元素与行内元素宽度和高度上的区别。

本例文件 6-1.html 在浏览器中的显示效果如图 6-2 所示。

图 6-2　块级元素和行内元素的宽度和高度

```
<!DOCTYPE html>
<html>
    <head>
        <meta charset="utf-8">
        <title></title>
        <style type="text/css">
            .special {
                border: 1px solid #036;    /*元素边框为 1px 蓝色实线*/
                width: 300px;    /*元素宽度 200px*/
                height: 100px;    /*元素高度 200px*/
                background: #ccc;    /*背景色灰色*/
                margin: 5px;    /*元素外边距 5px*/
```

```
                    }
                </style>
            </head>
            <body>
                <div class="special">这是 div 元素</div>
                <span class="special">这是 span 元素</span>
            </body>
        </html>
```

【说明】代码中设置行内元素 span 的样式.special 后，由于行内元素设置宽度、高度无效，因此样式中定义的宽度 300px 和高度 100px 并未影响 span 元素的外观。

如何让行内元素也能设置宽度、高度属性呢？这里要用到元素显示类型的知识，需要让元素的 display 属性设置为 display:block（块级显示）。在上面的.special 样式的定义中添加一行定义 display 属性的代码，代码如下。

```
        display:block;   /*块级元素显示*/
```

浏览网页，即可看到 span 元素的宽度和高度设置为定义的宽度和高度，如图 6-3 所示。

图 6-3　设置行内元素的宽度和高度

6.2　CSS 盒模型的属性

padding-border-margin 模型是一个极其通用的描述盒子布局形式的方法。对于任何一个盒子，都可以分别设置 4 条边的 padding、border 和 margin，实现各种各样的排版效果。

21　CSS 盒模型的属性

6.2.1　CSS 内边距属性 padding

元素的内边距是边框区域与内容区域之间的距离。CSS 内边距属性有 padding-top、padding-right、padding-bottom、padding-left、padding。

1．上内边距属性 padding-top

padding-top 属性用于设置元素顶边的内边距。

语法：**padding-top : auto | length | 百分比 | inherit**

参数：其属性值可以是 auto（自动，设置为相对于其他边的值）、长度（由浮点数字和单位标识符组成的长度值，默认值为 0，不允许使用负数）、百分比（相对于父元素宽度的比例）、inherit。该属性不能继承。

说明：行内元素要使用属性值 inherit，必须先设置元素的 height 或 width 属性，或者设置 position 属性值为 absolute。

示例：

```
        h1{ padding-top: 32pt; }
```

2．右内边距属性 padding-right

padding-right 属性用于设置元素右边的内边距。

语法：**padding-right : auto | length | 百分比 | inherit**

参数：同 padding-top。

说明：同 padding-top。

示例：

```
        div { padding-right: 12px; }
```

3．下内边距属性 padding-bottom

padding-bottom 属性用于设置元素底边的内边距。

语法：**padding-bottom : length |** 百分比 **| inherit**

参数：同 padding-top。

说明：同 padding-top。

示例：

　　body { padding-bottom: 15px; }

4．左内边距属性 padding-left

padding-left 属性用于设置元素左边的内边距。

语法：**padding-left : auto | length |** 百分比 **| inherit**

参数：同 padding-top。

说明：同 padding-top。

示例：

　　　　img { padding-left: 32pt; }

5．四边的内边距属性 padding

padding 属性用于设置元素四边的内边距。

语法：**padding : auto | length |** 百分比 **| inherit**

参数：本属性是复合属性，如果提供全部 4 个参数值，将按上右下左的顺序作用于四边。如果只提供一个，将用于全部的四条边。如果提供两个，第一个用于上下，第二个用于左右。如果提供三个，第一个用于上，第二个用于左右，第三个用于下。每个参数中间用空格分隔。

说明：同 padding-top。

示例：

　　　　h1 { padding: 10px 11px 12px 13px; } /*顺序为上右下左*/
　　　　p { padding: 12.5%; }
　　　　div { padding: 10% 10% 10% 10%; }

6．边距值的复制

在设置边距时，如果提供全部 4 个参数值，按照上右下左的顺时针顺序列出。例如：

　　padding: 10px 10px 10px 10px;

如果按照简写的形式，CSS 将按照一定的顺序复制边距值。例如：

　　padding: 10px;

由于 padding: 10px 只定义了上内边距，按顺序右内边距将复制上内边距，变成如下形式：

　　padding: 10px 10px;

由于 padding: 10px 10px 只定义了上内边距和右内边距，按顺序下内边距将复制上内边距，变成如下形式：

　　padding: 10px 10px 10px;

由于 padding: 10px 10px 10px 只定义了上内边距、右内边距和下内边距，按顺序左内边距将复制右内边距，变成如下形式：

　　padding: 10px 10px 10px 10px;

根据这个规则，可以省略相同的值。例如：

　　padding: 10px 5px 15px 5px

可以简写为

      padding: 10px 5px 15px
      padding: 10px 5px 10px 5px

可以简写为

      padding: 10px 5px。

但是，有时虽然出现了重复值却不能简写，例如：padding: 10px 5px 5px 10px 和 padding: 5px 5px 5px 10px。

【例 6-2】CSS 内边距属性示例。本例文件 6-2.html 在浏览器中的显示效果如图 6-4 所示。

```
<!DOCTYPE html>
<html>
    <head>
        <meta charset="utf-8">
        <title>CSS 内边距</title>
        <style type="text/css">
            h1.title {padding-top: 10px;
                padding-right: 2em;padding-bottom: 20px;
                padding-left:10%;background-color:coral;}
            .box {width: 200px;height: 100px;padding: 20px 30px 10px 20px;background-color: aqua;}
        </style>
    </head>
    <body>
        <h1>CSS 内边距属性 padding</h1>
        <hr />
        <h1 class="title">CSS 内边距属性 padding</h1>
        <hr />
        <p class="box">内容</p>
    </body>
</html>
```

图 6-4　内边距属性示例

6.2.2　CSS 外边距属性 margin

元素的外边距是元素边框与元素内容之间的距离。设置外边距会在元素外创建额外的空白。CSS 外边距属性有 margin-top、margin-right、margin-bottom、margin-left、margin。可分别设置某一条边的外边距属性，也可以用 margin 属性一次设置所有边的外边距。

1．上外边距属性 margin-top

margin-top 属性用于设置元素顶边的外边距。

语法：**margin-top : auto | length | 百分比 | inherit**

参数：其属性值可以是 auto（自动，设置为相对于其他边的值）、长度（由浮点数字和单位标识符组成的长度值，默认值为 0，不允许使用负数）、百分比（相对于父元素宽度的比例）、inherit。该属性不能继承。

说明：行内元素如果要使用属性值 inherit，必须先设置对象的 height 或 width 属性，或者设置 position 属性为 absolute。外边距始终是透明的。

示例：

      body { margin-top: 12.5%; }

2．右外边距属性 margin-right

margin-right 属性用于设置元素右边的外边距。

语法：**margin-right: auto | length | 百分比 | inherit**

参数：同 margin-top。

说明：同 margin-top。

示例：

    div { margin-right: 10px; }

3．下外边距属性 margin-bottom

margin-bottom 属性用于设置元素底边的外边距。

语法：**margin-bottom: auto | length | 百分比 | inherit**

参数：同 margin-top。

说明：同 margin-top。

示例：

    h1 { margin-bottom: auto; }

4．左外边距属性 margin-left

margin-left 属性用于设置元素左边的外边距。

语法：**margin-left: auto | length | 百分比 | inherit**

参数：同 margin-top。

说明：同 margin-top。

示例：

    img { margin-left: 10px; }

以上 4 项属性可以控制一个元素四周的外边距，每一个外边距都可以有不同的值。或者设置一个外边距，然后让浏览器用默认值设置其他几个外边距。可以将外边距应用于文字和其他元素。

示例：

    h4 { margin-top: 20px; margin-bottom: 5px; margin-left: 100px; margin-right: 55px }

设置外边距值最常用的方法是利用长度单位（px、pt 等），也可以用比例值设置外边距。将外边距值设为负值，就可以将两个对象叠在一起。例如，把下边距设为-55px，右边距为 60px。

5．四边的外边距属性 margin

margin 属性用于设置元素四边的外边距，本属性是复合属性。

语法：**margin: auto | length | 百分比 | inherit**

参数：同 margin-top。

说明：如果提供全部 4 个参数值，将按上右下左的顺序作用于四边。如果只提供一个，将用于全部的四条边。如果提供两个，第一个用于上下，第二个用于左右。如果提供三个，第一个用于上，第二个用于左右，第三个用于下。每个参数中间用空格分隔。外边距始终是透明的。

示例：

    body { margin: 20px 30px; }
    body { margin: 10.5%; }
    body { margin: 10% 10% 10% 10%; }

例如，要使盒子水平居中，需要满足两个条件：必须是块级元素；必须指定盒子的宽度（width）。然后将左右外边距都设置为 auto，就可使块级元素水平居中。

    .header {width: 960px; margin: 0 auto;   /*margin:0 auto 相当于 left:auto; right:auto*/
        left: auto; right: auto;}

行内元素是只有左右外边距，没有上下外边距的，所以尽量不要给行内元素指定上下内外边距。

【例 6-3】 CSS 外边距属性示例。本例文件 6-3.html 在浏览器中的显示效果如图 6-5 所示。

```
<!DOCTYPE html>
<html>
    <head>
        <meta charset="utf-8">
        <title>CSS 外边距</title>
        <style type="text/css">
            h1.title { margin-top: 20px;
                margin-right: 30px; margin-bottom: 50px;
                margin-left: 20px; background-color: coral;}
            .box { width: 200px; height: 100px;margin: 1.5cm;
background-color: aqua;}
        </style>
    </head>
    <body>
        <h1>CSS 内边距属性 padding</h1>
        <hr />
        <h1 class="title">CSS 内边距属性 padding</h1>
        <hr />
        <p class="box">内容</p>
    </body>
</html>
```

图 6-5　外边距属性示例

6.2.3　CSS 边框属性 border

CSS 边框可以是围绕元素内容和内边距的一条或者多条线，可以设置边框的样式、宽度（粗细）和颜色。

1. 边框的样式属性 border-style

边框的样式属性 border-style 是边框最重要的一个属性，如果没有样式，就没有边框，也就不存在边框的宽度和颜色了。边框的样式属性分为 border-top-style、border-right-style、border-bottom-style、border-left-style，可分别为某元素设置上边、右边、下边、左边的边框样式，也可以用 border-style 属性一次设置所有边的边框样式。

语法：**border-top-style | border-right-style | border-bottom-style | border-left-style | border-style : none | hidden | dotted | dashed | solid | double | groove | ridge | inset | outset | inherit**

参数：CSS 的边框属性定义了 10 个不同的非 inherit 样式，边框样式值可取如下之一。

- none：无边框，默认值。任何指定的 border-width 值都将无效。
- hidden：隐藏边框，与 none 相同。但对于表，hidden 用于解决边框冲突。
- dotted：点线边框。
- dashed：虚线边框。
- solid：实线边框。
- double：双线边框。双线的间隔宽度等于指定的 border-width 值。
- groove：3D 凹槽边框，根据 border-color 的值画 3D 凹槽。
- ridge：3D 凸槽边框，根据 border-color 的值画菱形边框。
- inset：3D 凹入边框，根据 border-color 的值画 3D 凹边。
- outset：3D 凸起边框，根据 border-color 的值画 3D 凸边。
- inherit：从父元素继承边框样式。

说明：如果使用 border-style 属性，要提供全部 4 个参数值，将按上右下左的顺序作用于四边。如果只提供一个，将用于全部的四条边。如果提供两个，第一个用于上下，第二个用于左右。如果提供三个，第一个用于上，第二个用于左右，第三个用于下。每个参数中间用空格分隔。

要使用这些边框样式属性，必须先设置对象的 height 或 width 属性，或者设置 position 属性为 absolute。如果 border-width 不大于 0，本属性将失去作用。

示例：

.box { border-top-style: double; border-bottom-style: groove; border-left-style: dashed; border-right-style: dotted; }

2．边框的宽度属性 border-width

边框的宽度属性分为 border-top-width、border-right-width、border-bottom-width、border-left-width，可分别为某元素设置上边、右边、下边、左边的边框宽度，也可以用 border-width 属性一次设置所有边的边框宽度。

语法：**border-top-width | border-right-width | border-bottom-width | border-left-width | border-width: medium | thin | thick | length | inherit**

参数：宽度的取值可以是系统定义的 3 种标准宽度，即 thin（小于默认宽度的细宽度）、medium（默认宽度）、thick（大于默认宽度的粗宽度）。还可以自定义宽度 length，但不可为负值。inherit 表示从父元素继承边框宽度。

说明：如果使用 border-width 属性，要提供全部 4 个参数值，将按上右下左的顺序作用于四边。如果只提供一个，将用于全部的四条边。如果提供两个，第一个用于上下，第二个用于左右。如果提供三个，第一个用于上，第二个用于左右，第三个用于下。每个参数中间用空格分隔。

要使用该属性，必须先设定对象的 height 或 width 属性，或者设定 position 属性为 absolute。如果 border-style 设置为 none，本属性将失去作用。

示例：

p { border-width:2px; } /*定义 4 个边都为 2px*/
p { border-width:2px 3px 4px; } /*定义上边为 2px，左右边为 3px,下边为 4px*/
p { border-left-width: thin; border-left-style: solid; }
h1 { border-right-width: thin; border-right-style: solid; }
div { border-bottom-width: thin; border-bottom-style: solid; }
blockquote { border-style: solid; border-width: thin; }
.div { border-style: solid; border-width: 1px thin; }

3．边框的颜色属性 border-color

边框的颜色属性分为 border-top-color、border-right-color、border-bottom-color、border-left- color，可分别为某元素设置上边、右边、下边、左边的边框颜色，也可以用 border-color 属性一次设置所有边的边框颜色。

语法：**border-top-color | border-right-color | border-bottom-color | border-left-color | border-color: color**

参数：color 是指定的边框颜色，颜色值可以用颜色名，也可以用十六进制颜色值，还可以是 RGB 函数值。边框还提供了一种透明色（transparent），经常用于预留一个边框，以实现两种效果：一是与其他有边框的元素保持元素位置对齐；二是很容易实现一种焦点提醒的效果，例如鼠标指针移开时显示为普通文本，鼠标指针悬停时会出现红色边框提醒，提高用户体验。

说明：如果使用 border-color 属性，要提供全部 4 个参数值，将按上右下左的顺序作用于四边。如果只提供一个，将用于全部的四条边。如果提供两个，第一个用于上下，第二个用于左右。如果提供三个，第一个用于上，第二个用于左右，第三个用于下。每个参数中间用空格分隔。

要使用该属性，必须先设置对象的 height 或 width 属性，或者设置 position 属性为 absolute。如果 border-width 等于 0 或 border-style 设置为 none，本属性将失去作用。

示例：

div{border-top-color:red;border-bottom-color:RGB(220,86,73);border-right-color:red;border-left-color:black;}
.box { border-color: #f00;border-style: outset;}

h1 { border-color: silver red RGB(220, 86, 73); }
p { border-color: #666699 #ff0033 #000000 #ffff99; border-width: 3px }

【例 6-4】 CSS 边框属性示例。本例文件 6-4.html 在浏览器中的显示效果如图 6-6 所示。

```
<!DOCTYPE html>
<html>
    <head>
        <meta charset="utf-8">
        <title>边框的样式属性</title>
        <style type="text/css">
            p {    margin: 20px; /*外边距为 20px*/
                    border-width: 5px; *边框宽度为 5px*/
                    border-color: #000000; /*边框颜色为黑色*/
                    padding: 5px; /*内边距为 5px*/
                    background-color: #FFFFCC; /*淡黄色背景*/
            }
        </style>
    </head>
    <body>
        <p style="border-style:none">无边框 none</p>
        <p style="border-style:hidden">无边框 hidden</p>
        <p style="border-style:dotted">点线边框 dotted</p>
        <p style="border-style:dashed">虚线边框 dashed</p>
        <p style="border-style:solid">实线边框 solid</p>
        <p style=" border-style:double">双线边框 double</p>
        <p style="border-style:groove">3D 凹槽边框 groove</p>
        <p style="border-style:ridge">3D 凸槽边框 ridge</p>
        <p style="border-style:inset">3D 凹入边框 inset</p>
        <p style="border-style:outset">3D 凸起边框 outset</p>
        <p style="border-style:inherit">从父元素继承边框样式 inherit</p>
    </body>
</html>
```

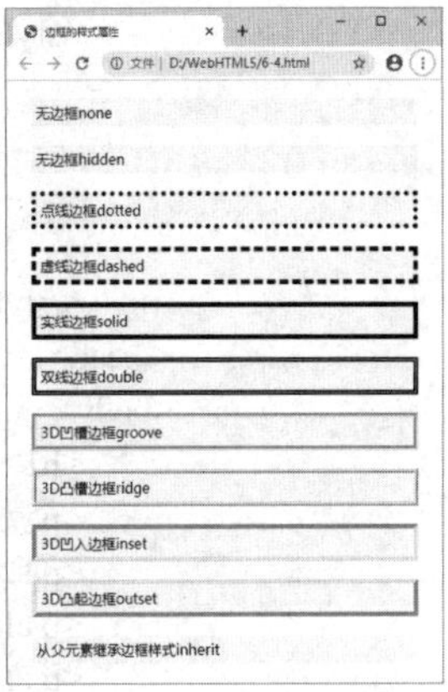

图 6-6　边框属性示例

4．边框属性 border

CSS 提供了一次对 4 条边框设置边框宽度、样式、颜色的属性 border。

语法：border : border-width | border-style | border-color

参数：border 是一个复合属性，可以把 3 个子属性结合写在一起，各属性值之间用空格分隔且顺序不能错误。其中 border-width 和 border-color 可以省略。默认值为 medium none。border-color 的默认值为文本颜色。

说明：如果使用该复合属性定义其单个属性，则其他属性的默认值将无条件覆盖各自对应的单个属性设置。

要使用该属性，必须先设置对象的 height 或 width 属性，或者设置 position 属性为 absolute。

示例：

```
p { border: thick double yellow; }
blockquote { border: dotted gray; }
p { border: 25px; }
h1 { border: 2px solid red; }
div { border-bottom: 25px solid red; border-left: 25px solid yellow;
border-right: 25px solid blue; border-top: 25px solid green; }
```

【例 6-5】 边框复合属性示例。本例文件 6-5.html 在浏览器中的显示效果如图 6-7 所示。

图 6-7　边框复合属性示例

```
<!DOCTYPE html>
<html>
    <head>
        <meta charset="utf-8">
        <title>边框的复合属性</title>
        <style type="text/css">
            h1 { border: 2px solid red; text-indent: 2em;}
            .pa { border-bottom: red dashed 3px; border-top: blue double 3px;}
            .box { border-bottom: 25px solid red; border-left: 25px solid yellow;
                border-right: 25px solid blue; border-top: 25px solid green; }
        </style>
    </head>
    <body>
        <h1>边框的复合属性</h1>
        <p>边框的复合属性</p>
        <p style="border: coral dashed 5px">边框的复合属性</p>
        <p class="pa">边框的复合属性</p>
        <p class="box">边框的复合属性</p>
    </body>
</html>
```

6.2.4　圆角边框属性 border-radius

CSS3 增加了圆角边框属性，圆角边框的属性分为 border-top-left-radius、border-top-right- radius、border-bottom-right-radius、border-bottom-left-radius，可分别为某元素设置左上、右上、右下、左下 4 个角的圆角边框属性，也可以用 border-radius 属性一次设置所有 4 个角的圆角边框属性。

语法：**border-radius : none | length {1,4} [/ length {1,4}]**

参数：none 为默认值，表示元素没有圆角。length 是由浮点数字和单位标识符组成的长度值，也可以是百分比，不允许为负值；{1,4} 表示 length 可以是 1~4 的值，用空格隔开。如果在 border-radius 属性中只指定一个值，那么将生成 4 个圆角。

说明：圆角边框属性可以包含两个参数值，第 1 个 length 值表示圆角的水平半径，第 2 个 length 值表示圆角的垂直半径，两个参数值用"/"隔开。如果只给定 1 个参数值，省略第 2 个值，则第 2 个值从第 1 个复制，即第 2 个值与第 1 个值相同，表示这个圆角是一个 1/4 的圆角。如果任意一个 length 为 0，则这个角就是方角，不再是圆角。水平半径的百分比是指边界框的宽度，而垂直半径的百分比是指边界框的高度。可以用 border-?-?-radius 属性分别指定圆角。

如果要在四个角上一一指定，可以使用以下规则。

● 四个值：第一个值为左上角，第二个值为右上角，第三个值为右下角，第四个值为左下角。

● 三个值：第一个值为左上角，第二个值为右上角和左下角，第三个值为右下角。

● 两个值：第一个值为左上角与右下角，第二个值为右上角与左下角。

● 一个值：四个圆角值相同。

示例：

```
border-radius: 10px;  /*一个数值表示 4 个角都是相同的 10px 的弧度*/
border-radius: 50%;  /*50%取宽度和高度一半，则会变成一个圆形*/
border-radius: 2em 4em;  /*左上角和右下角是 2em，右上角和左下角是 4em*/
border-radius: 10px 40px 80px;  /*左上角 10px，右上角和左下角 40px，右下角 80px*/
border-radius: 10px 40px 80px 100px;  /*左上角 10px，右上角 40px，右下角 80px，左下角 100px*/
```

【例 6-6】 圆角边框属性示例。本例文件 6-6.html 在浏览器中的显示效果如图 6-8 所示。

```
<!DOCTYPE html>
<html>
    <head>
        <meta charset="utf-8">
        <title>圆角边框</title>
        <style type="text/css">
            #corner {background: yellow;
                border: 2px solid #32CD99;
                padding: 20px; margin: 5px; width:
150px; height: 100px; float: left; }
            #corner1 { background: #32CD99; background: url(images/sunshine.jpg);
                background-position: left top; background-repeat: repeat; padding: 20px;
                width: 150px; height: 100px; float: left; }
            div{ border:2px solid #a1a1a1; padding:10px 40px; background:#dddddd;
                width:300px; border-radius:25px; float: left; }
        </style>
    </head>
    <body>
        <p id="corner" style="border-radius: 25px;">指定相同的 4 个圆角</p>
        <p id="corner" style="border-top-right-radius:30px;border-bottom-left-radius: 50% 20px;">指
定右上、左下圆角</p>
        <p id="corner1" style="border-radius: 2em 6em/3em 10em;">指定背景图片的圆角</p>
        <div><p>为元素添加圆角边框</p></div>
    </body>
</html>
```

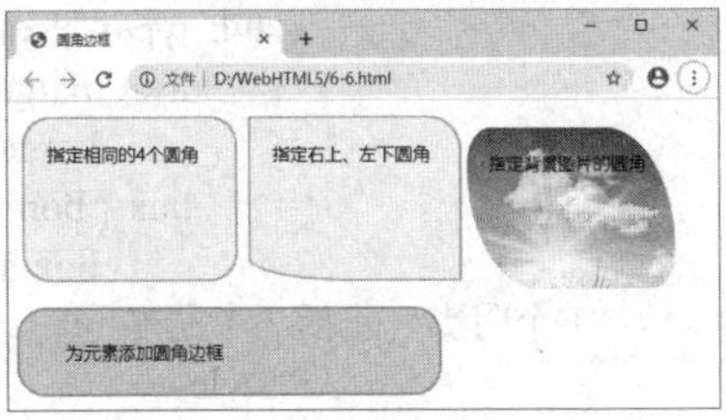

图 6-8　圆角边框属性示例

6.2.5　盒模型的阴影属性 box-shadow

box-shadow 属性用于设置盒模型的阴影，可以添加一个或多个阴影。

语法：**box-shadow: h-shadow v-shadow blur spread color inset**

参数：属性值是用空格分隔的阴影列表，每 1 个阴影由 2~4 个长度值、可选的颜色值以及可选的 inset 关键字来规定。省略长度的值是 0。需要设置 6 个属性值，见表 6-1。

表 6-1　box-shadow 属性值

属性值	描　述
h-shadow	阴影在水平方向上偏移的距离，是必须填写的参数，允许负值
v-shadow	阴影在垂直方向上偏移的距离，是必须填写的参数，允许负值
blur	模糊的半径距离，可以不写，是可选参数
spread	阴影额外增加的尺寸，负数表示减少的尺寸，是可选参数
color	阴影的颜色，是可选参数
inset	将外部阴影（outset）改为内部阴影，是可选参数

如果需要设置多个阴影,则用逗号将每个阴影连接起来作为属性值。

【例 6-7】盒模型的阴影属性示例。本例文件 6-7.html 在浏览器中的显示效果如图 6-9 所示。

```
<!DOCTYPE html>
<html>
    <head>
```

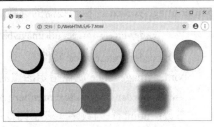

图 6-9　盒模型的阴影属性示例

```
            <meta charset="utf-8">
            <title>阴影</title>
            <style type="text/css">
                div { margin: 20px; border: 1px solid; width: 100px; height: 100px;
                    border-radius: 50px 50px/50px 50px; background-color: #70f3ff; float: left; }
                .box { border-radius: 30px;    /*1 个圆角边框*/
                    box-shadow: 100px 0px 5px red, 200px 0px 10px yellow, 300px 0px 15px green;
/*1 个阴影，包括 3 个圆*/    }
            </style>
        </head>
        <body>
            <div style="box-shadow:10px 10px;"></div>
            <div style="box-shadow:10px 10px 20px;"></div>
            <div style="box-shadow:10px 10px 20px 5px;"></div>
            <div style="box-shadow:10px 10px 20px 5px #999;"></div>
            <div style="box-shadow:20px 10px 10px 10px #999 inset;"></div>
            <br style="clear: both; /">
            <div style="border-radius: 10px 10px/10px 10px; box-shadow: 10px 10px;"></div>
            <div class="box"></div>
        </body>
    </html>
```

6.2.6　图片边框属性 border-image

在 CSS3 中增加了 border-image 属性，用来设置图片的边框。border-image 属性与 background-image 属性功能相似，border-image 更灵活性，可以用代码控制边框背景的拉伸和重复，因而能够创造出更多样的效果。

border-image 属性可以用图片或 CSS 渐变形状作为一个元素的边框。

语法：**border-image: source slice width outset repeat**

border-image 属性是复合属性，也可以使用 border-image-source、border-image-slice、border-image-width、border-image-outset 和 border-image-repeat 分别设置相应属性的值，其含义见表 6-2。

表 6-2　border-image 的子属性

属性值	描　　述
border-image-source	定义边框背景图像的位置，即图像 URL，采用 url()作为它的值，本属性是唯一必需的
border-image-slice	定义如何裁切背景图像
border-image-width	定义边框背景图像边界的宽度
border-image-outset	定义边框背景图像的偏移位置
border-image-repeat	定义边框背景图像是否应重复（repeat）、拉伸（stretch）或铺满（round）

（1）border-image-source 属性

本属性指明边框图片的地址，属性值是 URL（绝对地址或相对地址）。对于 border-image 而言，border-image-source 是唯一必需的参数。若无特殊指定，其他属性可为默认值。例如：

border-image-source: url(image/ba.png);

（2）border-image-slice 属性

border-image -slice 属性指定图像的边界向内偏移量。

语法：**border-image-slice: number | % | fill**

参数：number 为数字，表示图像的像素（位图图像）或向量的坐标（如果图像是矢量图像）。

%为百分比数，表示图像的大小是相对的，分别是水平偏移图像的宽度和垂直偏移图像的高度。fill 表示保留图像的中间部分。

此属性指定裁剪源图片以获得边框的某部分，即裁剪位置，从顶部、右边、底部、左边缘的图像向内偏移，分为 9 个区域：4 个角、4 条边和中间，如图 6-10 所示。

也就是说，想为元素添加心形图标的边框，如果只有一个心形图片，效果是无法实现的。必须拥有一张图片，其中心形图标的排列效果和预期的边框效果一致，这时才能剪裁图片，如图 6-10 所示。

本属性最多接受 4 个不带单位的正数或者百分比数，包括一个可选的 fill 关键字。这串数值遵循 CSS 方位规则，从源图片的上部、右部、下部、左部按顺时针方向裁剪。如果缺少一个值，默认取对边的值。

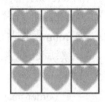

图 6-10　图片分区

属性值的初始值为 100%。本属性没有单位，默认单位是像素，可以使用百分比值。百分比值是相对于源图片而言的。例如，一张大小为 200px×100px 的源图片，当 border-image-slice 属性值为 10%时，每条边裁剪后的图像是 200×10%=20px 和 100×10%=10px，即 20 10 20 10。如果 border-image-slice 属性值是数值，表示按数值大小对源图片进行裁剪。

默认舍弃源图片的中心块。一旦使用了 fill 关键字，源图片的中心块将作为该元素的背景。

当使用 border-image-slice 属性将图像按百分比或者数值裁剪后，就得到一定数量的图像，这些图像将放置到边框背景上，这时图像很容易发生变形。例如：

```
border-image-slice: 10;              /*距离上下左右均为 10px;*/
border-image-slice: 10 20;           /*距离上下 10px,左右 20px;*/
border-image-slice: 10 30 20;        /*距离上 10px，下 20px，左右 30px;*/
border-image-slice: 10 30 20 40;     /*距离上 10px，右 30px，下 20px，左 40px;*/
border-image-slice: 25 11 fill;
```

（3）border-image-width 属性

本属性指定了边框图片的宽度，包括上部、右部、下部、左部的边框图片宽度。若缺少一个值，则取对边的值。属性值可以是百分比，不带单位的正数，或者是关键字 auto。

百分比数值与边框图片区域的大小有关，而无单位数值将与 border-width 相乘。

本属性的默认值为 1，所以若本属性值未设置，但该元素设置了 border 或 border-width 属性，边框图片会依照这两个属性值进行绘制。

auto 关键字可自动选择 border-image-slice 或 border-width 属性的值。

例如：

```
border-image-width: 20;
```

（4）border-image-outset 属性

border-image-outset 属性用于指定在边框外部绘制 border-image-area 的量，包括上下部和左右部分。第四个值默认和第二个值是相同的。第三个值默认和第一个值是相同的。第二个值默认和第一个值是相同的。border-image-outset 属性不能为负值。

语法：**border-image-outset: length | number**

本属性指定边框图像区域从边框盒子向外延伸的距离，默认值为 0。本属性接受最多 4 个正的长度值或无单位数字。长度值即为向外延伸的距离，无单位数字则要与边框宽度相乘得到向外延伸距离。例如：

```
border-image-outset: 30 30;
```

（5）border-image-repeat 属性

border-image-repeat 属性用于设置重复图像的方式。

语法：**border-image-repeat: stretch | repeat | round**

注意：此属性指定边界图像中间部分如何向两侧图像缩放和平铺。在这里可以指定两个值。如果第二个值被省略，则它默认为和第一个值相同。

本属性控制图片填充边框区域的重复方式。可以为该属性指定最多两个值。如果只有一个值，在边框的竖直方向和水平方向均应用该值。如果指定了两个值，第一个值应用于边框水平方向，第二个值应用于边框竖直方向。各属性值如下。

- stretch：默认值。边框图片被拉伸以填充区域。
- repeat：图片重复平铺以填充区域，必要时每个部分会用多个图片块填充。
- round：图片平铺以填充区域，若有必要避免每个部分用多个图片块填充，图片会被重新缩放，然后进行填充。

例如：

> border-image-repeat: round;

为了方便灵活设置边框的背景图像，border-image 属性派生出许多子属性。在边框的方位上，使用 8 个子属性分别设置特定方位上的边框的背景图像，具体子属性见表 6-3。

表 6-3 border-image 的子属性

子属性名	描述
border-top-image	定义顶部边框的背景图像
border-right-image	定义右侧边框的背景图像
border-bottom-image	定义底部边框的背景图像
border-left-image	定义左侧边框的背景图像
border-top-left-image	定义左上角边框的背景图像
border-top-right-image	定义右上角边框的背景图像
border-bottom-left-image	定义左下角边框的背景图像
border-bottom-right-image	定义右下角边框的背景图像

【例 6-8】图片边框属性示例。本例文件 6-8.html 在浏览器中的显示效果如图 6-11 所示。

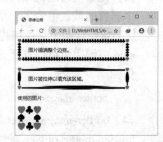

图 6-11 图片边框属性示例

```
<!DOCTYPE html>
<html>
    <head>
        <meta charset="utf-8">
        <title>图像边框</title>
        <style type="text/css">
            div { border: 15px solid transparent;width: 300px;
padding: 10px 20px; }
            #round {border-image: url(images/poker.png) 30 30 round; }
            #stretch { border-image: url(images/poker.png) 30 30 stretch; }
        </style>
    </head>
    <body>
        <div id="round">图片铺满整个边框。</div>
        <br />
        <div id="stretch">图片被拉伸以填充该区域。</div>
        <p>使用的图片：</p>
        <img src="images/poker.png">
    </body>
```

</html>

6.2.7 CSS 轮廓属性 outline

轮廓（Outline）是绘制于元素周围的一条线，位于边框（Border）边缘的外围，覆盖在外边距（Margin）之上，如图 6-12 所示。轮廓可起到突出元素的作用。outline 属性指定元素轮廓的样式、颜色和宽度。轮廓不会占用页面实际的空间布局，它不像边框那样参与到文档流中，因此轮廓出现或消失时不会影响文档流，即不会导致文档的重绘。例如，在浏览器中，某元素（文本框等）获得焦点时自动出现轮廓的效果。

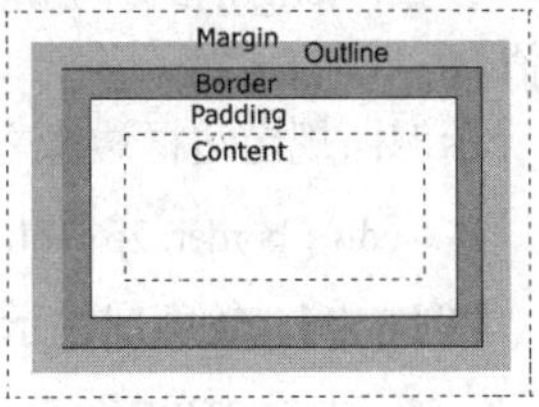

图 6-12 轮廓示意图

1．轮廓的颜色属性 outline-color

outline-color 属性用于设置元素的轮廓线条的颜色。

语法：**outline-color : color | invert | inherit**

参数：color 指定颜色。默认值是 invert，表示相对于背景色反转背景色，这样使得轮廓在不同的背景颜色中都是可见的。inherit 表示从父元素继承 outline 属性的设置。

示例：

```
img { outline-color: red }
p { outline-color: #E9E9E9 }
```

2．轮廓的样式属性 outline-style

outline-style 属性用于设置元素的轮廓线条的样式。

语法：**outline-style : none | dotted | dashed | solid | double | groove | ridge | inset | outset | inherit**

参数：轮廓的样式属性值与边框的样式属性值基本相同。与边框样式相比，轮廓样式的属性值少了 hidden。

说明：如果不设置轮廓的样式，则 outline-color 和 outline-width 属性的设置就没有意义。

示例：

```
img { outline-color: orange; outline-style: solid ; outline-width: medium ; }
```

3．轮廓的宽度属性 outline-width

outline-width 属性用于设置元素的轮廓线条的宽度。

语法：**outline-width : medium | thin | thick | length | inherit**

参数：轮廓的宽度属性值与边框的宽度属性值相同。medium 是默认宽度，thin 小于默认宽度，thick 大于默认宽度。length 是由浮点数字和单位标识符组成的长度值，不可为负值。

示例：

```
img { outline-color: orange; outline-style: solid ; outline-width: medium ; }
```

4．轮廓属性 outline

outline 是轮廓的复合属性，可在一条声明语句中设置所有的轮廓属性。

语法：**outline : outline-color | outline-style | outline-width | inherit**

参数：可以设置的属性有 outline-color、outline-style、outline-width，用空格分隔属性值。其中 outline-color 和 outline-width 可以省略。

说明：轮廓在边框外围，并且不一定是矩形。

示例：

```
img { outline: red }
p { outline: double 5px }
```

```
button { outline: #E9E9E9 double thin }
a {outline: solid #ff0000; }
```

5．轮廓的偏移量属性 outline-offset

在 CSS3 中，增加了一个轮廓偏移量属性 outline-offset，用于设置轮廓的偏移量。

语法：outline-offset: length | inherit

参数：length 表示轮廓与边框边缘的距离，即偏移量。Inherit 表示从父元素继承 outline-offset 属性值。

示例：规定边框边缘之外 15px 处的轮廓：

```
div{ border: 2px solid black; outline: 2px solid red; outline-offset: 15px;}
```

【例 6-9】 轮廓属性示例 1。本例文件 6-9.html 在浏览器中的显示效果如图 6-13 所示。

```
<!DOCTYPE html>
<html>
    <head>
        <meta charset="utf-8">
        <title>轮廓属性示例</title>
        <style type="text/css">
            p { border: blue solid 2px;outline-color: #FF0000;
outline-width: 2px; }
            p.none {outline-style: none;}
            p.dotted {outline-style: dotted;}
            p.dashed {outline-style: dashed;}
            p.solid {outline-style: solid;}
            p.double {outline-style: double;}
            p.groove {outline-style: groove;}
            p.ridge {outline-style: ridge;}
            p.inset {outline-style: inset;}
            p.outset {outline-style: outset;}
            p.inherit {outline-style: inherit;}
            div.offset { width: 200px; height: 100px; margin:
10px; border: 2px solid cyan;
                    outline: 2px solid red; }
        </style>
    </head>
    <body>
        <p class="none">无轮廓 none</p>
        <p class="dotted">点线轮廓 dotted</p>
        <p class="dashed">虚线轮廓 dashed</p>
        <p class="solid">实线轮廓 solid</p>
        <p class="double">双线轮廓 double</p>
        <p class="groove">凹槽轮廓 groove</p>
        <p class="ridge">凸槽轮廓 ridge</p>
        <p class="inset">凹入轮廓 inset</p>
        <p class="outset">凸起轮廓 outset</p>
        <p class="inherit">从父元素继承轮廓 inherit</p>
        <p><b>注意:</b> outline 轮廓线不占空间。 </p>
        <hr />
        <div class="offset">线条轮廓无偏移量</div>
        <div class="offset" style="outline-offset: 5px;">线条轮廓的偏移量 5px</div>
    </body>
</html>
```

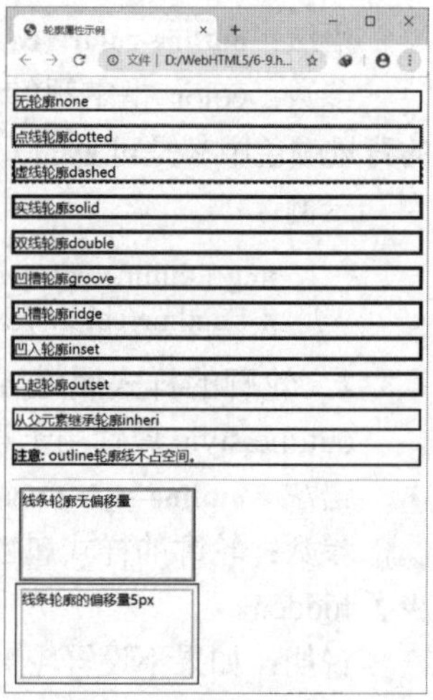

图 6-13　轮廓属性示例 1

【例 6-10】 轮廓属性示例 2。本例文件 6-10.html 在浏览器中的
显示效果如图 6-14 所示。

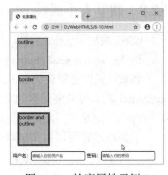

图 6-14　轮廓属性示例 2

```
<!DOCTYPE html>
<html>
    <head>
        <meta charset="utf-8">
        <title>轮廓属性</title>
        <style type="text/css">
            div {width: 100px; height: 100px;
                margin: 20px; background: lightgreen; }
            .box-outline { outline: 3px solid red; }
            .box-border { border: 3px solid blue; }
            .box { width: 100px; height: 100px;
margin: 20px; background: lightgreen;outline: 3px solid red;        border: 3px solid blue; }
            input { width: 180px; height: 25px; border-radius: 6px; outline: none;    /*取消焦点的轮
廓线*/ }
        </style>
    </head>
    <body>
        <div class="box-outline">outline</div>
        <div class="box-border">border</div>
        <div class="box">border and outline</div>
        用户名：<input type="text" placeholder="请输入你的用户名" />
        密码：<input type="password" placeholder="请输入你的密码" />
    </body>
</html>
```

【说明】 在如图 6-14 中，右击图形，从快捷菜单中选择"检查"选项，显示"开发者工具"窗
格。鼠标指针放置在"div class="box-outline">outline</div>"上，如图 6-15a 所示，给元素添加 outline
属性后，元素的宽和高不变，仍为 100px×100px，所以轮廓不占据空间。鼠标指针放置在"<div
class="box-border">border</div>"上，如图 6-15b 所示，给元素添加 border 属性后，元素的宽和高均
增加 3px，为 106px×106px，所以边框占据空间。

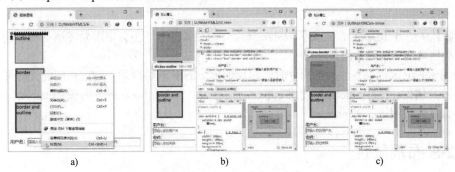

a)　　　　　　　　　　　　b)　　　　　　　　　　　　c)

图 6-15　在"开发者工具"窗格中查看属性

a) 图形的快捷菜单　b) 轮廓不占据控件　c) 边框占据控件

轮廓（Outline）与边框（Border）的区别如下。

1）边框可应用于几乎所有有形的 HTML 元素，而轮廓是针对链接、表单控件和 ImageMap 等元
素设计。

2）轮廓和边框在视觉效果上一样，但是轮廓不占空间，边框占据空间。轮廓不会像边框那样影响元
素的尺寸或者位置，不会增加额外的宽度或者高度（这样不会导致浏览器渲染时出现回流或重绘）。

6.2.8 调整大小属性 resize

CSS3 增加了 resize 属性，用于设置一个元素是否可由浏览者通过拖动的方式自由调整元素的大小。

语法：**resize: none | both | horizontal | vertical**

参数：属性值默认为 none，即浏览者无法调整元素的大小。both 表示可调整元素的高度和宽度。horizontal 表示可调整元素的宽度。vertical 表示可调整元素的高度。

说明：如果希望此属性生效，需要设置元素的 overflow 属性，值可以是 auto、hidden 或 scroll。

示例：设置可以由浏览者调整 div 元素的大小的代码如下。

```
div{ resize: both; overflow: auto;}
```

【例 6-11】 resize 属性示例。本例文件 6-11.html 在浏览器中的显示效果如图 6-16 所示，用鼠标拖动边框右下角的拖动柄可以改变大小。

```
<!DOCTYPE html>
<html>
    <head>
        <meta charset="utf-8">
        <title>resize 属性示例</title>
        <style type="text/css">
            div { border: 2px solid;   padding: 10px 30px;
                    width: 360px; overflow: auto; }
        </style>
    </head>
    <body>
        <div>resize 属性规定是否可由用户调整元素尺寸。</div>
        <hr />
        <div style="resize: both; cursor: se-resize;">可以调整宽度和高度</div>
        <hr />
        <div style="resize: horizontal; cursor: ew-resize;">可以调整宽度</div>
        <hr />
        <div style="resize: vertical;cursor: ns-resize;">可以调整高度</div>
    </body>
</html>
```

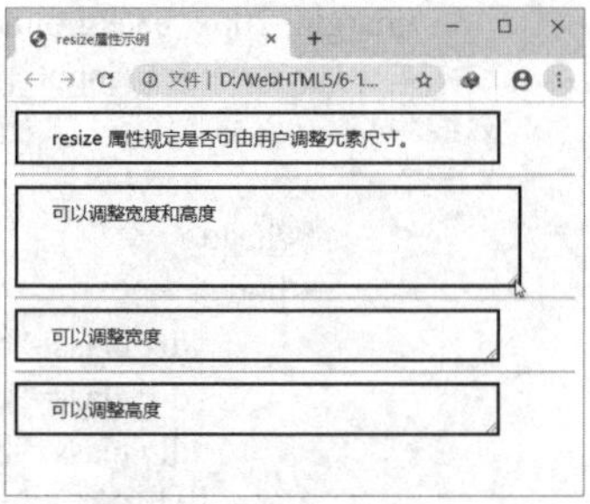

图 6-16　resize 属性示例

【说明】从图 6-16 看到，定义了 resize 属性后，元素的右下角会出现允许拖动柄，浏览者可以拖动该拖动柄随意调整元素的尺寸。

在使用 resize 属性调整元素的尺寸时，建议配合 cursor 属性使用，通过相应的光标样式，来增强用户体验。例如，resize: both 时使用 cursor: se-resize，resize: horizontal 时使用 cursor: ew-resize，resize: vertical 时使用 cursor: ns-resize。

6.3　CSS 布局属性

CSS 为定位和浮动提供了一些属性，利用这些属性，可以建立列式布局，将布局的一部分与另一部分重叠。

6.3.1　元素的布局方式概述

定位就是允许定义元素相对于其正常位置应该出现的位置，或者相对于父元素、另一个元素甚至浏览器窗口本身的位置。

1．一切皆为盒

div、h1 或 p 元素常常被称为块级元素。这意味着这些元素显示为一块内容，即"块盒子"（或称块框）。与之相反，span、strong 等元素称为"行内元素"，这是因为它们的内容显示在行中，即"行内盒子"（或称行内框）。

可以使用 display 属性改变生成盒子的类型。这意味着，通过将 display 属性设置为 block，可以让行内元素（比如 a 元素）表现得像块级元素一样。还可以通过把 display 设置为 none，让生成的元素根本没有盒子。这样的话，该盒子及其所有内容就不再显示，不占用文档中的空间。

但是还有一种情况，即使没有进行显式的定义，也会创建块级元素。这种情况发生在把一些文本添加到一个块级元素（比如 div 元素）的开头。即使没有把这些文本定义为段落，它也会被当作段落对待。例如，在下面代码中，虽然 some text 没有被定义成段落，但也被处理成段落。

```
<div>
    some text
    <p>Some more text.</p>
</div>
```

在这种情况下，盒子称为无名块盒，因为它不与专门定义的元素相关联。

块级元素的文本行也会发生类似的情况。假设有一个包含三行文本的段落。每行文本形成一个无名盒。无法直接对无名块或行盒应用样式，因为没有可以应用样式的地方（注意，行盒和行内盒是两个概念）。但是，这有助于理解在屏幕上看到的所有东西都形成某种盒。

2．CSS 定位机制

元素的布局方式也称 CSS 定位机制，CSS 有三种基本的定位机制：普通文档流、浮动和定位。

（1）普通文档流（简称普通流）

除非专门指定，否则所有盒都在普通流中定位。也就是说，普通流中元素的位置由元素在 HTML 中的位置决定。文档中的元素按照默认的显示规则排版布局，即从上到下，从左到右。

块级盒独占一行，从上到下一个接一个地排列，盒之间的垂直距离是由盒的垂直外边距计算出来。

行内盒在一行中按照顺序水平布置，直到在当前行遇到了边框，则换到下一行的起点继续布置，行内盒内容之间不能重叠显示。行内盒在一行中水平布置，可以使用水平内边距、边框和外边距调整它们的间距。但是，垂直内边距、边框和外边距不影响行内盒的高度。

由一行形成的水平盒称为行盒（Line Box），行盒的高度总是足以容纳它包含的所有行内框。不过，设置行高可以增加这个盒的高度。

（2）浮动

浮动（Float）可以使元素脱离普通文档流，CSS 定义的浮动盒（块级元素）可以向左或向右浮动，直到它的外边缘碰到包含它的元素边框，或者其他浮动盒的边框为止。

由于浮动盒不在文档的普通流中，因此文档的普通流中的块盒表现得就像浮动盒不存在一样。

例如，如图 6-17a 所示，当把盒子 1 向右浮动时，它脱离文档流并且向右移动，直到它的右边缘碰到它所在盒子的右边缘，如图 6-17b 图所示。

如图 6-18a 所示，当盒子 1 向左浮动时，它脱离文档流并且向左移动，直到它的左边缘碰到它所在盒子的左边缘。因为它不再处于文档流中，所以它不占据空间，实际上盒子 1 覆盖住了盒子 2，使盒子 2 从视图中消失。

如图 6-18b 所示，如果把 3 个盒子都向左移动，那么盒子 1 向左浮动直到碰到它所在的盒子左边缘，另外两个盒子向左浮动直到碰到前一个浮动盒子。

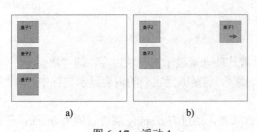

图 6-17 浮动 1

a) 不浮动的盒子　b) 盒子 1 向右移动

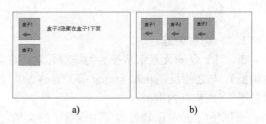

图 6-18 浮动 2

a) 盒子 1 向左浮动　b) 3 个盒子都向左浮动

如图 6-19a 所示，如果盒子太窄，无法容纳水平排列的三个浮动元素，那么其他浮动块向下移动，直到有足够的空间。如果浮动元素的高度不同，那么当它们向下移动时可能被其他浮动元素"卡住"，如图 6-19b 所示。

浮动元素会引起下面的问题：

1）父元素的高度无法撑开，影响父元素的同级元素。

2）与浮动元素同级的非浮动元素（内联元素）会跟随其后。

3）若非第一个元素浮动，则该元素之前的元素也需要跟随其后，否则会影响页面的显示的结构。

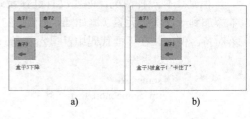

图 6-19 浮动 3

a) 盒子 1 向左浮动　b) 3 个盒子都向左浮动

（3）定位

直接定位元素在文档或在父元素中的位置，表现为漂浮在指定元素上方，脱离了文档流；元素可以重叠在一块区域内，按照显示的级别以覆盖的方式显示。

定位分为绝对定位、相对定位和固定定位。

3．布局属性

CSS 布局属性（Layout Property）是用来控制元素显示位置、文档布局方式的属性。其按照功能可以分为如下三类。

● 控制浮动类属性，包括 float、clear 属性。

● 控制溢出类属性 overflow。

● 控制显示类属性，包括 display、visibility 属性。

6.3.2　CSS 浮动属性 float

有时希望相邻块级元素的盒子左右排列（所有盒子浮动）或者希望一个盒子被另一个盒子中的内容所环绕（一个盒子浮动）做出图文混排的效果，这时最简单的办法就是运用浮动属性使盒子在浮动方式下定位。

在 CSS 中，通过 float 属性实现元素的浮动。float 属性定义元素在哪个方向浮动。当某元素设置为浮动后，不管该元素是行内元素还是块级元素，都会生成一个块级盒，按块级元素处理，即 display 属性被设置为 block。

语法：**float : none | left |right | inherit**

参数：left 表示元素向左浮动。right 表示元素向右浮动。none 是默认值，表示元素不浮动，并会显示在其在文本中出现的位置。inherit 表示从父元素继承 float 属性的值。

说明：假如在一行之上只有极少的空间可供浮动元素，那么这个元素会跳至下一行，这个过程会持续到某一行拥有足够的空间为止。

示例：

```
img { float: right }
```

元素的水平方向浮动，意味着元素只能左右移动而不能上下移动。一个浮动元素会尽量向左或向右移动，直到它的外边缘碰到其所在盒子或另一个浮动盒子的边框为止。浮动元素后面的元素，将围绕这个浮动元素。浮动元素前面的元素将不会受到影响。如果图像是右浮动的，下面的文本流将环绕在它左边；反之，文本流将环绕在它右边。

【例 6-12】 浮动属性示例。本例文件 6-12.html 在浏览器中的显示效果如图 6-20 所示。

```
<!DOCTYPE html>
<html>
    <head>
        <meta charset="utf-8">
        <title>CSS 浮动</title>
        <style type="text/css">
            img { width: 100px; height: 60px; }
        </style>
    </head>
    <body>
        <p>这里是演示文字<img src="images/sunflower.jpg" >这里是演示文字…</p>
        <p>这里是浮动框外围的演示文字<img src="images/sunflower.jpg" style="float: left;">这里
是浮动框外围的演示文字…</p>
        <p>这里是浮动框外围的演示文字<img src="images/sunflower.jpg" style="float: right;">这里
是浮动框外围的演示文字…</p>
    </body>
</html>
```

图 6-20 浮动属性示例

【说明】第 1 段是普通文档流，图像也是普通文档流中的一个元素，所以按顺序排列显示。第 2 段、第 3 段中的图片由于分别设置为向左和向右浮动而脱离文档流，直到图片的外边缘碰到它所元素的边框为止。由于浮动盒不在文档的普通流中，因此表现得就像浮动盒不存在一样。浮动盒旁边的行盒被缩短，从而给浮动盒留出空间，行盒围绕浮动盒。因此，创建浮动盒可以使文本围绕浮动盒，如图 6-21 所示。

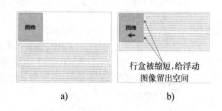

图 6-21 浮动示意图

a) 不浮动的图像 b) 图像向左浮动

6.3.3 清除浮动属性 clear

元素浮动之后，周围的元素会重新排列，要想阻止行盒围绕浮动盒，就要清除该元素的 float 属性值，即清除浮动，需要对该盒应用 clear 属性。clear 属性规定元素的哪一侧不允许有其他浮动元素。

语法：**clear : none | left |right | both | inherit**

参数：none 是默认值，表示两边都可以有浮动元素。Left 表示不允许左边有浮动元素，right 表示不允许右边有浮动元素，both 表示两边都不允许有浮动元素。inherit 表示从父元素继承 clear 属性的值。

示例：

```
div { clear : left }
```

因为浮动元素脱离了文档流，所以包围图像和文本的 div 元素不占据空间，如图 6-22a 所示。为了让后续元素不受浮动元素的影响，需要在这个元素中的某个地方应用 clear 属性

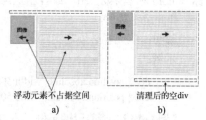

图 6-22 浮动和清除浮动

a) 容器没有包围浮动元素 b) 容器包围浮动元素

清除 float 属性产生的浮动，如图 6-22b 所示。

【例 6-13】 清除浮动属性示例。本例文件 6-13.html 在浏览器中的显示效果如图 6-23a 所示。

a)   b)

图 6-23　清除浮动属性示例

a) 清除浮动　b) 不清除浮动

```
<!DOCTYPE html>
<html>
    <head>
        <meta charset="utf-8">
        <title>清除浮动</title>
        <style type="text/css">
            .box { width: 450px; height: 200px; }
            .box_left { float: left; width: 200px; background: aquamarine; }
            .box_right { width: 200px; float: right; background: burlywood; }
            .clear { clear: both; }
        </style>
    </head>
    <body>
        <div class="box">
            <div class="box_left">
                <img src="images/sunflower.jpg" style="width: 150px;height: 90px;" />
            </div>
            <div class="box_right">
                <p>111 这里是浮动框外围的演示文字这里是浮动框外围的演示文字这里是浮
动框外围的演示文字这里是浮动框外围的演示文字这里是浮动框外围的演示文字这里是浮动框外围的演
示文字…</p>
            </div>
            <div class="clear"></div> <!-- 清除 float 产生的浮动 -->
            <p>222 这里是浮动框外围的演示文字这里是浮动框外围的演示文字这里是浮动框外
围的演示文字这里是浮动框外围的演示文字这里是浮动框外围的演示文字这里是浮动框外围的演示文
字…</p>
        </div>
    </body>
</html>
```

【说明】如果删除<div class="clear">，显示如图 6-21b 所示，由此可以看出清除浮动的作用。

6.3.4　裁剪属性 clip

clip 属性用于设置元素的可视区域，看起来就像对元素进行了裁剪。区域外的部分是透明的。

语法：**clip : auto | rect (top right bottom left)**

参数：auto 表示不对元素裁剪。如果要裁剪，需要给定一个矩形，格式为 rect (top right bottom left)，依据上、右、下、左的顺序提供裁剪后矩形的右上角纵坐标 top 和横坐标 right、左下角的纵坐标 bottom 和横坐标 left，或者左上角为(0,0)坐标计算的四个偏移数值。其中任一坐标都可用 auto 替换，即此边不裁剪。

说明：该元素必须是绝对定位，即必须将 position 的值设为 absolute，此属性才可使用。

示例：

```
div { position:absolute; width:50px; height:50px; clip:rect(0px 25px 30px 10px); }
div { position:absolute; width:50px; height:50px; clip:rect(1cm auto 30px 10cm); }
```

【例 6-14】 裁剪属性示例。本例文件 6-14.html 在浏览器中的显示效果如图 6-24 所示。

```
<!DOCTYPE html>
<html>
```

```
        <head>
            <meta charset="utf-8">
            <title>clip 属性示例</title>
            <style type="text/css">
                img{ width:300px; height:200px; }
            </style>
        </head>
        <body>
            <img src="images/lotus.jpg">
            <img src="images/lotus.jpg" style="position: absolute;clip:rect(0px 150px 100px 20px); ">
        </body>
    </html>
```

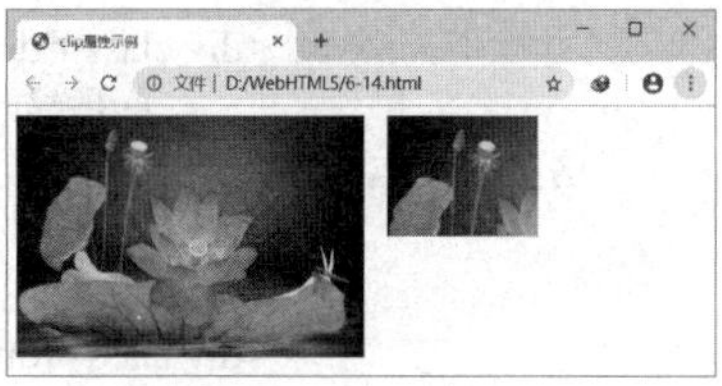

图 6-24   裁剪属性示例

6.3.5   内容溢出时的显示方式属性 overflow

overflow 属性用于设置元素盒子（框）不够容纳内容时，即元素的内容超过其指定高度及宽度时，内容溢出元素盒子时的显示方式，例如在对应的元素区间内添加滚动条、裁剪内容等。

语法：**overflow : visible | auto | hidden | scroll | inherit**

参数：overflow 属性有以下可选值。

- visible 是默认值，表示不裁剪内容也不添加滚动条，超出的内容会显示在元素盒之外。
- auto 表示在需要时裁剪内容，并自动添加滚动条，以便查看其余的内容。
- hidden 表示将超出的内容裁剪掉，并且裁剪掉的内容不可见。
- scroll 表示总是显示滚动条。
- inherit 表示从父元素继承 overflow 属性的值。

说明：overflow 属性只作用于指定高度的块元素上。

对于表格来说，假如 table-layout 属性设置为 fixed，则 td 对象支持带有默认值为 hidden 的 overflow 属性。如果设为 hidden、scroll 或者 auto，那么超出 td 尺寸的内容将被剪裁。如果设为 visible，将导致额外的文本溢出（隐藏文本溢出）到右边或左边（视 direction 属性设置而定）的单元格。

示例：

```
body { overflow: hidden; }
div { overflow: scroll; height: 100px; width: 100px; }
```

【例 6-15】 overflow 属性示例。本例文件 6-15.html 在浏览器中的显示效果如图 6-25 所示。

```
<!DOCTYPE html>
<html>
    <head>
        <meta charset="utf-8">
        <title>overflow 属性示例</title>
        <style type="text/css">
            .div1 { border: 1px solid; }
            .div2 { border: 1px solid; width: 400px; height: 50px }
        </style>
    </head>
    <body>
        <div class="div1">
            正常元素框。这里的文本内容会溢出元素框。这里的文本内容会溢出元素框。这里
的文本内容会溢出元素框。这里的文本内容会溢出元素框。这里的文本内容会溢出元素框。
        </div>
        <p></p>
```

图 6-25   overflow 属性示例

```
            <div class="div1" style="overflow: scroll;">
                    总是显示滚动条。这里的文本内容会溢出元素框。这里的文本内容会溢出元素框。
    这里的文本内容会溢出元素框。这里的文本内容会溢出元素框。这里的文本内容会溢出元素框。
            </div>
            <p>当设置了元素框的宽和高后,显示出元素内容超出元素框的情况。</p>
            <div class="div2">
                    这里的文本内容会溢出元素框。这里的文本内容会溢出元素框。这里的文本内容会
    溢出元素框。这里的文本内容会溢出元素框。这里的文本内容会溢出元素框。
            </div>
            <p></p>
            <div class="div2" style="overflow: auto;">
                    这里的文本内容会溢出元素框。这里的文本内容会溢出元素框。这里的文本内容会
    溢出元素框。这里的文本内容会溢出元素框。这里的文本内容会溢出元素框。
            </div>
            <p></p>
            <div class="div2" style="overflow: hidden;">
                    这里的文本内容会溢出元素框。这里的文本内容会溢出元素框。这里的文本内容会
    溢出元素框。这里的文本内容会溢出元素框。这里的文本内容会溢出元素框。
            </div>
        </body>
    </html>
```

6.3.6 元素显示方式属性 display

display 属性用于设置元素的显示方式。

语法:**display : none | block | inline | inline-block | table | inherit**

参数:none 表示该元素被隐藏起来,且隐藏的元素不会占用任何空间。也就是说,该元素不但被隐藏了,而且该元素原本占用的空间也会从页面布局中消失。

block 表示该元素显示为块级元素,元素前后会有换行符,可以设置它的宽度和上、右、下、左的内外边距。

inline 表示该元素被显示为内联元素,元素前后没有换行符,也无法设置宽、高和内外边距。

inline-block 表示该元素是行内元素,但具有块级元素的某些特性,可以设置 width 和 height 属性,保留了行内元素不换行的特性。

table 表示该元素作为块元素级的表格显示。还有许多有关表格元素的显示方式属性。

inherit 表示继承父元素的 display 设置。

说明:在 CSS 中,利用 CSS 可以摆脱 HTML 标签归类(块级元素、行内元素)的限制,自由地在不同标签或元素上应用需要的属性。主要用的 CSS 样式有以下三个。

● display: block:显示为块级元素。

● display:inline:显示为行内元素。

● display:inline-block:显示为行内块元素。表现为同行显示并可修改宽、高、内外边距等属性。例如,将 ul 元素加上 display:inline-block 样式,原本垂直的列表就可以水平显示了。

示例:

```
    img { disply: block; float:right; }
```

【例 6-16】 display 属性示例。本例文件 6-16.html 在浏览器中的显示效果如图 6-26 所示。

```
    <!DOCTYPE html>
    <html>
        <head>
```

图 6-26　display 属性示例

```
        <meta charset="utf-8">
        <title>display 属性</title>
        <style type="text/css">
            p { display: inline; }
            span { display:block; }
            span.inline_box{ border: red solid 1px; display: inline-block; width: 200px;
                height: 50px; text-align: center; }
        </style>
    </head>
    <body>
        <p>display 属性的值为"inline"的结果，</p>元素前后没有换行符，
        <p>两个元素显示在同一水平线上。</p>
        <span>display 属性值为"block"的结果，</span>元素前后会有换行符，<span>可以设置它
的宽度和上、右、下、左的内外的内外边距。</span>
        <span class="inline_box">display 属性值为"inline-block"的结果，</span>但具有 block 元素
的某些特性，<span class="inline_box">两个元素显示在同一水平线上。</span>
    </body>
</html>
```

6.3.7 元素可见性属性 visibility

visibility 属性用于设置一个元素是否显示。此属性与 display:none 属性不同，visibility:hidden 属性设置为隐藏元素后，元素占据的空间仍然保留，但 display:none 不保留占用的空间，就像元素不存在一样。

语法：**visibility : hidden | visible | collapse | inherit**

参数：hidden 表示元素隐藏。visible 表示元素可见。collapse 主要用来隐藏表格的行或列，隐藏的行或列能够被其他内容使用；对于表格外的其他对象，其作用等同于 hidden。Inherit 表示继承父元素的可见性。

说明：如果希望元素为可见，其父元素也必须是可见的。visibility:hidden 可以隐藏某个元素，但隐藏的元素仍占用与未隐藏时一样的空间。也就是说，该元素虽然被隐藏了，但仍然会影响布局。visibility 属性通常被设置成 visible 或 hidden。

当设置元素 visibility: collapse 后，一般元素的表现与 visibility: hidden 一样，即会占用空间。但如果该元素是与 table 相关的元素，例如 table row、table column、table column group、table column group 等，其表现却跟 display: none 一样，即其占用的空间会被释放。不同浏览器对 visibility: collapse 的处理方式不同。

示例：

```
        img { visibility: hidden; float: right; }
```

【例 6-17】 visibility 属性示例。本例文件 6-17.html 在浏览器中的显示效果如图 6-27 所示。

```
    <!DOCTYPE html>
    <html>
        <head>
            <meta charset="utf-8">
            <title>visibility 属性示例</title>
            <style type="text/css">
                h1.hidden { visibility: hidden; }
                h2.display { display: none; }
            </style>
        </head>
        <body>
```

图 6-27　visibility 属性示例

```
            <h1>这是一个可见标题</h1>
            <h1 class="hidden">这是一个隐藏标题</h1>
            <p>注意，本例中的 visibility: hidden 隐藏标题仍然占用空间。</p>
            <h1 class="display">这个标题不被保留空间</h2>
            <p>注意，本例中的 display: none 不显示标题不占用空间。</p>
        </body>
    </html>
```

6.4　CSS 盒子定位属性

前面介绍了独立的盒模型，以及在标准流情况下盒子的相互关系。如果仅仅按照标准流的方式，就只能按照仅有的几种可能性进行排版，限制太多。CSS 的制定者为解决排版限制的问题，给出了若干不同的方法以实现各种排版需要。

定位（Positioning）的基本思想很简单，它允许用户定义元素框相对于其正常位置应该出现的位置或者相对于父元素、另一个元素甚至浏览器窗口本身的位置。CSS 为定位提供了一些属性，利用这些属性，可以创建列式布局，将布局的一部分与另一部分重叠。

6.4.1　定位位置属性 top、right、bottom、left

这四个 CSS 属性用于定位元素的位置。

语法：

top:auto | length
right:auto | length
bottom:auto | length
left:auto | length

top 用于设置定位元素相对对象的顶边偏移的距离，正数向下偏移，负数向上偏移。

right 用于设置定位元素相对对象的右边偏移的距离，正数向左偏移，负数向右偏移。

bottom 用于设置定位元素相对对象的底边偏移的距离，正数向上偏移，负数向下偏移。

left 用于设置定位元素相对对象的左边偏移的距离，正数向右偏移，负数向左偏移。

参数：auto 无特殊定位，根据 HTML 定位规则在文档流中分配。length 是由数字和单位标识符组成的长度值或百分比数。

说明：必须定义 position 属性值为 absolute 或者 relative，此取值方可生效。left 用于设置对象与其最近的已定位父元素左边相关的位置。

left 和 right 在一个样式中只能使用其一，不能两者同时设置，因为若一个元素设置了靠左的距离，右边距离自然就有了，所以无须设置另外一边的距离。相同道理，top 和 bottom 对一个元素也只能使用其一。CSS 规定，如果水平方向同时设置了 left 和 right，则以 left 属性值为准。同样，如果垂直方向同时设置了 top 和 bottom，则以 top 属性值为准。

示例：

div{left:20px}

6.4.2　定位方式属性 position

position 属性用于设置元素的定位类型。

语法：**position: static | absolute | relative | sticky**

参数：static 是默认值，没有定位，元素出现在正常的文档流中（忽略 top、bottom、left、right 或者 z-index 属性的声明）。

absolute 表示生成绝对定位的元素，绝对定位元素的位置相对于最近的已定位父元素，如果元素没有已定位的父元素，那么相对于页面定位。元素的位置通过 top、right、bottom、left 进行规定。此时元素不具有边距，但仍有边框和内边距。absolute 定位使元素的位置与文档流无关，因此不占据空间。absolute 定位的元素造成和其他元素重叠。

relative 表示生成相对定位的元素，相对于其正常位置进行定位，不脱离文档流，但将依据 top、right、bottom、left 等属性在正常文档流中偏移。移动相对定位元素后，它原本所占的空间不会改变。相对定位元素经常被用来作为绝对定位元素的容器块。

fixed 元素框的表现类似于将 position 设置为 absolute，不过，其包含元素的位置相对于浏览器窗口是固定的。fixed 定位使元素的位置与文档流无关，因此不占据空间。fixed 定位的元素和其他元素重叠。

sticky 定位，也可以称为黏性定位。position: sticky 基于用户的滚动位置来定位。黏性定位依赖于用户的滚动，在 position:relative 与 position:fixed 定位之间切换。它的行为就像 position:relative 而当页面滚动超出目标区域时，它的表现就像 position:fixed 一样固定在目标位置。元素定位表现为在跨越特定阈值前为相对定位，之后为固定定位。这个特定阈值指的是 top、right、bottom 或 left。换言之，指定 top、right、bottom 或 left 四个阈值其中之一，才可使黏性定位生效，否则其行为与相对定位相同。注意：Microsoft Edge 15 及更早 IE 版本不支持 sticky 定位。

说明：这个属性定义建立元素布局所用的定位机制。任何元素都可以定位，不过绝对或固定元素会生成一个块级框，而不论该元素本身是什么类型。相对定位元素会相对于它在正常流中的默认位置偏移。

1. 静态定位

静态定位是 position 属性的默认值，盒子按照标准流（包括浮动方式）进行布局，即该元素出现在文档中的常规位置，不会重新定位。

【例 6-18】 静态定位示例。本例文件 6-18.html 在浏览器中的显示效果如图 6-28 所示。

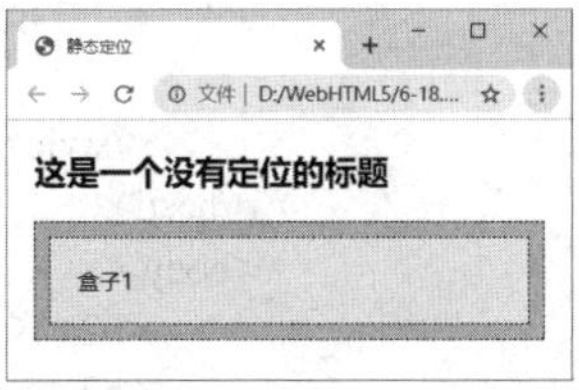

图 6-28　静态定位示例

```html
<!DOCTYPE html>
<html>
    <head>
        <meta charset="utf-8">
        <title>静态定位</title>
        <style type="text/css">
            body { margin: 20px;   /*页面整体外边距为 20px*/ }
            #father {background-color: #a0c8ff;   /*父容器的背景为蓝色*/
                border: 1px dashed #000000;   /*父容器的边框为 1px 黑色虚线*/
                padding: 10px;   /*父容器内边距为 10px*/   }
            #box1 {
                background-color: #fff0ac;   /*盒子的背景为黄色*/
                border: 1px dashed #000000;   /*盒子的边框为 1px 黑色虚线*/
                padding: 20px;   /*盒子的内边距为 20px*/   }
        </style>
    </head>
    <body>
        <h2>这是一个没有定位的标题</h2>
        <div id="father">
            <div id="box1">盒子 1</div>
        </div>
    </body>
</html>
```

【说明】"盒子 1"没有设置任何 position 属性，相当于使用静态定位方式，页面布局也没有发生任何变化。

2．相对定位

使用相对定位的盒子会相对于自身原本的位置，通过偏移指定的距离到达新的位置。使用相对定位，除了要将 position 属性值设置为 relative 外，还需要指定一定的偏移量。其中，水平方向的偏移量由 left 和 right 属性指定；竖直方向的偏移量由 top 和 bottom 属性指定。

【例 6-19】 相对定位示例。本例文件 6-19.html 在浏览器中的显示效果如图 6-29 所示。

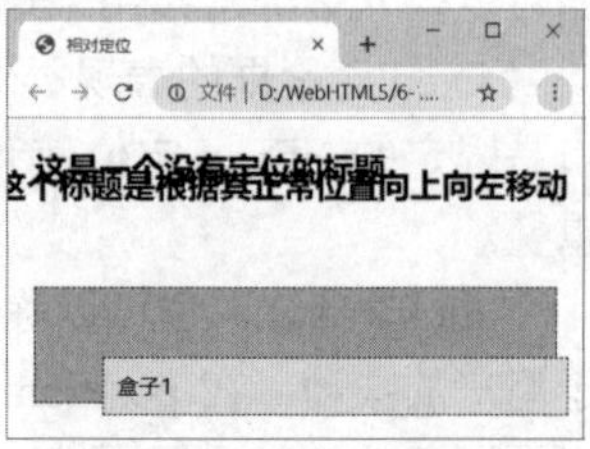

图 6-29　相对定位示例

```
<!DOCTYPE html>
<html>
    <head>
        <meta charset="utf-8">
        <title>相对定位</title>
        <style type="text/css">
            body { margin: 20px; /*页面整体外边距为20px*/ }
            #father { background-color: #a0c8ff; /*父容器的背景为蓝色*/
                border: 1px dashed #000000; /*父容器的边框为1px 黑色虚线*/
                padding: 10px; /*父容器内边距为10px*/ }
            #box1 { background-color: #fff0ac; /*盒子背景为黄色*/
                border: 1px dashed #000000; /*边框为1px 黑色虚线*/
                padding: 10px; /*盒子的内边距为10px*/
                margin: 10px; /*盒子的外边距为10px*/
                position: relative; /*relative 相对定位*/
                left: 30px; /*距离父容器左端30px*/
                top: 30px; /*距离父容器顶端30px*/    }
            h2.left_top { position: relative; /*relative 相对定位*/
                top: -40px; left: -30px; }
        </style>
    </head>
    <body>
        <h2>这是一个没有定位的标题</h2>
        <h2 class="left_top">这个标题是根据其正常位置向左向上移动</h2>
        <div id="father">
            <div id="box1">盒子 1</div>
        </div>
    </body>
</html>
```

【说明】

1）id="box1"的盒子使用相对定位方式，因此"相对于"初始位置向右向下各移动了 30px。

2）使用相对定位的盒子仍在标准流中，它对父容器没有影响。

3）即使相对定位元素的内容移动了，但是预留空间的元素仍保留在正常文档流的位置。

3．绝对定位

使用绝对定位的盒子以它的"最近"的一个"已经定位"的"祖先元素"为基准进行偏移。如果没有已经定位的祖先元素，就以浏览器窗口为基准进行定位。

绝对定位的盒子从标准流中脱离，对其后的兄弟盒子的定位没有影响，就好像这个盒子不存在一样。原先在正常文档流中所占的空间会关闭，就好像元素原来不存在一样。元素定位后生成一个块级框，而不论它原来在正常流中生成何种类型的框。

【例 6-20】 绝对定位示例。本例文件 6-20.html 在浏览器中
的显示效果如图 6-30 所示。

```
<!DOCTYPE html>
<html>
    <head>
        <meta charset="utf-8">
        <title>absolute 绝对定位</title>
        <style type="text/css">
            h3 {position: absolute; left: 200px; top: 50px; }
        </style>
    </head>
    <body>
```

图 6-30　绝对定位示例

```
        <h3>这是一个绝对定位了的标题。标题放置距离左边的页面 100px 和距离页面的顶部
150px 的元素。</h3>
        <p>用绝对定位,一个元素可以放在页面上的任何位置。</p><p></p><p></p>
        <div style="border: 3px solid blue; width: 100px;height: 100px;">蓝色的 div 位于正常文档流
中</div>
        <div style="border: 3px dotted red;width: 100px;height: 100px;position: absolute;top: 100px;
left:50px;">红色的 div 脱离了文档流</div>
        <hr />
        <span>绿色 div 和粉色 div 都设置成绝对定位 div，但粉色 div 它的父元素是绿色 div，所
以粉色 div 计算相对位置是根据绿色 div 的原点计算的</span>
        <div style="width: 200px;height: 200px;border: 3px dashed green;position: absolute;
top:200px;left: 200px;">
            <div style="border: 3px double pink;width: 100px;height: 100px;position: absolute;
top:30px;left: 30px;"></div>
        </div>
    </body>
</html>
```

4．固定定位

固定定位其实是绝对定位的子类别，一个设置了 position:fixed 的元素是相对于窗口固定的，就
算页面文档发生了滚动，它也会一直待在相同的地方。

【例 6-21】 固定定位示例。为了把固定定位演示得更加清楚，本例中盒子 2 使用固定定位，并
且调整页面高度使浏览器显示出滚动条。本例文件 6-21.html 在浏览器中显示的效果如图 6-31 所示。

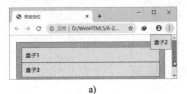
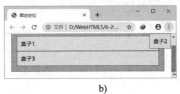

a)　　　　　　　　　　　　　　b)

图 6-31　固定定位示例

a) 初始状态　b) 向下拖动滚动条时的状态

```
<!DOCTYPE html>
<html>
    <head>
        <meta charset="utf-8">
        <title>固定定位</title>
        <style type="text/css">
            body { margin: 20px; /*页面整体外边距为 20px*/ }
            #father { background-color: #a0c8ff; /*父容器的背景为蓝色*/
```

```
            border: 1px dashed #000000; /*父容器的边框为1px 黑色虚线*/
            padding: 15px; /*父容器内边距为15px*/ }
        #box1 { background-color: #fff0ac; /*盒子的背景为黄色*/
            border: 1px dashed #000000; /*盒子的边框为1px 黑色虚线*/
            padding: 10px; /*盒子的内边距为10px*/
            position: relative; /*relative 相对定位 */ }
        #box2 { background-color: #fff0ac; /*盒子的背景为黄色*/
            border: 1px dashed #000000; /*盒子的边框为1px 黑色虚线*/
            padding: 10px; /*盒子的内边距为10px*/
            position: fixed; /*fixed 固定定位*/
            top: 0; /*向上偏移至浏览器窗口顶端*/
            right: 0; /*向右偏移至浏览器窗口右端 */ }
        #box3 {background-color: #fff0ac; /*盒子的背景为黄色*/
            border: 1px dashed #000000; /*盒子的边框为1px 黑色虚线*/
            padding: 10px; /*盒子的内边距为10px*/
            position: relative; /*relative 相对定位 */ }
    </style>
</head>
<body>
    <div id="father">
        <div id="box1">盒子 1</div>
        <div id="box2">盒子 2</div>
        <div id="box3">盒子 3</div>
    </div>
</body>
</html>
```

5．黏性定位

浏览者滚动浏览器中的内容时，黏性定位的元素是依赖于用户的滚动的，在 position:relative 与 position:fixed 定位之间切换。

【例 6-22】 黏性定位示例。本例文件 6-22.html 在浏览器中的显示效果如图 6-32 所示。

图 6-32　黏性定位示例

```
<!DOCTYPE html>
<html>
    <head>
        <meta charset="utf-8">
        <title>sticky 定位</title>
        <style type="text/css">
            div.sticky { position: -webkit-sticky; position: sticky; top: 0; padding: 5px;
                background-color: #cae8ca; border: 2px solid #4CAF50; }
        </style>
    </head>
    <body>
        <p>请滚动页面，才能看出效果！</p>
```

```
<p>注意: IE/Edge 15 及更早 IE 版本不支持 sticky 属性。</p>
<div class="sticky">我是黏性定位!</div>
<div style="padding-bottom:2000px">
    <p>滚动我</p>
    <p>来回滚动我</p>
    <p>滚动我</p>
    <p>来回滚动我</p>
    <p>滚动我</p>
    <p>来回滚动我</p>
</div>
    </body>
</html>
```

6.4.3 层叠顺序属性 z-index

z-index 属性用于设置对象的层叠顺序。

语法：z-index : auto | number

参数：默认值是 auto，即层叠顺序与其父元素相同。number 为无单位的整数值，可为负数，用于设置目标对象的层叠顺序，数值越大，所在的层级越高，即覆盖在其他层级之上。该属性仅在 position:absolute 时有效。

说明：如两个绝对定位对象的此属性具有同样的值，那么将依据它们在 HTML 文档中声明的顺序层叠。元素的定位与文档流无关，所以它们可以覆盖页面的其他元素上。z-index 属性指定了一个元素的层叠顺序（哪个元素应该放在前面或后面）。

示例：当定位多个要素并将其层叠时，可以使用 z-index 来设定哪一个要素出现在最上层。由于 h2 元素的 z-index 属性值更高，因此它显示在 h1 元素文字的上面。

```
h2{ position: relative; left: 10px; top: 0px; z-index: 10}
h1{ position: relative; left: 33px; top: -35px; z-index: 1}
div { position:absolute; z-index:3; width:6px }
```

【例 6-23】 z-index 属性示例。本例文件 6-23.html 在浏览器中的显示效果如图 6-33 所示。

图 6-33　z-index 属性示例

```
<!DOCTYPE html>
<html>
    <head>
        <meta charset="utf-8">
        <title>z-index 示例</title>
        <style type="text/css">
            img { position: absolute;left: 0px; top: 0px; z-index: -1;width:150px; height:100px; }
            div.box{ position: absolute;width: 100px; height: 100px; }
        </style>
    </head>
    <body>
        <h1>This is a heading</h1>
        <img src="images/sunflower.jpg" />
        <p>因为图像元素设置了 z-index 属性值为 -1，所以它会显示在文字之后。</p>
        <div style="background-color: yellow; border: 2px solid #4CAF50;width: 100px;height:
100px;">正常文档流</div>
        <div class="box" style="z-index:0;background-color:red; border: 2px dotted #4CAF50; top:
50px;left: 50px;"></div>
        <div class="box" style="z-index:1;background-color:green; border: 2px double #4CAF50; top:
100px;left: 100px;"></div>
```

```
        <div class="box" style="z-index:2;background-color: blue; border: 2px dashed #4CAF50; top:
150px;left: 150px;"></div>
            </body>
        </html>
```

6.5　CSS3 多列属性

CSS3 的多列属性可以将文本内容设计成像报纸一样的多列布局。CSS3 的多列属性如下。

6.5.1　列数属性 column-count

column-count 属性用于设置元素被分割的列数。

语法：**column-count: <integer> | auto**

参数：默认值为 auto，列数根据 column-width 自动分配宽度。integer 表示用整数值来定义列数，不允许为负值。

示例：

```
<style type="text/css">
    .newspaper { column-count:3; }
</style>
<body>
    <div class="newspaper">
        文字…
    </div>
</body>
```

6.5.2　列宽属性 column-width

column-width 属性用于设置元素每列的宽度。

语法：**column-width: <length> | auto**

参数：默认值为 auto，表示根据 column-count 分配宽度。

示例：

```
    .newspaper { column-width: 100px; column-count: 3; column-gap: 40px; column-rule-style: outset;
column-rule-width: 1px; }
```

6.5.3　列宽属性 column

column 属性用于设置元素的列数和每列的宽度，是复合属性。

语法：**columns: [column-width] | [column-count]**

参数：与每个独立属性的参数相同。column-width 设置元素每列的宽度。column-count 设置元素的列数。

示例：

```
    .newspaper { columns:100px 3; }
```

6.5.4　列之间的间隔属性 column-gap

column-gap 属性用于设置元素的列与列之间的间隙。

语法：**column-gap: <length> | normal**

参数：length 用长度值定义列与列之间的间隙，不允许为负值。normal 值与 font-size 值相同，假设该对象的 font-size 值为 16px，则 normal 值为 16px。

示例：

    .newspaper { column-count:3; column-gap:40px; }

6.5.5　是否横跨所有列属性 column-span

column-span 属性用于设置元素是否横跨所有列。

语法：**column-span: none | all**

参数：none 表示不跨列。all 表示横跨所有列。

示例：

    .newspaper { column-count:3; }
    h2 { column-span:all; }

6.5.6　列间隔样式属性 column-rule-style

column-rule-style 属性用于设置元素的列与列之间间隔的样式。

语法：**column-rule-style: none | hidden | dotted | dashed | solid | double | groove | ridge | inset | outset**

参数：none 表示无轮廓，column-rule-color 与 column-rule-width 将被忽略。

hidden 表示隐藏边框。dotted 表示点状轮廓。dashed 表示虚线轮廓。solid 表示实线轮廓。double 表示双线轮廓，两条单线与其间隔的和等于指定的 column-rule-width 值。groove 表示 3D 凹槽轮廓。ridge 表示 3D 凸槽轮廓。inset 表示 3D 凹边轮廓。outset 表示 3D 凸边轮廓。

说明：如果 column-rule-width 值为 0，本属性将失去作用。

示例：

    .newspaper { column-count:3; column-gap:40px; column-rule-style:dotted; }

6.5.7　列之间间隔颜色属性 column-rule-color

column-rule-color 属性用于设置列与列之间间隔的颜色。

语法：**column-rule-color: <color>**

默认值：采用文本颜色。

说明：如果 column-rule-width 值为 0 或 column-rule-style 值为 none，本属性将被忽略。

示例：

    .newspaper { column-count:3; column-gap:40px; column-rule-style:outset; column-rule-color:#ff0000; }

6.5.8　列之间宽度属性 column-rule-width

column-rule-width 属性用于设置元素的列与列之间间隔的宽度。

语法：**column-rule-width: <length> | thin | medium | thick**

默认值：<length>表示用长度值来定义边框的厚度，不允许为负值。medium 表示默认厚度的边框。thin 定义比默认厚度细的边框。thick 定义比默认厚度粗的边框。

说明：如果 column-rule-style 设置为 none，本属性将失去作用。

示例：

    .newspaper { column-count: 3; column-gap: 40px; column-rule-style: outset; column-rule-width: 1px; }

6.5.9　列之间间隔所有属性 column-rule

column-rule 属性用于设置元素的列与列之间的间隔宽度、样式、颜色，是复合属性。

语法：**column-rule: [column-rule-width] | | [column-rule-style] | | [column-rule-color]**

参数：与每个独立属性的参数相同。

column-rule-width 设置元素的列与列之间间隔的宽度。

column-rule-style 设置元素的列与列之间间隔的样式。

column-rule-color 设置元素的列与列之间间隔的颜色。

示例：

    .newspaper { column-count:3; column-gap:40px; column- rule: 4px outset #ff00ff; }

【例 6-24】 多列属性示例。本例文件 6-24.html 在浏览器中的显示效果如图 6-34 所示。

图 6-34　多列属性示例

```
<!DOCTYPE html>
<html>
    <head>
        <meta charset="utf-8">
        <title>多列属性</title>
        <style type="text/css">
            .newspaper1 { column-count: 4; column-width: auto; column-rule-style: dashed;
                column-rule-width: thick; column-rule-color: green; }
            .newspaper2 { column-count: 5; column-width: auto; column-rule-style: none;
                column-gap: 10px; }
            .h3_span { column-span: all; }
            p { text-indent: 2em; margin: 0px; /*p 标签段落距离设置为 0px*/ }
        </style>
    </head>
    <body>
        <div class="newspaper1">
            <h3>古埃及文明</h3>
            <p>大约两万年前，埃及出现了旧石器时代的原始人类…</p>
            <p>约从公元前 4500 年（至今 6500 年），埃及进入新石器时代或铜石并用时代。根
据考古材料，埃及铜石并用文化的典型代表是巴达里文化（约公元前 4500—前 4000 年），涅加达文化Ⅰ
（约公元前 4000—前 3500 年）和涅加达文化Ⅱ（约公元前 3500—前 3100 年）。习惯上把这三种文化称为
前王朝文化。</p>
            <p>公元前 2480 年（距今 4500 年）的古埃及，是胡夫王的统治初期…</p>
        </div>
        <hr />
        <div class="newspaper2">
            <h3 class="h3_span">几何之父——欧几里得</h3>
            <p>我们现在学习的几何学，就是由古希腊数学家欧几里得（公元前 330—前 275
年，此时是中国的战国时期）创立的。他在公元前 300 年编写的《几何原本》，2300 多年来都被看作学习
几何的标准课本，所以称欧几里得为几何之父。</p>
            <p>在公元前 337 年，马其顿国王菲力二世用武力征服了希腊各城邦…</p>
            <p>古希腊的数学研究有着十分悠久的历史，曾经出版过…</p>
            <p>后来的哥白尼、开普勒、伽利略、牛顿这些卓越的科学人物…</p>
            <p>除《几何原本》外，欧几里得还有不少著作，如《已知数》《图形的分割》《纠错
集》《圆锥典线》《曲面轨迹》和《观测天文学》等，可惜大都失传了。不过，经过两千多年的历史考验，
影响最大的仍然是《几何原本》。</p>
        </div>
    </body>
</html>
```

6.6 CSS 基本布局样式

以前网站采用的表格布局，现在已经不再使用。Web 标准提出将网页的内容与表现分离，同时要求 HTML 文档具有良好的结构，所以现在采用的是符合 Web 标准的 DIV+CSS 布局方式。CSS 布局就是 HTML 网页通过 div 标签+CSS 样式表代码设计制作的 HTML 网页的统称。使用 DIV+CSS 布局的优点是便于维护，有利于 SEO（Search Engine Optimization，搜索引擎优化），网页打开速度快，符合 Web 标准等。

网页设计的第一步是设计版面布局，就像传统的报纸杂志编辑一样，将网页看作一张报纸或者一本杂志来进行排版布局。本节先介绍 CSS 布局类型，然后介绍常用的 CSS 布局样式。

6.6.1 CSS 布局类型

基本的 CSS 布局主要有固定布局和弹性伸缩布局两大类，弹性伸缩布局又分为宽度自适应布局、自适应式布局、响应式布局。

1. 固定布局（Fixed Layout）

固定布局是指页面的宽度固定，宽度使用绝对长度单位（px、pt、mm、cm、in），页面元素的位置不变，所以无论访问者的屏幕分辨率多大、浏览器尺寸是多少，都会和其他访问者看到的页面尺寸相同，网页布局始终按照最初写代码时的布局显示。常规的 PC 端网站都采用固定布局，如果小于这个宽度就会出现滚动条，如果大于这个宽度则内容居中，内容外加背景。固定布局也称为静态布局（Static Layout）。固定布局使用固定宽度的包裹层（Wrapper）或称为容器，内部的各个部分可以使用百分比或者固定的宽度来表示。这里最重要的是外面的所谓包裹层的宽度是固定不变的，所以不论访问者的浏览器的分辨率是多少，看到的网页宽度都相同。

2. 宽度自适应布局

宽度自适应布局（也称液态布局）是指在不同分辨率或浏览器宽度下依然保持满屏，不会出现滚动条，就像液体一样充满了屏幕。宽度自适应布局的宽度以百分比形式指定，文字使用 em。如果访问者调整浏览器窗口的宽度，网页的列宽也跟着调整。

3. 自适应式布局

自适应式布局是指使网页自适应地显示在不同大小的终端设备上，自适应需要开发多套界面，通过检测视口分辨率，来判断当前访问的设备是 PC、平板计算机、手机，从而请求服务层，返回不同的页面。自适应式布局对页面做的屏幕适配是在一定范围的，比如 PC 一般要大于 1024 像素，手机要小于 768 像素。

4. 响应式布局（Responsive Layout）

响应式布局是指同一页面在不同屏幕尺寸的终端（各种尺寸的 PC、手机、平板计算机、手表等 Web 浏览器）上有不同的布局，响应式开发一套界面，通过检测视口分辨率，针对不同客户端在客户端做代码处理，来展现不同的布局和内容。响应式布局几乎已经成为优秀页面布局的标准。

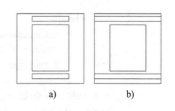

图 6-35　一栏布局

a) 一栏等宽布局　b) 一栏通栏布局

6.6.2 CSS 布局样式

1. 一栏（列）布局样式

常见的一栏布局有两种（如图 6-35 所示）。

● 一栏等宽布局：header、content 和 footer 等宽的一栏布局。
● 一栏通栏布局：header 与 footer 等宽，content 略窄的一栏布局。

【例 6-25】 一栏布局样式。

对于普通的一栏布局样式，先通过对 header、content、footer 统一设置 width：960px 或者 max-width：960px（这两者的区别是当屏幕小于 960px 时，前者会出现滚动条，后者则显示出实际宽度），然后设置 margin：auto 实现居中即可得到，如图 6-36 所示。布局元素采用 HTML5 中新增的语义元素，代码如下。

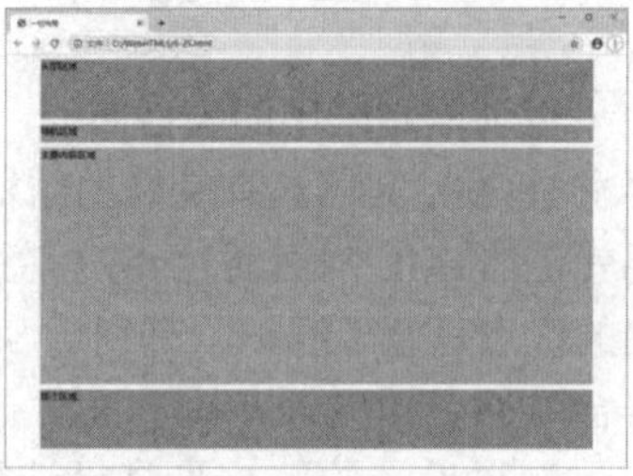

```
<!DOCTYPE html>
<html>
    <head>
        <meta charset="utf-8">
        <title>一栏布局</title>
        <style type="text/css">
            header { /*头部区域*/
                margin: 0 auto; /*左右设为 auto，是为了在页面内居中*/
                max-width: 960px; /*固定宽度*/
                height: 100px; /*固定高度*/   background-color: #ADB96E;}
            nav { /*导航区域*/
                margin: 10px auto; /*区域之间的间隔，如果不需要间隔可设置为 0 */
                max-width: 960px; height: 30px; background-color: #99CC33; }
            article { /*主要内容区域*/
                margin: 10px auto; max-width: 960px; height: 400px; background-color: #FFAAFF;}
            footer { /*脚注区域*/
                margin: 10px auto; max-width: 960px; height: 100px; background-color: #ADB96E;}
        </style>
    </head>
    <body>
        <header>头部区域</header>
        <nav>导航区域</nav>
        <article>主要内容区域</article>
        <footer>脚注区域</footer>
    </body>
</html>
```

图 6-36 一栏等宽布局

【例 6-26】 一栏通栏布局样式。

对于一栏通栏布局样式，header、footer 的内容宽度不设置，块级元素充满整个屏幕，但 header、content 和 footer 的内容区设置为同一宽度，并通过 margin:auto 实现居中，如图 6-37 所示。代码如下。

```
<!DOCTYPE html>
<html>
    <head>
        <meta charset="utf-8">
        <title>一栏布局(通栏)</title>
        <style type="text/css">
            .header { margin: 0 auto;
                max-width: 1600px;height: 100px;
                background-color: #ADB96E;}
            .nav { margin: 0 auto; /*设置为 10px，则区域之间出现间隔*/
                max-width: 960px; background-color:#99CC33; height: 30px; }
            .content { margin: 0 auto; max-width:960px; height: 400px; background-color:
                #FFAAFF;}
            .footer { margin: 0 auto; max-width: 1600px; height: 100px; background-color:
```

图 6-37 一栏通栏布局

```
#ADB96E;}
            </style>
        </head>
        <body>
            <div class="header">header</div>
            <div class="nav">nav</div>
            <div class="content">content</div>
            <div class="footer">footer</div>
        </body>
    </html>
```

2．两栏布局样式

两栏布局样式的网页一般一边是主体内容，另一边是目录，两栏布局有许多种实现方法。两栏布局通常一栏定宽，另一栏自适应宽度，这种方法称为float+margin。这样的好处是定宽的一栏可以放置目录或广告，自适应的一栏可以放置主体内容。

【例 6-27】 一栏自适应的两栏布局样式。本例文件6-27.html 在浏览器中的显示效果如图 6-38 所示。

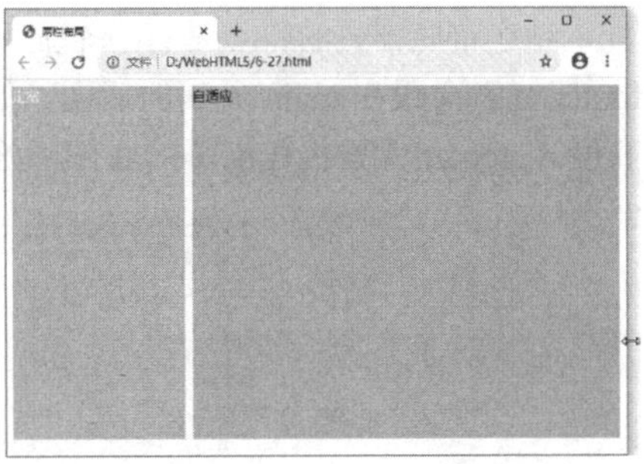

```
<!DOCTYPE html>
<html>
    <head>
        <meta charset="utf-8">
        <title>两栏布局</title>
        <style type="text/css">
            .left { width: 200px; height: 400px; background: lightblue; float: left; display: table;
color: #fff; }
            .right { margin-left: 210px; height: 400px; background: #FFAAFF; }
        </style>
    </head>
    <body>
        <div class="left">定宽</div>
        <div class="right">自适应</div>
    </body>
</html>
```

图 6-38 两栏布局

3．三栏布局样式

三栏布局样式通常两侧栏固定宽度，中间栏自适应宽度。实现三栏布局有多种方式。三栏布局样式使用较为广泛，不过也是比较基础的布局方式。对于 PC 端网页来说，三栏布局样式使用较多，但是移动端由于本身宽度的限制，很难实现三栏布局样式。

【例 6-28】 三栏布局。本例文件 6-28.html 在浏览器中的显示效果如图 6-39 所示。代码中设置 display:flex 表示弹性显示方式，即父容器能够调整子元素的宽度和高度。

```
<!DOCTYPE html>
<html>
    <head>
        <meta charset="utf-8">
        <title>三栏布局</title>
        <style type="text/css">
            .wrapper { display: flex; }
            .left { width: 200px; height: 300px;
                background: lightblue; }
            .middle { width: 100%;
```

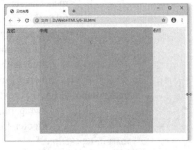

图 6-39 三栏布局

```
                background: #FFAAFF; margin: 0 20px; }
                        .right { width: 200px; height: 400px; background: yellow; }
            </style>
        </head>
        <body>
            <div class="wrapper">
                <div class="left">左栏</div>
                <div class="middle">中间</div>
                <div class="right">右栏</div>
            </div>
        </body>
    </html>
```

4．粘连布局样式

粘连布局样式的特点是有一个显示主要内容的 main 元素，当 main 元素的高度足够长的时候，footer 元素会跟在 main 元素的后面，如图 6-40 所示。当 main 元素比较短的时候（比如小于屏幕的高度），footer 元素仍在屏幕的底部，好像"粘连"在屏幕底部似的，如图 6-41 所示。

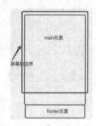

图 6-40　当 main 足够长时

图 6-41　当 main 比较短时

实现步骤如下。

1）footer 必须是一个独立的结构。

2）通过设置 min-height，将 wrap 区域的高度变为视口高度。

3）footer 元素要使用负的 margin 值来确定自己的位置。

4）在 main 元素区域需要设置 padding-bottom。这也是为了防止负 margin 值导致 footer 元素覆盖任何实际内容。

【例 6-29】 粘连布局。本例文件 6-29.html 在浏览器中的显示效果如图 6-42 所示。

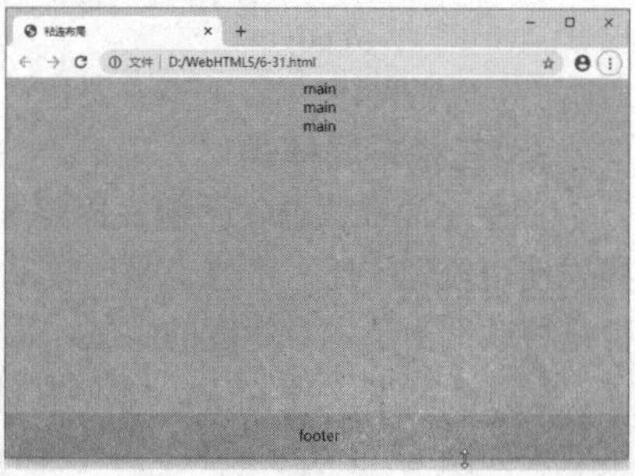

图 6-42　粘连布局

```
<!DOCTYPE html>
<html>
    <head>
        <meta charset="utf-8">
        <title>粘连布局</title>
        <style type="text/css">
            * { margin: 0; padding: 0; }
            html, body { height: 100%; /*高度一层层继承下来*/ }
            #wrap { min-height: 100%;
background: #FFAAFF; text-align: center; overflow: hidden; }
            #wrap .main { padding-bottom: 50px; }
            #footer { height: 50px; line-height: 50px; background:    #ADB96E; text-align: center;
margin-top: -50px; }
        </style>
    </head>
    <body>
```

```
            <div id="wrap">
                <div class="main">
                    main <br />
                    main <br />
                    main <br />
                </div>
            </div>
            <div id="footer">footer</div>
        </body>
    </html>
```

6.7 实训——制作社区网网页

本节介绍社区网主页几个板块的制作，重点练习 DIV+CSS 布局页面的相关知识。

6.7.1 制作新闻图片板块

1．页面布局规划

页面布局的首要任务是弄清网页的布局方式，分析版式结构，待整体页面布局有明确规划后，再根据规划切图。本实训新闻图片板块页面的效果如图 6-43 所示，页面布局示意图如图 6-44 所示。

图 6-43　新闻图片板块页面的效果

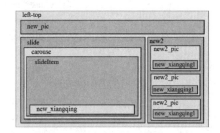

图 6-44　页面布局示意图

2．前期准备

1）栏目目录结构。在栏目文件夹下创建文件夹 images 和 css，分别存放图像素材和外部样式表文件。

2）页面素材。将本页面需要使用的图像素材存放在文件夹 images 下。

3）外部样式表。在文件夹 css 下新建名为 public.css、index.css 的样式表文件。

3．编写代码

（1）页面结构代码

index 左上.html 的结构代码如下。

```
    <!DOCTYPE html>
    <html>
        <head>
            <meta charset="utf-8">
            <title>首页</title>
            <link rel="stylesheet" href="css/public.css" />
            <link rel="stylesheet" href="css/index.css" />
```

```
            </head>
            <body>
                <div class="left-top">
                    <div class="new_pic">
                        <p>新闻图片</p>
                        <label class="right more"><a href="#">更多>></a></label>
                    </div>
                    <div class="slide" id="lun2">
                        <div class="carouse">
                            <div class="slideItem">
                                <img class="banner-img" src="images/new1.jpg">
                                <div class="new_xiangqing">
                                    <p>旅游旺季来临……</p>
                                </div>
                            </div>
                        </div>
                    </div>
                    <div class="new2 right">
                        <div class="new2_pic">
                            <img src="images/new2-1.jpg">
                            <div class="new_xiangqing1">
                                <p>1 街景</p>
                            </div>
                        </div>
                        <div class="new2_pic">
                            <img src="images/new2-2.jpg">
                            <div class="new_xiangqing1">
                                <p>2 街景</p>
                            </div>
                        </div>
                        <div class="new2_pic">
                            <img src="images/new2-3.jpg">
                            <div class="new_xiangqing1">
                                <p>3 街景</p>
                            </div>
                        </div>
                    </div>
                </div>
            </body>
        </html>
```

（2）public.css 样式文件

本样式文件是社区网所有网页都用到的公用样式，代码如下。

```
* { margin:0; padding:0;font-family: "微软雅黑";}
.right{float: right;}
.left{float: left;}
.clear{clear: both;}
```

（3）index.css 样式文件

本样式文件是 index 左上.html 网页用到的样式，代码如下。

```
.left-top{ margin-top: 20px; width: 834px; height: 415px; border: 1px solid rgb(223,220,221); }
.left-top label{ padding: 12px 28px 0 0; }
```

```
.new_pic{ background: url(../images/xinwentupian.jpg); width: 834px; height: 49px; }
.new_pic p{ font-size: 18px; line-height: 24px; color: #FFFFFF; padding: 12px 0 0 31px; float: left; }
.more a{ font-size: 12px; font-family: '宋体'; color: #cd161e; }
.slide{ width: 600px; height: 339px; float: left; }
#lun2{ padding: 8px 0 0 11px; }
.slide .carouse .slideItem{ width:100%; position:absolute; }
.banner-img{width: 600px; height: 339px; }
.new_xiangqing{ position: absolute; top: 285px; width: 560px; padding:15px 20px; background:
rgba(0,0,0,0.5); }
.new_xiangqing p{ color: #FFFFFF; font-size: 18px; background-image: url(../images/slide7.png); /*图片右
下方的圆点*/  background-repeat: no-repeat; background-position: right; }
.new2{ padding: 10px 15px 0 0; }
.new2 img{ width: 196px; height: 110px; }
.new2_pic{ }
.new_xiangqing1{ position: absolute; width: 182px; margin-top: -43px; padding:10px 7px; background:
rgba(0,0,0,0.5); }
.new_xiangqing1 p{ color: #FFFFFF; font-size: 14px; }
```

6.7.2 制作热点关注板块

1．页面布局规划

热点关注板块页面的效果如图 6-45 所示，页面布局示意图如图 6-46 所示。

图 6-45 热点关注板块页面的效果

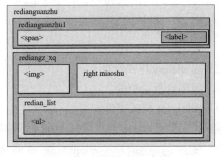

图 6-46 页面布局示意图

2．前期准备

与新闻图片板块相同。

3．编写代码

（1）页面结构代码

index 热点关注.html 的结构代码如下。

```
<!DOCTYPE html>
<html>
    <head>
        <meta charset="utf-8">
        <title>首页</title>
        <link rel="stylesheet" href="css/public.css" />
        <link rel="stylesheet" href="css/index.css" />
    </head>
    <body>
        <div class="redianguanzhu left">
            <div class="redianguanzhu1">
                <span>热点关注</span>
```

```
                    <label class="right"><a href="#">more>></a></label>
            </div>
            <div class="rediangz_xq">
                    <img src="images/new2.jpg" />
                    <div class="right miaoshu">
                            <p class="biaoti">今日新生报到开学</p>
                            <p class="neirong">今天对学生来说，是重要的一天，2020 年 9 月 1 日新
生报到开学。学生们穿着校服，背着书包高高兴兴到学校……</p>
                    </div>
                    <div class="clear"></div>
                    <div class="redian_list">
                            <ul>
                                    <li><a href="#">2020 年 9 月 1 日新生报到开学 1 <span
class="right">2020-09-01</span></a></li>
                                    <li><a href="#">2020 年 9 月 1 日新生报到开学 2 <span
class="right">2020-09-01</span></a></li>
                                    <li><a href="#">2020 年 9 月 1 日新生报到开学 3 <span
class="right">2020-09-01</span></a></li>
                                    <li><a href="#">2020 年 9 月 1 日新生报到开学 4 <span
class="right">2020-09-01</span></a></li>
                            </ul>
                    </div>
            </div>
        </div>
    </body>
</html>
```

（2）public.css 样式文件

与新闻图片板块相同。

（3）index.css 样式文件

本样式文件是 index 热点关注.html 网页用到的样式，代码如下。

```
.redianguanzhu{ margin-top: 16px; width: 585px; border:1px solid rgb(220,220,220); }
.redianguanzhu1{ background: url(../images/redian_bg.jpg); height: 34px; padding-top: 5px; }
.redianguanzhu1 span{ padding: 5px 38px;        color: #FFFFFF; font-size: 18px; }
.redianguanzhu1 label a{ font-size: 16px; line-height: 28px; color: #454545; padding-right: 12px; }
.rediangz_xq img{ width: 151px; height: 85px; margin-top: 20px; margin-left: 12px; }
.rediangz_xq p{ width: 397px; }
.miaoshu{ width: 400px; margin-top: 20px;}
.biaoti{ font-size: 14px; color:#d11112; }
.neirong{ font-size: 14px; color: #555454; line-height: 32.24px; margin-top: 10px; text-indent:2em; }
.redian_list { margin-top: 10px; }
.redian_list ul{ padding-bottom:8px; }
.redian_list ul li a{ margin-left: 8px; font-size: 14px; line-height: 33px; color:#555454; }
.redian_list ul li{ list-style: url(../images/list-style2.jpg); margin-left: 35px; }
.redian_list ul li span{ padding-right: 20px; }
```

习题 6

1．使用图文混排技术制作如图 6-47 所示的书城页面。

2．使用盒模型技术制作如图 6-48 所示的抽象艺术页面。

图 6-47　书城页面

图 6-48　抽象艺术页面

3．制作三行两列宽度固定布局，页面效果如图 6-49 所示。

4．制作三行三列宽度固定布局，页面效果如图 6-50 所示。

图 6-49　三行两列宽度固定布局的页面效果　　　图 6-50　三行三列宽度固定布局的页面效果

5．使用 Div+CSS 布局制作"电脑学堂"页面，如图 6-51 所示。

6．使用 Div+CSS 布局制作"美食之家"页面，如图 6-52 所示。

图 6-51　"电脑学堂"页面　　　　　　　　　　图 6-52　"美食之家"页面

7．整合社区网中心内容的 4 个板块，如图 6-53 所示。

8．整合社区网新闻、通告和登录 3 个板块，如图 6-54 所示。

图 6-53　中心内容板块　　　　　　　　　　　　图 6-54　新闻、通告和登录板块

第7章 JavaScript 程序设计基础

使用 HTML 可以搭建网页的结构，使用 CSS 可以控制和美化网页的外观，对网页的交互行为和特效需要使用 JavaScript（简称 JS）。JavaScript 是制作网页的行为标准之一，JavaScript 是 Web 的编程语言，所有 HTML 网页都使用 JavaScript。

学习目标：理解 JavaScript 的数据类型，掌握流程控制、函数、对象和正则表达式，熟练使用浏览器的开发者工具调试 JavaScript 程序。

重点难点：重点是在 HTML 文档中使用 JavaScript、函数、对象，难点是函数、对象。

7.1 JavaScript 概述

脚本（Script）实际上就是一段程序，用来完成某些特殊的功能。脚本程序既可以在服务器端运行（称为服务器脚本，例如 PHP 脚本等），也可以在客户端运行（称为客户端脚本）。

客户端脚本常用来响应用户动作、验证表单数据，以及显示各种自定义内容，如对话框、动画等。使用客户端脚本时，由于脚本程序在浏览器中随网页同时下载到客户机上，因此在对网页进行验证或响应用户动作时，无须通过网络与 Web 服务器进行通信，从而降低了网络的传输量和服务器的负荷，改善了系统的整体性能。

7.1.1 JavaScript 的诞生

1994 年 12 月，网景公司发布了 Netscape Navigator 1.0 版。网景公司发现浏览器需要一种可以嵌入网页的脚本语言，用来控制浏览器行为。因为当时网速很慢，有些操作不宜在服务器端完成。比如，如果用户忘记填写"用户名"，就单击了"发送"按钮，到服务器端才发现，最好能让浏览器检查每一栏是否都填写了，这就需要在网页中嵌入小程序。网景公司决定开发一种客户端浏览器脚本语言，最初名字叫作 Mocha。

1995 年，Sun 公司正式向市场推出 Java 语言，网景公司与 Sun 公司成立了一个开发联盟。

1995 年 4 月，网景公司雇佣本公司 34 岁的系统程序员 Brendan Eich（布兰登·艾克）开发这种网页脚本语言。Brendan Eich 有很强的函数式编程背景。

1995 年 5 月，网景公司做出决策，未来的网页脚本语言必须"看上去与 Java 足够相似"，但是比 Java 简单，使非专业的网页程序员也能很快上手。这个决策实际上将 Perl、Python、Tcl、Scheme 等非面向对象编程的语言都排除在外了。Brendan Eich 被指定为这种"简化版 Java 语言"的设计师。

Brendan Eich 只用了 10 天时间，就设计完成了这种语言的第一版。这种语言实际上是两种语言风格的混合产物：简化的函数式编程+简化的面向对象编程。这是由 Brendan Eich 函数式编程与网景公司面向对象编程共同决定的。

1995 年 9 月将其更名为 LiveScript。12 月，网景公司与 Sun 公司达成协议，Sun 允许将这种语言叫作 JavaScript。这样一来，网景公司可以借助 Java 语言的声势，而 Sun 公司则将自己的影响力扩展到了浏览器。但从本质上说，JavaScript 与 Java 没有关系。

JavaScript 1.0 获得了巨大的成功。网景公司随后在 Netscape Navigator 3（网景浏览器）中发布了 JavaScript 1.1。微软在其 IE3 中加入了 JavaScript，改名为 JScript（名称不同是为了避免侵权）。由于当时标准不统一，JavaScript 的规范化被提上日程。

1997 年，网景公司以 JavaScript 1.1 为蓝本提交给欧洲计算机制造商协会（European Computer Manufactures Asociation，ECMA）。该协会将其标准化，定义了一种名为 ECMAScript 的新脚本语言的标准 ECMA-262。1998 年，ISO/IEC（国标标准化组织和国际电工委员会）也采用 ECMAScript 作为标准（即 ISO/TEC-16262）。

由 ECMA-262 定义的 ECMAScript 其实与 Web 浏览器没有依赖关系。Web 浏览器只是 ECMAScript 实现可能的宿主环境之一。ECMA-262 定义的只是这门语言的基础，而在此基础上可以构建更完善的脚本语言。宿主不仅提供基本的 JavaScript 实现，还提供该语言的扩展，如 DOM。其他宿主环境包括 Node 和 Adobe Flash。

虽然人们通常认为 JavaScript 和 ECMAScript 表达相同的意思，但 JavaScript 的含义比 ECMA-262 中规定的多得多。一个完整的 JavaScript 实现由 3 个部分组成。

- 核心（ECMAScript）。
- 文档对象模型（DOM）。
- 浏览器对象模型（BOM）。

7.1.2 ECMAScript 的版本

JavaScript 已经由 ECMA 通过 ECMAScript 实现语言的标准化。ECMAScript 的版本见表 7-1。

表 7-1 ECMAScript 的版本

名 称	年 份	描 述
ECMAScript 1	1997.6	第一个版本，本质上与 JavaScript 1.1 相同。只不过删除了所有针对浏览器的代码并做了一些较小的改动：ECMAScript 要求支持 Unicode 标准，而且对象也变成了平台无关的
ECMAScript 2	1998.6	格式修正，以使其形式与 ISO/IEC16262 国际标准一致。主要是编辑加工的结果。这一版的内容更新是为了与 ISO/IEC-16262 保持严格一致，没有作任何新增、修改或删节处理。因此，一般不使用第 2 版来衡量 ECMAScript 实现的兼容性
ECMAScript 3	1999.12	对 ECMAScript 标准第一次真正的修改。新增了对正则表达式、新控制语句、try-catch 异常处理的支持，修改了字符处理、错误定义和数值输出等内容。从各方面综合来看，第 3 版标志着 ECMAScript 成为一门真正的编程语言，也成为 JavaScript 的通行标准，得到了广泛支持
ECMAScript 4	2007.10	2007 年 10 月 ECMAScript 4.0 版草案发布，对 3.0 版做了大幅升级，草案发布后，由于 4.0 版的目标过于激进，各方对于是否通过这个标准，发生了严重分歧。以 Yahoo、Microsoft、Google 为首的大公司，反对 JavaScript 的大幅升级，主张小幅改动；以 JavaScript 创造者 Brendan Eich 为首的 Mozilla 基金会，则坚持当前的草案。由于出现分歧，2008 年 7 月 ECMAScript 4.0 发布前被废弃
ECMAScript 5	2009.12	新功能包括：原生 JSON 对象、继承的方法、高级属性的定义以及引入严格模式
ECMAScript 5.1	2011.6	成为 ISO 国际标准（ISO/IEC16262:2011）。到了 2012 年底，所有主要浏览器都支持 ECMAScript 5.1 版的全部功能
ECMAScript 6	2015.6	添加类和模块，ECMAScript 6 也称为 ECMAScript 2015
ECMAScript 7	2016	增加指数运算符（**），增加 Array.prototype.includes。ECMAScript 7 也称为 ECMAScript 2016

7.1.3 JavaScript 的特点

2020 年 3 月公布的编程语言排行榜中 JavaScript 名列第七。JavaScript 是世界上最流行的脚本语言，所谓"脚本语言"，指的是它不具备开发操作系统的能力，而是只用来编写控制其他大型应用程序的"脚本"。JavaScript 脚本语言的主要特点如下。

1．解释性

JavaScript 是一种解释语言，源代码不需要经过编译，直接在浏览器上运行时被解释。

2．基于对象

JavaScript 是一种基于对象的语言，能运用自己已经创建了的对象，许多功能可以来自于脚本环境中对象的方法与脚本的相互作用。

3．事件驱动

JavaScript 与 HTML 之间交互是通过事件实现的，事件就是 HTML 或浏览器窗口中发生的一些特定的交互瞬间。例如，单击鼠标、移动窗口、选择菜单等都可以视为事件。当一个事件发生时，它可能会引起相应的事件响应并执行一些相应的脚本，这种机制称为事件驱动。

4．跨平台

JavaScript 依赖于浏览器本身，与操作环境无关。只要能运行浏览器的计算机，并支持 JavaScript 的浏览器就可以正确执行。

5．安全性

JavaScript 是一种安全性语言。它不允许访问本地的磁盘，并不能将数据存入服务器上；不允许对网络文本进行修改和删除，只能通过浏览器实现信息浏览或动态交互。可有效地防止数据丢失或非法访问系统。

JavaScript 是一种嵌入式（Embedded）语言。它本身提供的核心语法不算很多，只能用来做一些数学和逻辑运算。JavaScript 本身不提供任何与 I/O（输入/输出）相关的 API，都要靠宿主环境（host）提供，所以 JavaScript 只适合嵌入更大型的应用程序环境，去调用宿主环境提供的底层 API。目前，已经嵌入 JavaScript 的宿主环境有多种，最常见的环境就是浏览器，另外还有服务器环境，也就是 Node 项目。

JavaScript 是一种基于对象（Object）和事件驱动（Event Driven）的可以嵌入到 HTML 文件中并具有安全性能的脚本语言。JavaScript 语言可以响应用户需求事件（例如表单输入），而不需要任何网络来回传输数据。因此，当用户输入数据时，数据可以由客户端应用程序直接处理，而不是由服务器处理。

7.2　在 HTML 文档中使用 JavaScript

在 HTML 文档中使用 JavaScript 代码有 3 种方法：在 HTML 文档中嵌入脚本程序、链接脚本文件和在 HTML 标签内添加脚本。

22　在 HTML 文档中使用 JavaScript

可以使用任何编辑 HTML 文档的软件编辑 JavaScript，本章和后续各章仍然使用 HBuilder X编辑器。所有流行浏览器都可以运行 JavaScript，本书使用 Google Chrome 浏览器。

7.2.1　在 HTML 文档中嵌入脚本程序

JavaScript 的脚本程序包括在 HTML 中，使之成为 HTML 文档的一部分。其格式为：

```
<script type="text/javascript">
    JavaScript 语言代码;
    JavaScript 语言代码;
    …
</script>
```

语法说明如下。

script：脚本元素。它必须以<script type="text/javascript">开头，以</script>结束，界定程序开始的位置和结束的位置。

script 在页面中的位置决定了什么时候装载脚本，如果希望在其他所有内容之前装载脚本，就要确保脚本在页面的<head>…</head>之间。

JavaScript 脚本本身不能独立存在，它是依附于某个 HTML 页面，在浏览器端运行的。在编写 JavaScript 脚本时，可以像编辑 HTML 文档一样，在文本编辑器中输入脚本的代码。

注意，在<script language ="JavaScript">…</script>中的程序代码有大、小写之分，例如将 document.write()写成 Document.write()，程序将无法正确执行。

【例 7-1】　在 HTML 文档中嵌入 JavaScript 的脚本。

```
<!DOCTYPE html>
```

```
<html>
    <head>
        <meta charset="utf-8">
        <title>JavaScript 示例</title>
        <script type="text/javascript">
            document.write("Hello World!");
        </script>
    </head>
    <body>
    </body>
</html>
```

本例文件 7-1.html 在 HBuilder X 编辑器中编辑，如图 7-1 所示。运行 7-1.html，在浏览器中显示如图 7-2 所示。

图 7-1　在 HBuilder X编辑器中编辑　　　　图 7-2　执行 JavaScript 的脚本

【说明】　document.write()是文档对象的输出函数，其功能是将括号中的字符或变量值输出到窗口，如图 7-2 所示为浏览器加载时的显示结果。从本例看出，在用浏览器加载 HTML 文件时，是从文件头向后解释并处理 HTML 文档的。

7.2.2　链接脚本文件

如果已经存在一个脚本文件（以.js 为扩展名），则可以使用 script 元素的 src 属性引用外部脚本文件的 URL。采用引用脚本文件的方式，可以提高程序代码的利用率。其格式为：

<head>
　…
　<script type="text/javascript" src="路径/脚本文件名.js"></script>
　　…
</head>

type="text/javascript"属性定义文件的类型是 javascript。src 属性定义.js 文件的 URL。

如果使用 src 属性，则浏览器只使用外部文件中的脚本，并忽略任何位于<script>…</script>之间的脚本。脚本文件可以用任何文本编辑器（如记事本、HBuilder X）打开并编辑，一般脚本文件的扩展名为.js，内容是脚本，不包含 HTML 标记。其格式为：

JavaScript 语言代码；　//注释
　…
JavaScript 语言代码；

【例 7-2】　将例 7-1 改为链接脚本文件。

```
<!DOCTYPE html>
<html>
    <head>
        <meta charset="utf-8">
        <title>JavaScript 示例</title>
```

```
                <script type="text/javascript" src="hello.js"></script>    <!--URL 为 hello.js-->
        </head>
        <body>
        </body>
    </html>
```

脚本文件 hello.js 的内容为：

```
document.write("Hello World!");
```

本例文件 7-2.html 和 hello.js 在 HBuilder X编辑器中编辑，如图 7-3、图 7-4 所示。注意，在 HBuilder X 的"文件"菜单中"新建".js 文件后，不会自动保存，所以在运行前一定要手动保存该.js 文件，然后切换到 7-2.html 文件，执行"运行"命令。如果没有保存.js 文件，将无法显示脚本文件的运行结果。

图 7-3　在 HBuilder X编辑器中编辑 HTML

图 7-4　在 HBuilder X编辑器中编辑.js 文件

运行 7-2.html，在浏览器中显示的运行结果与例 7-1 相同，如图 7-2 所示。

7.2.3　在 HTML 标签内添加脚本

可以在 HTML 表单的输入标签内添加脚本，以响应输入的事件。

【例 7-3】在标签内添加 JavaScript 的脚本。本例文件 7-3.html 在浏览器中的显示效果，如图 7-5 和图 7-6 所示。

图 7-5　初始显示

图 7-6　单击按钮后的运行结果

```
<!DOCTYPE html>
<html>
    <head>
        <meta charset="utf-8">
        <head>
            <title>JavaScript 示例</title>
        </head>
    </head>
    <body>
        <form>
            <input type="button" onClick="JavaScript:alert('欢迎来到 JavaScript 世界！');" value="
单击此按钮">
        </form>
        <p style="font:12pt; font-family:'黑体'; color:red; text-align:center">JavaScript 例子</p>
    </body>
```

```
        </html>
```

7.3 数据类型

23　数据类型

数据是指能输入到计算机中并能被计算机处理和加工的对象。JavaScript 使用 Unicode 字符集，Unicode 覆盖了所有的字符，包含标点等字符。

数据类型是编程语言中为对数据进行描述的定义，不同的数据类型有不同的运算规则和处理方式。

7.3.1 数据类型的分类

JavaScript 语言中的每一个值都属于某一种数据类型。JavaScript 的数据主要分为以下两类。

1. 值类型

值类型也称简单数据类型、基本数据类型、原始类型，JavaScript 有 5 种原始数据类型，即字符串（string）、数字（number）、布尔（boolean）、空（null）、未定义（undefined）、symbol（ES6 引入了一种新的原始数据类型，表示独一无二的值）。

2. 引用数据类型

引用数据类型包括：对象（object）、数组（array）、函数（function）。

7.3.2 基本数据类型

1. string 类型

string（字符）类型是用双引号（""）或者单引号（''）括起来的 0 个或多个字符组成的一串序列（也称字符串），可以包括 0 个或者多个 Unicode 字符，用 16 位整数表示。string 类型是唯一没有固定大小的基本数据类型。

字符串中每个字符都有特定的位置，首字符的位置是 0，第二个字符的位置是 1，以此类推。字符串中最后一个字符的位置是字符串的长度减 1。使用内置属性 length 计算字符串的长度。

通过转义字符"\"可以在字符串中添加不可显示的特殊字符，例如\n（换行符）、\f（换页符）、\t（制表符）、\'（单引号）、\"（双引号）、\\（反斜线）等。

2. number 类型

JavaScript 与其他编程语言不同，在 JavaScript 中，数字不分为整数类型和浮点型类型，所有的数字都是用 64 位浮点格式表示，即 JavaScript 只有一种数字类型，无论什么样的数字，统一用 number 表示，都是数字型（也称数值型）。

数字可以使用或不使用小数点来表示，例如 32、23.16。对于较大或较小的数字可用科学（指数）计数法表示，例如 132e5 表示 13200000，132e-5 表示 0.00132。对于精度，整数最多为 15 位，小数（使用小数点或指数计数法）的最大位数是 17 位。

默认情况下，数字用十进制显示，可以使用 toString()方法显示为十六进制、八进制或二进制。如果前缀为 0，则会把数值常量解释为八进制数，例如 0325；如果前缀为 0 和"x"，则解释为十六进制数，例如 0x3f。所以，绝不要在数字前面写零，除非需要进行八进制转换。

NaN（Not a Number）是代表非数字值的特殊值，用于指示某个值不是数字。一般来说，这种情况发生在类型（string、boolean 等）转换失败时。例如，将字符串转换成数值就会失败，因为没有与之等价的数值。NaN 也不能用于算术计算。可以把 number 对象设置为该值，来指示其不是数字值。使用 isNaN()全局函数来判断一个值是否是 NaN 值。

【例 7-4】 string、number 类型示例。本例文件 7-4.html 在浏览器中的显示效果，如图 7-7 所示。

图 7-7 【例 7-4】效果

179

```
<!DOCTYPE html>
<html>
    <head>
        <meta charset="utf-8">
        <title>string、number 类型</title>
        <script type="text/javascript">
            var myString="Hello \"World\"! <br>";
            document.write(myString); //Hello "World"!
            var myNumber = 128; //128 十进制
            document.write(myNumber + ' 十进制<br>'); //128 十进制
            document.write(myNumber.toString(16) + ' 十六进制<br>'); //80 十六进制
            document.write(myNumber.toString(8) + ' 八进制<br>'); //200 八进制
            document.write(myNumber.toString(2) + ' 二进制<br>'); //10000000 二进制
            var x = 100 / "Abc";
            var y = 100 / "10";
            document.write(isNaN(x) + "<br>" + isNaN(y));
        </script>
    </head>
    <body>
    </body>
</html>
```

3．boolean 类型

boolean（布尔、逻辑）类型只能有两个值，即 true 或 false。也可以用 0 表示 false，非 0 表示 true。boolean 类型常用在条件测试中。例如，下面定义一个值为 true 的 boolean 类型的变量。

```
var bFlag = true;
if bFlag
    fFlag = false;
```

4．undefined 类型

undefined 的意思是未定义的，undefined 类型只有一个值，即 undefined。以下几种情况下会返回 undefined。

- 在引用一个定义过但没有赋值的变量时，返回 undefined。
- 在引用一个不存在的数组元素时，返回 undefined。
- 在引用一个不存在的对象属性时，返回 undefined。

由于 undefined 是一个返回值，所以可以对该值进行操作，例如输出该值或将其与其他值比较。

5．null 类型

null 的意思是空，表示没有任何值，null 类型只有一个值 null。可以通过将变量的值赋值为 null 来清空变量。

7.3.3 数据类型的判断

在 JavaScript 中，判断一个数据的类型主要有两种方式。

1．typeof 操作符

typeof 操作符用于获取一个变量或者表达式的类型。语法格式为：

typeof 值或变量

它有一个参数，即要检查的值或者变量。对变量或者值调用 typeof 运算符将返回 undefined（undefined 类型）、boolean（boolean 类型）、number（number 类型）、string（string 类型）和 object（引用类型或者 null 类型）。

例如下面的语句（为了节省篇幅，例题将只列出 JavaScript 脚本）：

```
<script type="text/javascript">
    document.write(typeof "Hello World!"+ "<br>");  //string
    document.write(typeof 3 + "<br>");  //number
    document.write(typeof 3*2 + "<br>");   //NaN
    document.write(typeof false + "<br>");  //boolean
    document.write(typeof varX + "<br>");   //undefined
    document.write(typeof [1,2,3] + "<br>");  //object
    document.write(typeof {name:'Tom', age:18} + "<br>");  //object
    document.write(typeof null + "<br>");   //object
</script>
```

2．instanceof 操作符

instanceof 操作符用于判断一个引用类型（值类型不能用）属于哪种类型。语法格式为：

引用类型的值或变量 instanceof 引用类型

它有两个参数，即要检查的引用类型的值或变量和判断的引用类型的名称。该操作符的返回值是 boolean 类型（true 或 false）。

例如，下面的语句判断 a 是否为数组类型的变量，并输出相应结果。

```
<script type="text/javascript">
    var a = new Array();
    if (a instanceof Array) {
        document.write("a 是一个数组类型");
    } else {
        document.write("a 不是一个数组类型");
    }
</script>
```

7.3.4 数据类型的转换

把数据从一种数据类型转换为另外一种数据类型，有两种转换方法。

- 使用 JavaScript 函数转换数据类型。
- 通过 JavaScript 自身自动转换数据类型。

1．将数字类型转换为字符串类型

1）全局方法 String()可以将数字类型转换为字符串类型。语法格式为：

String(表达式)

该方法可用于任何类型的数字、字母、变量、表达式。例如下面的脚本：

```
<script type="text/javascript">
    var x = 123;
    var s = String(x) + "<br>" +
        String(123) + "<br>" +
        String(100 + 200 * 3) + "<br>" +
        String("Hello " + 'World!') + "<br>";
    document.write(s); //123   123   700   Hello World!
    document.write(typeof s); //string
</script>
```

2）toString()方法也有同样的效果。语法格式为：

表达式.toString()

例如下面的脚本：

```
<script type="text/javascript">
    var x = 123;
    var s = x.toString() + "<br>" +
        (123).toString() + "<br>" +
        (100 + 200 * 3).toString() + "<br>" +
        ("Hello " + 'World!').toString() + "<br>";
    document.write(s); //123   123   700   Hello World!
    document.write(typeof s); //string
</script>
```

在 number 方法中，还有多个数字转换为字符串的方法。

2．将布尔值转换为字符串

全局方法 String()、boolean 方法 toString()都可以将布尔值转换为字符串。例如：

```
String(true)            //返回"true"
false.toString()        //返回"false"
```

3．将字符串转换为数字

全局方法 Number()可以将字符串转换为数字。语法格式为：

Number(字符串)

字符串如果是数字则转换为数字类型，空字符串转换为 0，其他的字符串转换为 NaN。
例如：

```
Number("12.35")         //返回 12.35
Number(" ")             //返回 0
Number("")              //返回 0
Number("10 20")         //返回 NaN
Number("12.35a")        //返回 NaN
```

在 Number 方法中，还有其他字符串转为数字的方法。

4．一元运算符+

运算符+可用于将变量转换为数字。例如：

```
var x = "3";            //x 是一个字符串
var y = + x;            //y 是一个数字
```

如果变量不能转换，它仍然会是一个数字，但值为 NaN（不是一个数字），例如：

```
var x = "abc";          //x 是一个字符串
var y = + x;            //y 是一个数字（NaN）
```

5．将布尔值转换为数字

全局方法 Number()可将布尔值转换为数字。

```
Number(false)           //返回 0
Number(true)            //返回 1
```

6．自动转换类型

当 JavaScript 尝试操作一个"错误"的数据类型时，会自动转换为"正确"的数据类型，输出的
结果可能不是所期望的。例如：

```
3 + null                //返回 3，null 转换为 0
"3" + null              //返回"3null"，null 转换为"null"
"3" + 1                 //返回"31"，1 转换为"1"
"3" − 1                 //返回 2，"3"转换为 3
```

7．自动转换为字符串

当尝试输出一个对象或一个变量时，JavaScript 会自动调用变量的 toString()方法。

```
document.write(123);    //toString 转换为"123"
```

7.4 标识符、变量、运算符和表达式

7.4.1 标识符

程序是由规定的标识符（Identifier），按照业务逻辑组成的字符序列。标识符就是程序中使用的各种名称，例如变量名、类名、方法名、文件名以及一些具有专门含义的有效字符序列等。标识符可分为两类，即关键字标识符和用户标识符。

1. 关键字标识符

关键字是 JavaScript 语言内部使用的单词，是具有特殊功能的标识符，代表一定语义，类似于标识符的保留关键字。关键字可用于表示控制语句的开始和结束，或者用于执行特定操作的标识符。因为这些关键字已经被 JavaScript 使用了，所以不允许程序员定义和关键字相同的名字的标识符。例如 var、break、if、else 等都是关键字标识符。这些关键字在程序员为变量、类等起名字的时候，不能使用。如果使用这些关键字用作变量名或者函数名，可能出现诸如"Identifier Expected"（应该有标识符）的错误提示消息。JavaScript 中的关键字见表 7-2。

表 7-2 JavaScript 中的关键字

序　号	关　键　字	序　号	关　键　字
1	break	15	true
2	do	16	continue
3	in	17	for
4	throw	18	return
5	with	19	var
6	case	20	false
7	else	21	default
8	instanceof	22	function
9	try	23	switch
10	null	24	void
11	catch	25	delete
12	finally	26	if
13	new	27	this
14	typeof	28	while

2. 用户标识符

用户标识符是程序员在编程时给变量、函数等对象指定的名字。构成标识符的字符均有一定的规范。

（1）标识符的命名规则

JavaScript 语言中标识符的命名规则如下。

1）标识符由字母、数字、下画线组成。

2）标识符可以包括英文、数字以及下画线（_），但不能以数字开头。

3）以下画线开头的标识符具有特殊意义。

4）标识符严格区分大小写。例如 MyName 与 myName 是两个不同的标识符。

5）关键字不能作为标识符。

6）不要使用 JavaScript 内置函数作为用户标识符。

例如，userName、user_name、_sys_val、学生名等都是合法的标识符，其中中文"学生名"命名的变量是合法的；而 2mail、room#、\$Name 和 class 为非法的标识符，注意#和\$不能构成标识符。

（2）标识符的命名规范

1）标识符要有顾名思义的效果，最好根据其含义选用英文缩写及汉语拼音作为标识符，便于阅读程序。

2）建议使用下面标识符命名法。

① Pascal 命名法（Pascal Case），也称大驼峰命名法（Upper Camel Case）：每一个单词的首字母都采用大写字母。例如：UserName。

② camel 命名法（Camel Case），也称小驼峰命名法（Lower Camel Case）：第一个单词以小写字母开始，其后每个单词的首字母大写。例如：userName。

③ 下画线命名法（Under Score Case）：用下画线"_"连接所有的单词，例如 user_name。

JavaScript 建议变量使用小驼峰命名法（camel case），使用名词结构，例如 var thisIsMyName。

方法使用小驼峰命名法，使用动宾结构，例如 function getName()。

常量全部使用大写字母，字母之间使用下画线进行连接，例如 var MAX_COUNT=10。

7.4.2　常量

在其他高级语言中，常量指一旦初始化后就不能修改的固定值。但是，在 JavaScript 中，没有专门定义常量的语法和关键字。JavaScript 只有字面常量，字面常量是一个值。如 3.14、100、"Hello"等。

1．字符串（string）常量

使用单引号"'"或双引号"""括起来的 0 个或几个字符，如""、"123"、'abcABC123'、"This is a book of JavaScript"等。

2．数字（number）常量

数字常量可以是整数或者是小数，或者是科学计数（e）。整型常量可以使用十进制、十六进制、八进制表示其值。实型常量由整数部分加小数部分表示。如 10、12.32、2.6e5 等。

3．布尔（boolean）常量

布尔常量只有两个值：true 或 false。主要用来说明或代表一种状态或标志，以说明操作流程。JavaScript 只能用 true 或 false 表示其状态，不能用 1 或 0 表示。

7.4.3　变量

程序运行过程中，其值可以改变的量叫变量，变量是一个名称，变量用来存放程序运行过程中的临时值，变量的值随时可以改变，变量可以通过变量名访问。程序中使用的变量，属于用户自定义标识符。任何一个变量必须先命名其名字，然后再赋值和引用。

1．变量的声明

在 JavaScript 中创建变量通常称为"声明"变量。由于 JavaScript 采用弱类型的形式，因而变量不必首先声明，而是在使用或赋值时自动确定其数据的类型。JavaScript 变量可以在使用前先作声明，并可赋值。通过 var 关键字对变量声明，对变量作声明的最大好处就是能及时发现代码中的错误，因为 JavaScript 是采用动态编译的，而动态编译不易发现代码中的错误。变量的声明和赋值语句 var 的语法为：

　　var　变量名 1, 变量名 2 … ;

变量名就是变量的标识符。一个 var 可以声明多个变量，其间用","分隔变量。例如：

　　var username="Bill", age=18, gender="male";

声明也可横跨多行：

```
var username="Bill",
    age=18,
    gender="male";
```

一条语句中声明的多个变量不可以赋同一个值：

```
var x, y, z=1;
x，y 为 undefined，z 为 1。
```

声明后未赋值的变量，其值是 undefined。

如果重新声明变量，该变量的值不会丢失。例如，以下两条语句执行后，变量 x 的值依然是 10：

```
var x=10;
var x;
```

2．赋值运算符

赋值运算符为"="，可以在声明变量时同时赋值。语法为：

var   变量名 1 = 初始值 1，变量名 2 = 初始值 2 … ；
变量名 1 = 初始值 1，变量名 2 = 初始值 2 … ；

例如下面的赋值语句：

```
var username, age;
username="Brendan Eich";
age=35;
salary=39999;
```

变量的类型是在赋值时根据数据的类型来确定的，变量的类型有字符型、数值型、布尔型等。

赋值运算符还有+=、-=、*=、/=、%=。

3．变量的作用域

变量的作用域又称变量的作用范围，是指可以访问该变量的代码区域。JavaScript 中变量的作用域有全局变量和局部变量。全局变量是可以在整个 HTML 文档范围中使用的变量，全局变量定义在所有函数体之外，其作用范围是全部函数；局部变量是只能在局部范围内使用的变量，局部变量通常定义在函数体之内，只对该函数可见，而对其他函数不可见。

变量的声明原则要求前面加上 var 声明，表示是全局变量，而在方法或者循环等代码段中声明则不需要加上 var。

7.4.4 运算符和表达式

运算是对数据进行加工的过程，描述各种不同运算的符号称为运算符，而参与运算的数据称为操作数。表达式用来表示某个求值规则，它由运算符和配对的圆括号将变量、函数等对象，用操作数以合理的形式组合而成。

表达式可用来执行运算、操作字符串或测试数据，每个表达式都产生唯一的值。表达式的类型由运算符的类型决定。

1．算术运算符和算术表达式

JavaScript 中的算术运算符有一元运算符和二元运算符。

二元运算符：+（两值相加）、-（两值相减）、*（两值相乘）、/（两值相除）、%（两值取余数）。

一元运算符有：++（递加 1）、--（递减 1）。

算术表达式是由算术运算符和操作数组成的表达式，算术表达式的结合性为自左向右。例如，2+3，2-3，2*3-5，2/3，3%2，i++，++i，--i。

2. 字符串运算符和字符串表达式

字符串运算符是 "+"，用于连接两个字符串，形成字符串表达式。例如，"abc"+"123"。

3. 比较运算符和比较表达式

比较（关系）运算符首先对操作数进行比较，然后再返回一个 true 或 false 值。有 8 个比较运算符，见表 7-3。

表 7-3　比较（关系）运算符

运　算　符	描　　述	运　算　符	描　　述
<	小于	==	等于
<=	小于等于	===	绝对等于，值和类型均相等
>	大于	!=	不等于
>=	大于等于	!==	不绝对等于，值和类型有一个不相等，或两个都不相等

关系表达式是由关系运算符和操作数构成的表达式。关系表达式中的操作数可以是数字型、布尔型、枚举型、字符型、引用型等。对于数字型和字符型，上述六种比较运算符都可以适用；对于布尔型和字符串的比较运算符实际上只能使用 == 和 !=。例如，2>3，2==3，2!=3，2+3<=2-3。

两个字符串值只有都为 null，或者两个字符串长度相同且对应的字符序列也相同的非空字符串比较的结果才为 true。

4. 布尔（逻辑）运算符和布尔表达式

布尔运算符有：&&（与）、||（或）、!（非、取反）。

逻辑表达式是由逻辑运算符组成的表达式。逻辑表达式的结果只能是布尔值，即 true 或 false。逻辑运算符通常和关系运算符配合使用，以实现判断语句。例如，2>3 && 2==3。

5. 位运算符和位表达式

位运算符分为位逻辑运算符和位移动运算符。

位逻辑运算符有：&（位与）、|（位或）、^（位异或）、−（位取反）、~（位取补）。

位移动运算符有：<<（左移）、>>（右移）、>>>（右移，零填充）。

位运算表达式是由位运算符和操作数构成的表达式。在位运算表达式中，首先将操作数转换为二进制数，然后再进行位运算，计算完毕后，再将其转换为十进制整数。

6. 条件运算符和条件表达式

条件运算符是三元运算符，其格式如下：

条件表达式 ? 表达式 1 : 表达式 2

由条件运算符组成条件表达式。其功能是先计算条件表达式，如果条件表达式的结果为 true，则计算表达式 1 的值，表达式 1 为整个条件表达式的值；否则，计算表达式 2，表达式 2 为整个条件表达式的值。

条件表达式必须是一个可以隐式转换成布尔型的常量、变量或表达式，如果不是，则运行时发生错误。

表达式 1、表达式 2 就是条件表达式的类型，可以是任意数据类型的表达式。

例如，求 a 和 b 中最大数的表达式 a>b ?a : b。

7. 运算符的优先顺序

通常不同的运算符构成了不同的表达式，甚至一个表达式中包含有多种运算符，JavaScript 语言规定了各类运算符的运算顺序及结合性等，表达式的运算是按运算符的优先级进行的。将运算符按其优先级由高到低排列如下。

1）小括号，从左到右。

2）自加、自减运算符：++、−−，从右到左。

3）乘法运算符、除法运算符、取余数运算符：*、/、%，从左到右。

4）加法运算符、减法运算符：+、−，从左到右。

5）字符串运算符：+，从左到右。

6）位移动运算符：<<、>>、>>>，从左到右。

7）位逻辑运算符有：&、|、^、−、~，从左到右。

8）比较运算符，小于、小于等于、大于、大于等于：<、<=、>、>=，从左到右。

9）比较运算符，等于、不等于：==、===、!=、!==，从左到右。

10）布尔运算符，非、与、条件、或：!、&&、?:、||，从左到右。

11）赋值运算符：=、+=、*=、/=、%=、−=，从右到左。

可以用括号改变优先顺序，强令表达式的某些部分优先运行。括号内的运算总是优先于括号外的运算，在括号之内，运算符的优先顺序不变。

7.4.5 语句的书写规则

程序都是用语句来实现的，JavaScript 中的语句是指执行具体操作的指令，在输入时每个语句行都以按〈Enter〉键结束。JavaScript 是一个轻量级，但功能强大的编程语言。其语法规则定义了语言结构。

1．语句

JavaScript 语句是发给浏览器的命令，语句的作用是告诉浏览器要做的事情。

分号用于分隔 JavaScript 语句，通常在每条可执行的语句结尾添加分号。使用分号的另一用处是在一行中编写多条语句。在 JavaScript 中，用分号来结束语句是可选的。

JavaScript 程序代码是 JavaScript 语句的序列。浏览器按照编写顺序依次执行每条语句。

简单的语句只有一行代码，在输入语句时以按〈Enter〉键结束。例如下面的语句：

```
x = 3;
```

复杂的语句需要多行代码，在输入语句时每行仍然以按〈Enter〉键结束。例如下面的条件语句：

```
if (x >= 0) {
    y = 1 + x;
}else {
    y = 1 - 2 * x;
}
```

代码块表示一系列按顺序执行的语句，代码块以左花括号（{）开始，以右花括号（}）结束。代码块的作用是一并地执行语句序列。

JavaScript 语句通常以一个语句标识符为开始，并执行该语句。语句标识符是保留关键字不能作为变量名使用。JavaScript 中的关键字见表 7-2。

建立程序语句时必须遵从的构造规则称为语法。编写正确程序语句的前提，就是学习语言元素的语法，并在程序中使用这些元素正确地处理数据。

提示：JavaScript 是脚本语言。浏览器会在读取代码时，逐行地执行脚本代码。

2．语句的书写规则

在编写程序代码时要遵循一定的规则，这样写出的程序既能正确地运行，又能增加程序的可读性。

1）区分大小写。关键字、变量名、函数名等所有的程序代码均区分大小写。

2）使用分号（;）结束代码语句。虽然每个语句行结尾的分号（;）可有可无，建议语句都以分号作为代码语句的结束。

3）大括号表示代码块。代码块表示一系列按顺序执行的语句，这些语句被封装在左括号（{}

和右括号（}）之间。结束的大括号应该独占一行。

4）空格。JavaScript 会忽略多余的空格。可以向脚本添加空格，来提高其可读性。例如，在运算符前后添加空格。

5）每行代码的长度不超过 120 字符，含空格字符，一行代码过长影响可读性。

6）对代码行进行折行。可以在文本字符串中使用反斜杠对代码行进行换行。例如，下面的例子会正确地显示：

```
document.write("你好 \
世界!");
```

不过，不能像这样折行：

```
document.write \
("你好世界!");
```

7）同一行方法调用或者表达式换行时，一定要在一个运算符或标点后进行换行。

8）同一行方法调用或者表达式，换行后的另一行缩进 8 个空格。

9）表达式赋值语句换行，第二行要与等号后面的第一个变量对齐。

10）圆括号内挨着圆括号的地方不添加空格。

11）建议字符串统一使用双引号，如果字符串长度过长，则换行并使用"+"号进行字符串连接。

12）不要在同一行声明多个变量。

13）变量定义在变量声明时进行初始化，未初始化的变量放在声明语句的最后。例如：

```
var value = 10,
result = value + 10,
i, len;
```

14）比较运算使用===和!==，不要使用==和!=，避免类型转换时产生的错误。例如：

```
if(a === b)
```

15）三元运算符用来进行条件性的赋值，不可用来当作简写的 if 语句使用。例如：

```
var value = condition ? value1 : value2;
```

16）格式化处理。许多编辑器（HBuilder X、Visual Studio、Visual Studio Code 等）会按约定对语句进行简单的格式化处理。例如，自动缩进，在运算符前后加空格等。为了提高程序的可读性，可在代码中加上适当的空格，同时应按惯例处理字母的大小写。

7.5　流程控制语句

JavaScript 脚本程序语言的基本程序结构也是顺序结构、选择结构和循环结构。

7.5.1　顺序结构语句

顺序结构一般由定义变量、常量的语句、赋值语句、输入输出语句、注释语句等构成。

1．注释语句

注释用来解释程序代码的功能，可提高代码的可读性。注释不会被执行。注释语句有单行注释和多行注释之分。

单行注释语句的格式为：

```
// 注释内容
```

多行注释语句的格式为：

```
/* 注释内容
```

注释内容 */

2．输出字符串

输出字符串的方法是利用 document 对象的 write()方法、window 对象的 alert()方法。

（1）用 document 对象的 write()/writeln()方法输出字符串

document 对象的 write()方法的功能是输出内容到 HTML 文档中，字符串中可以包含 HTML 标签，输出标签的效果。其格式为：

document.write(字符串 1，字符串 2，…)；

（2）用 window 对象的 alert()方法输出字符串

window 对象的 alert()方法的功能是弹出一个提示对话框，并显示输出的字符串，该对话框包含一个"确定"按钮，单击"确定"按钮后浏览器才会继续解析执行。其格式为：

window.alert(字符串)；

可省略 window，直接使用 alert()。例如：

```
<script type="text/javascript">
    alert("你好！"); //输出指定内容
    var msg = "你好！张三";
    alert(msg); //输出变量中的内容
    document.write("<strong>你好！<br />李四</strong>");
</script>
```

（3）使用 innerHTML 写入到 HTML 元素

使用 document 对象的 getElementById('id').innerHTML 向页面上有 id 的元素插入内容。格式为：

document.getElementById('id').innerHTML="被插入到页面元素的内容";

例如，下面代码：

```
<body>
    <p id="p1"></p>
    <script type="text/javascript">
        document.getElementById("p1").innerHTML = "你好";
    </script>
</body>
```

3．输入字符串

输入字符串的方法是利用 window 对象的 prompt()方法以及表单的文本框。

（1）用 window 对象的 prompt()方法输入字符串

prompt()方法的功能是弹出一个允许输入值的对话框，提供了"确定"和"取消"两个按钮，还能显示预期输入值。单击"确定"或"取消"按钮后浏览器才会继续解析执行。其格式为：

prompt(提示字符串，默认值字符串)；

prompt()方法返回一个字符串。

例如，下面代码用 prompt()方法输入字符串，然后赋值给变量 msg。

```
<script type="text/javascript">
    var msg = prompt("请输入值", "预期输入");
    alert("你输入的值：" + msg);
</script>
```

（2）用 window 对象的 comfirm()方法输入字符串

comfirm()方法弹出一个确认消息对话框，有"确定"和"取消"两个按钮，单击"确定"按钮返回 true，单击"取消"按钮返回 false。此方法的显示内容是预期指定好的，这个方法常用来做简单判断，但每次总是要弹框。

```
<script type="text/javascript">
        var msg = confirm("你学过 Javascript 吗？");
        if (msg) {
                window.alert("学过了，那还需要努力!");
        } else {
                alert("没学过，那就开始学吧！");
        }
</script>
```

（3）用 getElementById('id').value 获取 HTML 元素的值

使用 document 对象的 getElementById('id').value 获取页面上有 id 的元素的 value 属性中的值，并赋值给变量 x。其格式为：

var x=document.getElementById('id1').value;

【例 7-5】 编写代码实现使用 getElementById().value 获取 input 元素的 value，如图 7-8 所示；单击"连接字符串"按钮后把 value 赋值给 p 元素，显示在网页中，如图 7-9 所示。

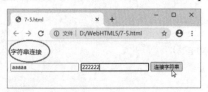

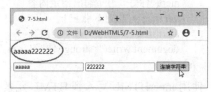

图 7-8　在文本框中输入字符串　　　　　图 7-9　单击"连接字符串"按钮

```
<!DOCTYPE html>
<html>
<head>
        <meta charset="utf-8">
        <title></title>
</head>
<body>
        <p id="demo">字符串连接</p>
        <input id="i1" type="text">
        <input id="i2" type="text">
        <script type="text/javascript">
                function mm() {
                        var x = document.getElementById("i1").value;
                        var y = document.getElementById("i2").value;
                        x = x + y;
                        document.getElementById('demo').innerHTML = x;
                }
        </script>
        <button onclick="mm()">连接字符串</button>
</body>
</html>
```

（4）用文本框输入字符串

使用 onclick 事件处理程序，得到在文本框中输入的字符串。onclick 事件将在后续章节介绍。

【例 7-6】 编号代码实现在文本框中输入字符串，并转换成整数，计算结果也在文本框中输出。本例文件 7-6.html 在浏览器中的显示效果如图 7-10 所示。

图 7-10　页面显示效果

```
<!DOCTYPE html>
<html>
    <head>
        <meta charset="utf-8">
        <title>加法计算器</title>
        <script type="text/javascript">
            function add() {
                var n1 = parseInt(form1.n1.value);
                var n2 = parseInt(form1.n2.value);
                var n3 = n1 + n2;
                form1.n3.value = n3;
            }
        </script>
    </head>
    <body>
        <form name="form1" method="get">
            <p>第 1 个数:<input type="text" id="n1" /></p>
            <p>第 2 个数:<input type="text" id="n2" /></p>
            <p><input type="button" id="plus" value="加法" onclick="add()" /> </p>
            <p>计算结果<input type="text" id="n3" readonly="readonly" /></p>
        </form>
    </body>
</html>
```

7.5.2 条件选择结构语句

条件语句用于基于不同的条件来执行不同的操作。JavaScript 提供了 if、if…else、if…else if…else 和 switch 4 种条件语句,条件语句也可以嵌套。

1. if 语句

if 语句只有当指定条件为 true 时,该语句才会执行代码。其格式为:

if (条件) {
    当条件为 true 时执行的语句块;
}

条件可以是关系表达式或逻辑表达式,用来实现判断,条件要用( )括起来。当条件的值为 true 时,执行当条件为 true 时执行的句块;否则跳过 if 语句执行后面的语句块。语句块就是把一个语句或多个语句用一对大括号{ }组成的一个语句序列。如果语句块只有一句,可以省略{ }。例如:

if (x >= 0) y = 6*x;

2. if…else 语句

if…else 语句的格式为:

if (条件) {
    当条件为 true 时执行的语句块;
} else {
    当条件不为 true 时执行的语句块;
}

当条件为 true 时,执行当条件为 true 时执行的语句块,然后执行 if 块后面的语句块。如果条件为 false,则执行 else 部分的条件不为 true 时执行的语句块,然后执行 if 块后面的语句块。例如:

```
if (x >= 0) {
    y = 6 * x;
} else {
```

```
        y = 1 - x;
    }
```

3．if...else if...else 语句

使用 if...else if...else 语句选择多个语句块之一来执行。格式为：

```
if (条件 1) {
    当条件 1 为 true 时执行的语句块;
} else if (条件 2) {
    当条件 2 为 true 时执行的语句块;
} else {
    当条件 1 和条件 2 都不为 true 时执行的语句块;
}
```

如果条件 1 为 true，则执行 "条件 1 为真时执行的语句块"，然后结束 if 块，执行后面的语句。如果条件 1 的值为 false，则判断条件 2，如果其值为 true 则执行条件 2 为真时执行的语句块，然后结束 if 块，执行后面的语句。如果所有条件的值都为 false，且有 else 子句，则执行 else 部分的当条件 1 和条件 2 都不为 true 时执行的语句块，然后结束 if 块，执行后面的语句。不管分支有几个语句块，只执行其中一个。例如：

```
w = 120
if (w <= 50) {
    x = 0.25 * w;
} else if (w <= 100) {
    x = 0.25 * 50 + 0.35 * (w - 50);
} else {
    x = 0.25 * 50 + 0.35 * 50 + 0.45 * (w - 100);
}
```

4．switch 语句

多条件多分支语句 switch 根据变量的取值执行对应的语句块。switch 语句的格式为：

```
switch (变量)
{ case 特定数值 1 :
    语句段 1;
    break;
  case 特定数值 2 :
    语句段 2;
    break;
    …
  default :
    语句段 3; }
```

"变量" 要用 ( ) 括起来。case 语句必须用 { } 括起来。即使语句段是由多个语句组成的，也不能用 { } 括起来。

当 switch 中变量的值等于第一个 case 语句中的特定数值时，执行其后的语句段，执行到 break 语句时，直接跳离 switch 语句；如果变量的值不等于第一个 case 语句中的特定数值，则判断第二个 case 语句中的特定数值。如果所有的 case 都不符合，则执行 default 中的语句。如果省略 default 语句，当所有 case 都不符合时，则跳离 switch，什么都不执行。每条 case 语句中的 break 是必需的，如果没有 break 语句，将继续执行下一个 case 语句的判断。

switch 语言适合枚举值，不能直接表示某个范围。

【例 7-7】 switch 语句的用法示例。本例文件 7-7.html 在浏览器中的显示效果，如图 7-11 所示。

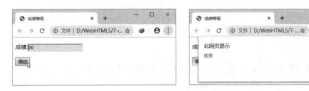

图 7-11 【例 7-7】运行结果

```
<!DOCTYPE html>
<html>
    <head>
        <meta charset="utf-8">
        <title>成绩等级</title>
        <script type="text/javascript">
            function grade() {
                var score = parseInt(document.myForm.txtScore.value / 10); //把输入的成绩除 10
取整，以判断一个分数范围
                switch (score) {
                    case 10:
                    case 9:
                        scoreGrade = "优秀";
                        break;
                    case 8:
                        scoreGrade = "良好";
                        break;
                    case 7:
                        scoreGrade = "中等";
                        break;
                    case 6:
                        scoreGrade = "及格";
                        break;
                    default:
                        scoreGrade = "不及格";
                        break;
                }
                alert(scoreGrade);
            }
        </script>
    </head>
    <body>
        <form name="myForm" method="get">
            <p>成绩:<input type="text" name="txtScore" /></p>
            <p><input type="button" value="确定" onclick="grade()" /> </p>
        </form>
    </body>
</html>
```

7.5.3 循环结构语句

JavaScript 中提供了多种循环语句，有 for、while、do…while 和 for in 语句，还提供用于跳出循环的 break 语句，用于终止当前循环并继续执行下一轮循环的 continue 语句，以及用于标记语句的 label。

1．for 循环语句

for 循环语句的格式为：

```
for (初始化; 条件; 增量) {
    被执行的语句块;
}
```

for 实现条件循环，当条件成立时，执行语句段，否则跳出循环体。for 循环语句的执行步骤为：

1）执行"初始化"部分，给计数器变量赋初值。

2）判断"条件"是否为真，如果为真则执行循环体，否则就退出循环体。

3）执行循环体语句之后，执行"增量"部分。

4）重复步骤 2）和 3），直到退出循环。

JavaScript 也允许循环的嵌套，从而实现更加复杂的应用。

2．for in 循环语句

for in 语句循环遍历对象的属性，将在 JavaScript 对象的章节介绍 for in 循环的应用，其格式为：

```
for (键 in 对象) {
    被执行的语句块;
}
```

3．while 循环语句

while 循环语句的格式为：

```
while (条件) {
    被执行的语句块;
}
```

当条件表达式为真时就执行循环体中的语句。"条件"要用( )括起来。while 语句的执行步骤为：

1）计算"条件"表达式的值。

2）如果"条件"表达式的值为真，则执行循环体，否则跳出循环。

3）重复步骤 1）和 2），直到跳出循环。

有时可用 while 语句代替 for 语句。while 语句适合条件复杂的循环，for 语句适合已知循环次数的循环。

4．do…while 循环语句

do…while 语句是 while 的变体，其格式为：

```
do {
    被执行的语句块;
} while (条件)
```

do…while 的执行步骤如下：

1）执行循环体中的语句。

2）计算条件表达式的值。

3）如果条件表达式的值为真，则继续执行循环体中的语句，否则退出循环。

4）重复步骤 1）和 2），直到退出循环。

do…while 语句的循环体至少要执行一次，而 while 语句的循环体可以一次也不执行。

不论使用哪一种循环语句，都要注意控制循环的结束标志，避免出现无限循环（死循环）。

5．break 语句

break 语句的功能是无条件跳出循环结构或 switch 语句。一般 break 语句是单独使用的，有时也可在其后面加一个语句标号，以表明跳出该标号所指定的循环体，然后执行循环体后面的代码。

6．continue 语句

continue 语句的功能是结束本轮循环，跳转到循环的开始处，从而开始下一轮循环；而 break 则是结束整个循环。continue 可以单独使用，也可以与语句标号一起使用。

【例 7-8】 利用循环结构，在网页上输出 1～10 的数字后跳出循环，本例文件 7-8.html 在浏览器中的显示效果，如图 7-12 所示。

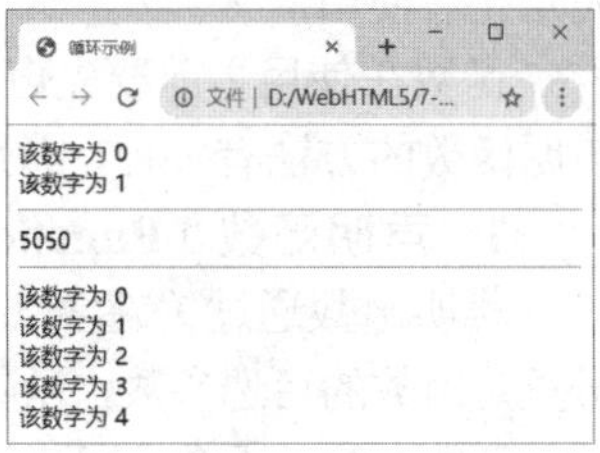

```
<!DOCTYPE html>
<html>
    <head>
        <meta charset="utf-8">
        <title>循环示例</title>
        <script type="text/javascript">
            var x = "";
            for (var i = 0; i < 5; i++) {
                x = "该数字为 " + i + "<br>";
                if (i == 2) {
                    continue;
                }
                if (i == 3) {
                    break;
                }
                document.write(x); //输出：该数字为 0，该数字为 1
            }
            document.write("<hr />");
            var i = 1,
                sum = 0;
            while (i < 101) {
                sum += i;
                i++;
            }
            document.write(sum); //输出：5050
            document.write("<hr />");
            var x = "", i = 0;
            do {
                x = x + "该数字为 " + i + "<br>";
                i++;
            }
            while (i < 5)
            document.write(x);
        </script>
    </head>
    <body>
    </body>
</html>
```

图 7-12　页面显示效果

7.6　函数

函数（function）是指实现某项单一功能的、可重复使用的程序段。JavaScript 提供了许多内建函数，程序员可以自己创建函数，叫作自定义函数。函数可以通过事件触发或者在其他脚本中被事件和其他语句调用。函数是事件驱动、可重复使用的代码块，是用来帮助封装、调用代码的工具。

7.6.1　函数的声明

函数由函数名、参数、函数体、返回值 4 部分组成。其中，函数可以使用参数来传递数据，也可以不使用参数。函数在完成功能后可以有返回值，也可以不返回任何值。函数遵循先定义，后调用的规则。函数的定义通常放在 HTML 头文档中，也可以放在其他位置，放在头文档中，可以确保先定义后使用。

函数在使用之前要先声明（也称定义）函数，声明函数使用关键字 function。在 JavaScript 中，声明函数的方法有多种，常用的方法有两种。

1．声明函数（Function declaration）

声明函数通过关键字 function 来声明，关键字后面是函数的名称，名称后面有一对小括号，括号里是函数的可选参数，函数的语句块放在大括号内，称为函数体。这种函数声明方式通过函数名声明，函数声明后不会立即执行，在程序调用时才能执行，是定义函数最常用的方法。语法格式如下：

```
function 函数名(参数 1，参数 2，… ) {
        函数体语句块;
        return 返回值;
}
```

函数名是调用函数时引用的名称。参数是调用函数时接收传入数据的变量名，可以是常量、变量或表达式，是可选的；可以使用参数列表，向函数传递多个参数，使得在函数中可以使用这些参数。{}中的语句是函数的执行语句，当函数被调用时执行。

函数执行完后可以有返回值，也可以没有返回值。有返回值时，可以返回一个值，也可以返回一个数组、一个对象等。如果需要返回值给调用函数，则需要在代码块中使用 return 语句；无返回值则省略 return 语句或者返回没有参数的 return，这时返回值是 undefined。

【例 7-9】 声明两个数的乘法函数 multiple。本例文件为 7-9.html。

```
<!DOCTYPE html>
<html>
    <head>
        <meta charset="utf-8">
        <title>声明函数</title>
        <script type="text/javascript">
            function multiple(number1, number2) {
                var result = number1 * number2;
                return result; //函数有返回值
            }
            var result = multiple(20, 30); //调用有返回值的函数
            document.write(result); //显示：600
            document.write("<br />"); //换行
            document.write(multiple(2, 3)); //调用函数，显示：6
        </script>
    </head>
    <body>
    </body>
</html>
```

这种声明函数方式的特点是可定义命名的函数，是一种独立的结构。当解析器读取 JavaScript 代码时，会先读取函数的声明，在执行任何代码之前都可以访问（调用）。

2．声明函数表达式（Function Expression）

将函数定义为表达式语句的一部分，函数表达式可以是命名的，也可以是匿名的，通常没有函数名，被声明为匿名函数。对于无函数名的声明函数非常简单，只需要使用关键字 function，括号里是函数的可选参数，后面跟一对大括号，函数的语句块放在大括号内。声明匿名函数表达式的语法格式如下：

```
function(参数 1，参数 2，… ) {
```

```
        函数体语句块;
        return  返回值;
    }
```

上面定义的函数没有函数名,不能直接写到代码中,需要将函数表达式赋值到变量或者对象属性中。

(1)把函数表达式直接赋值给变量

把函数表达式赋值给一个变量,格式如下:

```
var 变量名  = function(参数 1,参数 2,… ) {
        函数体语句块;
        return  返回值;
    }
```

变量名将作为函数名,这种方法的本质是把函数当作数据赋值给变量。

【例 7-10】 声明函数表达式示例。本例文件为 7-10.html。

```
<!DOCTYPE html>
<html>
    <head>
            <meta charset="utf-8">
            <title>声明函数表达式</title>
            <script type="text/javascript">
                    var multiple = function(number1, number2) {
                            var result = number1 * number2;
                            return result; //函数有返回值
                    }
                    var result = multiple(20, 30); //调用有返回值的函数
                    document.write(result); //显示:600
                    document.write("<br />"); //换行
                    document.write(multiple(2, 3)); //调用函数,显示:6
            </script>
    </head>
    <body>
        </body>
</html>
```

函数提升指允许先调用函数,再进行声明,因为声明会自动提升至调用前执行。函数声明会将整个函数进行提升;而函数表达式则不会提升,它是在引擎运行时进行赋值,且要等到表达式赋值完成后才能调用。

(2)网页事件直接调用函数表达式

把函数表达式赋值给一个网页事件,格式如下:

```
window.onload = function(参数 1,参数 2,… ) {
        函数体语句块;
        return  返回值;
    }
```

其中 window.onload 是指网页加载时触发的事件,即加载网页时将执行后面函数中的代码,但这种方法的明显不足是函数不能重复调用。

(3)自执行函数

函数表达式可以“自执行或自调用”,即表达式会自动执行。如果表达式后面紧跟(),则会自动调用执行。通过添加括号,来说明它是一个函数表达式,例如下面代码:

```
(function () {
```

```
        var x = "Hello!!";
        document.write(x);
})();    //匿名自调用无参函数，将调用自己，自动执行
(function(x,y){
        document.write(x+y);
})(2, 3);   //自调用有参函数
var sum=(function(x,y){
        return x+y;
})(2, 3);   //自调用有参函数带返回值
```

不能自调执行用声明方式定义的函数。

普通函数与函数表达式的区别：解析器会先读取函数声明，并使其在执行任何代码之前可以访问；而函数表达式则必须等到解析器执行到它所在的代码行才会真正被解释执行。

自执行函数严格来说也叫函数表达式，它主要用于创建一个新的作用域，在此作用域内声明的变量，不会和其他作用域内的变量冲突或混淆，大多是以匿名函数方式存在，且立即自动执行。

7.6.2   函数的调用

声明的函数不会自动执行，而是需要在程序中调用才能执行。调用函数也就是执行函数。由于函数返回一个值，在调用时完全可以像使用内部函数一样对待，把它写在表达式中即可。具体来说，调用函数的方法有直接调用、在表达式中调用、在事件中调用 3 种。

1．直接调用函数

直接调用函数的方式比较适合没有返回值的函数，此时相当于执行函数中的语句块。如果函数没有返回值或调用程序不关心函数的返回值，可以用下面的格式调用定义的函数：

函数名(传递给函数的参数 1，传递给函数的参数 2，…);

调用函数时的参数取决于声明该函数时的参数，如果定义时有参数，则需要增加实参。

例如，下面的代码：

```
<script type="text/javascript">
        function hello(name) {
                alert("Hello " + name);
        }
        var hi = prompt("输入名字：")
        hello(hi); //调用函数
</script>
```

2．在表达式中调用函数

在表达式中调用函数的方式适合函数有返回值，函数的返回值参与表达式的计算。如果调用程序需要函数的返回结果，则可用下面的格式调用声明的函数：

变量名=函数名(传递给函数的参数 1，传递给函数的参数 2，…);

例如：

```
result = multiple(10,20);
```

对于有返回值的函数调用，也可以将其写在表达式中，直接利用其返回的值。例如：

```
document.write(multiple(10,20));
```

3．在事件中调用函数

JavaScript 是基于事件模型的程序语言，页面加载、用户单击、移动光标等行为都会产生事件。当事件产生时就可以调用某个函数来响应事件。在事件中调用函数的方法如下：

<标签　属性="属性值"…　事件="函数名(参数表)"></标签>

例如，使用\<a\>标记的单击事件 onClick 调用函数，其代码形式为：

> \<a href="#" onClick="函数名(参数表)"> 热点文本 \</a>

【例 7-11】 本例中的 hello()函数显示一个对话框，当网页加载完成后就调用一次 hello()函数，使用\<body\>标记的 onLoad 属性，本例文件 7-11.html 在浏览器中的显示是先显示对话框，如图 7-13a 所示；单击"确定"按钮后，才显示网页内容，如图 7-13b 所示。

a)   b)

图 7-13 网页显示

a) 对话框 b) 显示网页内容

代码如下。

```html
<!DOCTYPE html>
<html>
    <head>
        <meta charset="utf-8">
        <title>在事件中调用函数</title>
        <script type="text/javascript">
            function hello() { // 定义函数
                window.alert("Hello");
            }
        </script>
    </head>
    <body onLoad="hello();"> <!-- 使用 onLoad 调用函数  -->
        <p>网页内容</p>
    </body>
</html>
```

4．函数的嵌套调用

（1）嵌套调用函数

如果在一个函数定义的函数体中出现了对另外一个函数的调用，称为函数的嵌套调用。当一个函数调用另一个函数时，应该在定义调用函数之前先定义被调用的函数。

【例 7-12】 编程序求 1+(1+2)+(1+2+3)+...+(1+2+3+...+n)的和。

1）首先定义一个求 1+2+3+...+n 和的函数 fnSum(num)。

```javascript
function fnSum(num) {
    var sum = 0, i;
    for (i = 1; i <= num; i++) {
        sum += i;
    }
    return sum;
}
```

2）然后定义求整个和的函数 fnAllSum(iNum)，在函数 fnAllSum(num)中调用函数 fnSum(num)。

```javascript
function fnAllSum(num) {
    var sum = 0, i;
    for (i = 1; i <= num; i++) {
```

```
                sum += fnSum(i);
        }
        return sum;
}
```

3）在主程序中调用函数 fnAllSum(num)。

```
document.write(fnAllSum(10)); //输出: 220
```

（2）递归调用函数

如果在一个定义函数的函数体中出现对自身函数的直接或间接调用，称为递归函数。在实现递归函数中，必须满足两个条件：一是要有测试是否继续递归调用的条件，保证递归能够停止执行；二是要有递归调用的语句，保证递归必须被执行。

【例 7-13】 用递归求阶乘 n!。在下面程序中，阶乘函数 fnFactorial(num)自己调用自己，满足了以上两点条件，实现了递归。

```
function fnFactorial(num) {
        var result;
        if (num <= 1)
                result = 1; //递归结束的条件，不再递归
        else
                result = num * fnFactorial(num - 1); //递归调用
        return result;
}
document.write(fnFactorial(10)); //输出: 3628800
```

7.6.3 变量的作用域

1. 变量的作用域

变量的作用域指变量起作用的范围。在 JavaScript 中，变量的作用域分为全局作用域和局部作用域，定义在任何函数外部的变量是全局作用域变量（简称全局变量），在函数内部不使用 var 关键字定义的变量也是全局变量，在函数内部使用 var 关键字定义的变量才是局部作用域变量（简称局部变量，也称函数作用域变量），局部变量会覆盖同名的全局变量。

全局变量属于 window 对象，全局变量可应用于页面上的所有脚本（除了被同名局部变量覆盖的区域），局部变量只应用于定义它函数内部（除了被内部嵌套函数中同名函数作用域变量覆盖的区域），对于其他的函数或脚本代码是不可用的。

全局和局部变量即使名称相同，它们也是两个不同的变量。修改其中一个，不会影响另一个的值。一般来说，在函数内部尽量使用局部作用域变量，不使用全局作用域变量。为了避免混淆，全局作用域变量名和局部作用域变量名最好不要同名。

全局变量的作用域是全局性的，即在整个 JavaScript 程序中。而在函数内部声明的变量，只在函数内部起作用，作用域是局部的，函数的参数也是局部性的，只在函数内部起作用。

【例 7-14】 本例实现在函数内和函数外都定义名为 str 的变量，虽然变量名都是 str，但 str 各自独立存在于自己的作用域中。

```
var str = "abcde"; //全局变量
var x = 10; //全局变量
function fnTest() {
        var str = "12345"; //局部变量
        str = str + x.toString(); //在函数内部能访问全局变量
        return str;
}
document.write(fnTest()); //输出: "1234510"
```

document.write(str); //输出: "abcde"

2．变量的生命周期

变量的生命周期也叫变量的生存期，对于用 var 关键字在函数内部声明的变量，当退出函数时，这些局部变量会随着函数调用的结束而被销毁。

7.6.4　内嵌函数

所有函数都能访问全局变量，所有函数都能访问它们上一层函数的作用域。内嵌（内层）函数是指在声明函数的函数体中，又声明了另外一个函数的定义。内嵌函数可以访问上一层的函数变量和参数。

【例 7-15】　内嵌函数示例，在定义函数 add()的内部又定义了一个函数 plus()。

```
function add() { //定义函数 add()
    var counter = 2; //add()函数内部的局部变量 counter
    function plus() { //在函数 add()内部定义函数 plus()函数，内嵌函数
        counter += 1; //在内嵌函数 plus()内部访问父函数的局部变量 counter
    }
    plus(); //在函数定义 add()内调用内嵌的函数 plus()，counter 变为 3
    return counter; //返回 counter 的值
}
document.write(add()); //调用 add()函数，显示: 3
```

在例 7-15 的代码中，函数 plus()被包括在函数 add()内部，这时 add()内部的所有局部变量，对 plus()都是可见的。但是反过来就不行，plus()内部的局部变量，对 add()函数是不可见的。这是 JavaScript 语言特有的"链式作用域（Chain Scope）"结构，子对象会一级一级地向上寻找所有父对象的变量。所以，父对象的所有变量，对子对象都是可见的，反之则不成立。

7.6.5　闭包函数

1．闭包的概念

闭包（Closure）是 JavaScript 语言的一个特色，很多高级应用都要依靠闭包实现。在 JavaScript 中，变量的作用域分为全局变量和局部变量。在函数内部可以直接访问全局变量。但是反过来则不行，在函数外部无法访问函数内的局部变量。对于在函数内部用 var 关键字声明的变量，当退出函数时，局部变量都会随着函数调用的结束而被销毁。

闭包的定义是如果一个函数能够访问其他函数中的变量或参数，并且一直保持对定义时所处作用域的引用，这个函数就是一个闭包函数。在 JavaScript 语言中，由于只有在函数内部声明的内嵌函数才能读取外层的局部变量，因此可以把闭包简单理解成"声明在一个函数内部的函数"。创建闭包的常见方式就是在一个函数内部再声明另一个函数。

【例 7-16】　闭包函数示例。

```
function Add(num1, num2){ //外层函数
    var sum=0;   //sum 外层函数定义的局部变量
    function DoAdd(){   //内嵌函数，在函数 add()内部定义函数 DoAdd()
        sum=num1+num2;   //在内嵌函数内部访问外层函数的局部变量 num1、num2、sum
        return sum;   //返回计算结果
    }
    var resultAdd=DoAdd();   //在外层函数中调用内嵌函数 DoAdd()得到结果，保存到变量中
    return resultAdd;   //返回 DoAdd()函数的结果
}
document.write(Add(20,30));   //显示: 50
```

在函数 Add()内部中定义的内嵌函数 DoAdd()是一个闭包，因为它需要获取外部函数的变量 num1、num2 的值。闭包最重要的特点是 DoAdd()函数没有通过传递参数的方式接收参数，而是通过使用外层函数的变量来获取需要的值。

2．闭包的原理

在一个函数内部定义的内嵌函数会将其外层函数的作用域添加到它的作用域中。当外层函数执行完毕之后，由于内嵌函数的作用域依然在引用外层的某些变量或函数，所以外层函数的作用域不会被销毁。

3．闭包的用途

闭包可以用在许多地方，闭包从编程角度上讲，主要有两种用途：一是可以访问整个外层作用域函数内部的变量；二是让这些变量的值始终保持在内存中。

【例 7-17】 函数 Add()内部声明的函数 DoAdd()是一个闭包，实现函数累加器功能。

```html
<!DOCTYPE html>
<html>
    <head>
        <meta charset="utf-8">
        <title>闭包</title>
        <script type="text/javascript">
            function Add(start) { //声明外层函数
                var counter = start; //外层函数定义的局部变量 counter，从 start 开始计数
                function DoAdd() { //声明内嵌函数，无参数传递
                    counter = counter + 1; //内嵌函数直接使用外层函数的局部变量 counter
                    alert(counter); //用于调试时显示变量的变化
                }
                return DoAdd; //外层函数返回内嵌函数名
            }
            var fn = Add(10); //fn 就是 DoAdd 函数
            fn(1); //第 1 次调用 fn 函数，输出：11
            fn(1); //第 2 次调用 fn 函数，输出：12
            fn(1); //第 3 次调用 fn 函数，输出：13
        </script>
    </head>
    <body>
    </body>
</html>
```

在外部函数 Add 执行后，其返回值就是内部的函数 DoAdd，把返回值赋值给变量 fn，然后调用 fn，fn 就是 DoAdd 函数。

由于函数 Add()内部的 DoAdd()函数是一个闭包，可以在函数 Add()外部访问并修改变量 counter，而且在每次调用时 counter 被保留了下来。可以在开发者工具中跟踪运行过程，观察右侧栏 Scope 下面变量 counter 的变化，如图 7-14 所示。开发者工具的使用请参考本章最后一节。

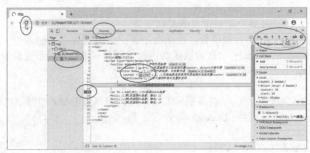

图 7-14　在开发者工具中跟踪

在上面代码中，fn 实际上就是闭包 DoAdd() 函数。它一共运行了 3 次，第 1 次的值是 11，第 2 次的值是 12，第 3 次值是 13。这证明了函数 Add() 中的局部变量 counter 一直保存在内存中，并没有在 Add() 调用后被自动清除。原因就在于 Add() 是 DoAdd() 的外层函数，而 DoAdd() 被赋给了一个全局变量 fn，这导致 DoAdd() 始终在内存中，而 DoAdd() 的存在依赖于 Add()，因此 Add() 也始终在内存中，不会在调用结束后被垃圾回收机制（Garbage Collection）回收。

4．使用闭包时的注意事项

由于闭包会使得函数中的变量都被保存在内存中，内存消耗很大，所以不能滥用闭包，否则会造成网页的性能降低。解决方法是，在退出函数之前，将不使用的局部变量全部删除，如将当前变量的值设置为 null，将变量的引用解除，当垃圾回收启动时，会自动对这些值为 null 的变量回收。

闭包会在父函数外部改变父函数内部变量的值。所以，如果把父函数当作对象（Object）使用，把闭包当作它的公用方法（Public Method），把内部变量当作它的私有属性（Private Value）时一定要小心，不要随便改变父函数内部变量的值。

7.6.6　系统函数

JavaScript 内置了很多常用的系统函数，这些函数可以直接调用。常用的系统函数（全局函数）见表 7-4。

表 7-4　常用的系统函数

函　　数	描　　述
decodeURI(URI)	解码某个编码的 URI。decodeURI("https://blog.csdn.net/My book")，返回 https://blog.csdn.net/My book
decodeURIComponent(URI 组件)	解码一个编码的 URI 组件。decodeURIComponent("https://blog.csdn.net/My book")，返回 https://blog.csdn.net/My book
encodeURI(URI)	把字符串编码为 URI。encodeURI("https://blog.csdn.net/My book")，返回 https://blog.csdn.net/My%20book
encodeURIComponent(URI 组件)	把字符串编码为 URI 组件。encodeURIComponent("https://blog.csdn.net/My book")，返回 https%3A%2F%2Fblog.csdn.net%2FMy%20book
escape(字符串)	对字符串进行编码，所有的空格、标点、重音符号以及任何其他人 ASCII 字符用%xx 编码替换。escape("My book")，返回 My%20book
eval(字符串)	计算 JavaScript 字符串，并把它作为脚本代码来执行。eval("10+3")，返回 13
isFinite(数字)	检查某个值是否为有穷大的数。isFinite(-135)，返回 true；isFinite("abc")，返回 false
isNaN(参数)	检查某个值是否是数字。isNaN(13)，返回 false；isNaN("13")，返回 true
Boolean(参数)	将参数转换成布尔值。Boolean(-10)，返回 true；Boolean(0)，返回 false
Number(参数)	将参数转换成数值。Number("13")，返回 13；Number("abc13")，返回 NaN
String(参数)	将参数转换成字符串。String(-1230.45)，返回-1230.45
Object(参数)	将参数转换成对象
parseInt(字符串)	将数字字符串转换成整数。parseInt(12ab35")，返回 12；parseInt("a123")，返回 NaN
parseFloat(字符串)	将数字字符串转换成浮点数。parseFloat("2.13")，2.13；parseFloat("12ab")，返回 12

7.7　对象

JavaScript 语言采用的是基于对象的（Object-Based）、事件驱动的编程机制，因此，必须理解对象以及对象的属性、事件和方法等概念。

24　对象

7.7.1　对象的概念

在 JavaScript 中，对象是属性和方法的集合。属性（Properties）是用来描述对象特性的一组数据，每个属性有一个特定的名称，以及与名称相对应的值。方法（Methods）是用来操作对象特性的若干个动作，是若干个函数。对象可以保存多种数据，而普通变量只能保存单一数据。

简单地说，属性用于描述对象的一组特征，方法为对象实施一些动作，对象的动作常要触发事件，而触发事件又可以修改属性。一个对象建立以后，其操作就通过与该对象有关的属性、事件和方法来描述。

通过访问或设置对象的属性，调用对象的方法，可以对对象进行各种操作，从而获得需要的功能。

在 JavaScript 中，可以使用的对象有：JavaScript 的内置对象、由浏览器根据 Web 页面的内容自动提供的对象、用户自定义的对象。所以，要使用一个对象，有下面 3 种方法：

- 引用 JavaScript 内置对象。
- 由浏览器环境中提供。
- 创建新对象。

本节仅介绍创建新对象，其他方法将在后续章节中介绍。

7.7.2 创建类

尽管 JavaScript 是面向对象的语言，却与 Java、C++有很大的不同。面向对象的语言中，都是通过类来创建任意多个具有相同属性和方法的实例对象。但是 JavaScript 中没有类的概念，每个对象都是基于一个引用类型创建的，这个引用类型可以是原生类型（Object），也可以是开发人员定义的类型（例如构造函数）。

在 JavaScript 中，一般通过构造函数的形式创建类。其格式如下：

```
function 类名(参数 1, 参数 2, …){
    this.属性 1 = 参数 1;
    this.属性 2 = 参数 2;
    …
    this.方法 1 = function ( ) { }
    this.方法 2 = function ( ) { }
    …
}
```

例如，用构造函数创建一个 User 类，代码如下：

```
function User(name, sex, age) { //创建一个类 User，有 3 个属性，1 个方法
    this.name = name; //name 属性，this 表示此类的成员
    this.sex = sex; //sex 属性
    this.age = age; //age 属性
    this.getName = function() { //getName 方法
        return this.name; //返回姓名
    };
}
```

这个构造函数是 JavaScript 中的类，它定义了 User 类的属性和方法。关键字 this 常用在构造函数中，this 指向当前运行时的对象，它的 name 属性就是传递到构造函数形参 name 的值。类名通常以大写字母开头，这样便于区分构造函数和普通函数。

7.7.3 对象的实例化

创建实例化对象有多种方法，下面介绍常用的两种方法。

1. 使用构造函数实例化对象

实例化一个对象使用 new 关键字后跟类的构造函数名字，类名必须是已经创建的。其格式为：

> **var 对象实例名=new 类名(参数表);**

例如，对 User()类实例化对象 user1：

```
var user1 = new User("张三", "男", 19);
```

上面代码通过 new User()实例化一个对象 user1，并传入需要的 name、sex、age 属性。

2．用大括号{ }声明对象

利用{属性名: 属性值, …}实例化一个对象，也可以通过原生类型 Object.create({属性名: 属性值, …}声明对象。格式为：

> **var 对象名={属性名 1：属性值 1, 属性名 2：属性值 2, …};**
> **var 对象名= Object.create({属性名 1：属性值 1, 属性名 2：属性值 2, …});**

例如，分别使用上面两种格式创建对象，并传入相应的属性：

```
var student = {id: 1001, name: "Jenny", sex: "girl", age: 18};
var person = Object.create({id: 1003, name: "Jack", sex: "male", age: 20});
```

【例 7-18】 创建类，按不同方法实例化对象。

```
<!DOCTYPE html>
<html>
    <head>
        <meta charset="utf-8">
        <title>创建类，实例化对象</title>
        <script type="text/javascript">
            function User(name, sex, age) { //创建一个类 User，有 3 个属性，1 个方法
                this.name = name; //name 属性，this 表示此类的成员
                this.sex = sex; //sex 属性
                this.age = age; //age 属性
                this.getName = function() { //getName 方法
                    return this.name; //返回姓名
                };
            }
            var user1 = new User("张三", "男", 19);
            var user2 = new User("李四", "女", 18);
            document.write(user1.name + user1.sex + user1.age + "<br />"); //显示:张三男 19
            document.write(user2.name + user2.sex + user2.age + "<br />"); //显示:李四女 18
            var student = {id: 1001, name: "Jenny", sex: "girl", age: 18};
            document.write(student.id + student.name + student.sex + student.age + "<br />"); //显
示:1001Jennygirl18
            var person = Object.create({id: 1003, name: "Jack", sex: "male", age: 20});
            document.write(person.id+person.name + person.sex + person.age);//显示:1003Jackmale20
        </script>
    </head>
    <body>
    </body>
</html>
```

3．删除对象

delete 操作符可以删除一个对象的实例。其格式为：

> **delete 对象名;**

7.7.4　对象的属性

属性描述对象的静态特征，每一个对象都有一组特定的属性，属性分为属性名和属性值。对象中的属性可以动态地操作，包括添加、删除、检测。

1．添加属性

对于已有的对象，可以为其添加属性，有两种方法添加属性。

（1）使用点（.）运算符添加属性

把点放在对象实例名和属性名之间，以此指向一个唯一的属性。其格式为：

对象名.属性名 = 属性值;

（2）使用字符串的形式添加属性

通过"对象[字符串]"的格式实现对象的访问，其格式为：

对象名["属性名"] = 属性值;

【例 7-19】 先用 { } 声明一个空对象 student 实例，然后为 student 添加 id、name、age 这 3 个属性，并为属性赋值。

下面分别用 3 种方法添加属性并为属性赋值。

```html
<!DOCTYPE html>
<html>
    <head>
        <meta charset="utf-8">
        <title></title>
        <script type="text/javascript">
            var student = {};
            student.id = 1;
            student["name"] = "张方";
            student.age = 19;
            student["id"] = 100; //id 重新赋值为 100
            document.write(student.id + "<br />" + student.name + "<br />" + student.age);
        </script>
    </head>
    <body>
    </body>
</html>
```

2．引用属性

引用属性有 3 种方法，分别是"对象名.属性名""对象名["属性名"]"和"对象[下标]"。

使用对象的下标访问对象属性时，下标从 0 开始。"对象[下标]"的格式如果用于添加属性，则该属性没有名称，只有下标。如果引用的属性不存在，则该值为 undefined。例如：

```javascript
student[0]=100;   //id 重新赋值为 100
student.name="张芳"; //name 重新赋值
student["age"]=20; //age 重新赋值
student[5]="女"; //添加一个新属性 student[5]，该属性没有名称，引用本属性时也只能用下标 5
```

3．删除属性

删除属性的格式为：

```javascript
delete  对象名.属性名;
delete  对象名["属性名"];
```

4．检测属性

判断某个属性是否在一个对象中，可以使用""属性名" in 对象名"、"对象.hasOwnProperty("属性名")"等方式检测。

【例 7-20】 先声明一个空对象 user，然后为其添加属性 id、name、gender、age 共 4 个属性，删掉属性 gender，然后通过属性名判断该属性在对象中是否存在。

```html
<!DOCTYPE html>
<html>
    <head>
```

```
            <meta charset="utf-8">
            <title></title>
            <script type="text/javascript">
                var user = {}; //声明一个对象
                user.id = "1001"; //添加属性
                user.name = "李真";
                user.gender = "男";
                user["age"] = 20;
                if ("age" in user) {
                    flag = "user 对象中有 age 属性";
                } else {
                    flag = "user 对象中没有 age 属性";
                }
                document.write(flag + "<br />"); //显示：user 对象中有 age 属性
                delete user["gender"];
                if (user.hasOwnProperty("gender")) {
                    flag = "有 gender 属性";
                } else {
                    flag = "无 gender 属性";
                }
                document.write(flag);    //显示：无 gender 属性
            </script>
        </head>
        <body>
        </body>
    </html>
```

7.7.5 对象的方法

方法是对象要执行的动作，描述的是对象的动态行为。对象中的方法也可以动态地添加和删除。

1．添加方法

方法只能通过"对象名.方法名"创建，其格式为：

> **对象名.方法名=function(参数 1，参数 2, …) {**
>   语句块；
>   **return** 返回值；
> **}**

2．调用方法

调用对象的方法只需在对象名和方法名之间用点分隔，指明该对象的某一种方法，其格式为：

> **对象名.方法名(参数 1，参数 2, …)**

【例 7-21】声明一个空对象 student，为对象添加 5 个属性：id、name、gender、dateofbirth、courses。然后添加 getName()、chooseCourse()方法。

```
    <!DOCTYPE html>
    <html>
        <head>
            <meta charset="utf-8">
            <title>添加对象的方法</title>
            <script type="text/javascript">
                var student = {}; //声明一个对象
                student.id = 100; //为对象添加属性
                student.name = "刘强";
                student.gender = "男";
                student.dateofbirth = "2002-5-17";
                student.courses = []; //所选课程声明为数组，可以添加多门课程
```

```
        student.getName = function() { //添加得到姓名方法
            return this.name; //返回对象的姓名属性
        }
        student.chooseCourse = function(courseName) { //添加课程方法
            student.courses.push(courseName); //向课程数组中添加课程
        }
        student.getName(); //调用得到姓名方法
        student.chooseCourse("Web 前端开发"); //调用添加课程方法，添加一门课程
        student.chooseCourse("数据库原理及应用");
        student.chooseCourse("C#面向对象程序设计");
        document.write(student.getName()+"<br />");    //输出: 刘强
        document.write(student.courses);    //输出: Web 前端开发, 数据库原理及应用, C#面向
对象程序设计
            </script>
        </head>
        <body>
        </body>
    </html>
```

3．删除方法

删除方法的格式如下:

delete 对象名. 方法名;

例如，删除 student 对象的 getName()方法，代码为:

```
delete student.getName;    //注意: 没有小括号( )
```

7.7.6　对象的遍历

可以用 for in 语句或 with 语句遍历出对象的键，然后用键访问对象的全部属性和方法。for…in 语句的基本格式为:

for(变量 in 对象){
　　代码块;
}

该语句的功能是对某个对象的所有属性进行循环操作，它将一个对象的所有属性名称逐一赋值给一个变量，并且不需要事先知道对象属性的个数。

【例 7-22】 遍历例 7-21 中的属性和方法。通过 for in 遍历 student 对象，获取该对象的所有属性和方法，然后通过 student[key]读取数值。

```
for (var key in student) { //用 for in 遍历出 student 的键
    document.write(key + "=" + student[key]);
    document.write("<br />");
}
```

把上面代码添加到例 7-21 的代码中，替换例 7-21 中的两行 document.write()代码。运行网页显示如图 7-15 所示。

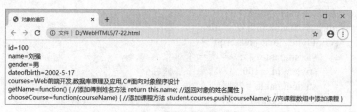

图 7-15　遍历对象的结果

7.7.7　对象的事件

事件就是对象上所发生的事情。事件是预先定义好的、能够被对象识别的动作，如单击（Click）事件、双击（DblClick）事件、装载（Load）事件、鼠标移动（MouseMove）事件等，不同的对象能够识别不同的事件。通过事件，可以调用对象的方法，以产生不同的执行动作。

有关 JavaScript 的事件，将在第 9 章介绍。

7.8　内置对象

JavaScript 是一种基于对象的编程语言，JavaScript 将对象分为内置对象、浏览器内置对象和自定义对象 3 种。本章主要讲述常用 JavaScript 内置对象。内置对象是将一些常用功能预先定义成对象，供程序员直接使用。掌握对象的使用，主要是掌握对象的创建，以及对象的属性、方法的使用。

7.8.1　数学对象

用 Math 表示数学对象，Math 对象不需要创建对象，而是直接使用。Math 对象包括 Math 对象的属性和 Math 对象的方法。对象的属性与方法外观的区别是方法名后带有一对小括号。

1．数学对象的属性

数学中有很多常用的常数，比如圆周率、自然对数等。在 JavaScript 中，将这些常数定义为数学属性，通过引用这些属性取得数学常数，Math 对象常用属性见表 7-5。

表 7-5　Math 对象常用属性

属　　性	描　　述
E	返回算术常量 e，即自然对数的底数（约等于 2.718）
LN2	返回 2 的自然对数（约等于 0.693）
LN10	返回 10 的自然对数（约等于 2.302）
LOG2E	返回以 2 为底的 e 的对数（约等于 1.414）
LOG10E	返回以 10 为底的 e 的对数（约等于 0.434）
PI	返回圆周率（约等于 3.14159）
SQRT1_2	返回返回 2 的平方根的倒数（约等于 0.707）
SQRT2	返回 2 的平方根（约等于 1.414）

使用 Math 对象的属性语法如下：

var 变量名=Math.属性;

例如，引用 Math 对象的 PI 属性，代码为：

var pi_value=Math.PI;

2．数学对象的方法

Math 对象的常用方法见表 7-6。表中方法的参数 x、y 是数值。

表 7-6　Math 对象常用方法

方　　法	描　　述
abs(x)	返回数的绝对值
ceil(x)	对数进行上舍入。返回大于或等于该数的最小整数，即向上取整。例如，Math.ceil(3.2)，返回 4
floor(x)	对数进行下舍入。返回小于或等于该数的最大整数，即向下取整。例如，Math.floor(2.7)，返回 2
max(x,y)	返回 x 和 y 中的最高值。返回最大值，得到两个数中较大的数。例如，Math.max(3.2, 2.7)，返回 3.2

方　法	描　　述
min(x,y)	返回 x 和 y 中的最低值。返回最小值，得到两个数中较小的数。例如，Math.min(3.2, 2.7)，返回 2.7
pow(x,y)	返回 x 的 y 次幂。返回数值 1 的数值 2 次方。例如，Math.pow(3, 2)，返回 3 的 2 次方值 9
random()	返回 0～1 之间的随机数。返回 0 到 1 之间的随机数。例如，Math.random()，返回 0 到 1 之间随机的小数
round(x)	把数四舍五入为最接近的整数。返回四舍五入的数。例如，Math.round(2.7)，返回 3
sqrt(x)	返回数的平方根。返回开平方根。例如，Math.sqrt(4)，返回 4 的开平方，值是 2

使用 Math 对象的方法语法如下：

var 变量名=Math.方法(参数);

例如：

var sqrt_value=Math.sqrt(16);

另外，针对数值（Number）类型数据提供了 toFixed 函数和 toPrecision 函数，用于对数值型数据保留小数的操作，见表 7-7。表中函数的参数 n 是数值。

表 7-7　对数值型数据保留小数的函数

函　　数	描　　述
toFixed(n)	返回某数四舍五入之后保留 n 位小数
toPrecision(n)	返回某数四舍五入之后保留 n 位字符

保留小数位数的 toFixed()函数和 toPrecision()函数的使用格式如下：

数字.toFixed(n)
数字. toPrecision(n)

例如，下面的代码：

var num=3021.1258;
var dec1=num.toFixed(3);　　//保留 3 位小数，结果为 3021.126
var dec2=num.toPrecision(6);　　//保留 6 位数字，结果为 3021.13

7.8.2　字符串对象

String（字符串、字符型数据、文本）是 JavaScript 的一种基本的数据类型之一。在 JavaScript 中，可以把字符串看成字符串对象，由于字符串是不可变的，String 类定义的方法均不能改变原始字符串的内容，对字符串执行方法后，返回的是全新字符串，而不是修改原始字符串。

1．字符串对象的创建

对字符串有两种创建方法。

（1）直接声明字符串变量

用前面介绍的声明字符串变量的方法，把声明的变量看作字符串对象，语法格式如下：

var 字符串变量名=字符串;

例如，创建字符串对象 st，并对其赋值，代码如下：

var st="Hello World";

（2）使用 new 关键字创建字符串对象

使用 new 关键字创建字符串对象的语法格式如下：

var 字符串对象名=new String(字符串);

字符串构造函数 String()的第一个字母必须大写。小括号中的参数"字符串"是要存储在 String 对象中或转换成原始字符串的值。

当 String()和运算符 new 一起作为构造函数使用时，它返回一个新创建的 String 对象，存放的是"字符串"的字符串表示。

当不用 new 运算符调用 String()时，它只把"字符串"转换成原始的字符串，并返回转换后的值。

2．String 对象的属性

String 对象的属性只有 3 个，常用的属性是 length，String 对象的属性见表 7-8。

表 7-8　String 对象的属性

属　　性	描　　述
constructor	对创建该对象的函数的引用
length	字符串的长度
prototype	允许向对象添加属性和方法

例如，获取声明字符串对象 st 包括的字符个数 st.length。

3．String 对象的方法

String 类定义了大量操作字符串的方法，String 对象的常用方法见表 7-9。

表 7-9　String 对象的方法

方　　法	描　　述
anchor()	anchor()方法在对象中的指定文本两端放置一个有 name 属性的 HTML 锚点（添加 a 元素）
big()	用大号字体显示字符串
blink()	显示闪动字符串
bold()	使用粗体显示字符串
charAt()	返回在指定位置的字符
charCodeAt()	返回在指定位置的字符的 Unicode 编码
concat()	连接字符串
fixed()	以打字机文本显示字符串
fontcolor()	使用指定的颜色来显示字符串
fontsize()	使用指定的尺寸来显示字符串
fromCharCode()	从字符编码创建一个字符串
indexOf()	检索字符串
italics()	使用斜体显示字符串
lastIndexOf()	从后向前搜索字符串
link()	将字符串显示为链接
localeCompare()	用本地特定的顺序来比较两个字符串
match()	找到一个或多个正则表达式的匹配
replace()	替换与正则表达式相匹配的子串
search()	检索与正则表达式相匹配的值
slice()	提取字符串的片断，并在新的字符串中返回被提取的部分
small()	使用小字号来显示字符串
split()	把字符串分割为字符串数组
strike()	使用删除线来显示字符串
sub()	把字符串显示为下标

方　　法	描　　述
substr()	从起始索引号提取字符串中指定数目的字符
substring()	提取字符串中两个指定的索引号之间的字符
sup()	把字符串显示为上标
toLowerCase()	把字符串转换为小写。只对英文字母有效，对除 A～Z 以外的其他字符无任何效果
toUpperCase()	把字符串转换为大写。只对英文字母有效，对除 A～Z 以外的其他字符无任何效果
toLocaleLowerCase()	把字符串转换为小写与 toLowerCase()不同的是，toLocaleLowerCase()方法按照本地方式把字符串转换为小写。只有几种语言（如土耳其语）具有地方特有的大小写映射，所有该方法的返回值通常与 toLowerCase()一样
toLocaleUpperCase()	把字符串转换为大写
toSource()	代表对象的源代码
toString()	返回字符串
valueOf()	返回某个字符串对象的原始值

例如，调用 anchor 方法来在 String 对象外创建一个命名的锚点。

```
<script type="text/javascript">
    var strVariable = "This is an anchor";
    strVariable = strVariable.anchor("Anchor1");
    alert(strVariable);
</script>
```

在浏览器中将弹出一个对话框，其中显示 strVariable 的值为：

```
<a name="Anchor1">This is an anchor</a>
```

例如，把字符串转换为大写 st.toUpperCase()；检索字符串 st.indexOf("l", 2)。

7.8.3　日期对象

在 JavaScript 中没有日期类型的数据，为了处理日期时间，提供了日期对象来操作日期和时间。

1．创建日期对象

创建 Date 对象必须使用 new 关键字，创建 Date 对象有 4 种方法。

方法 1 的语法格式如下：

var 日期对象名=new Date();

方法 2 的语法格式如下：

var 日期对象名=new Date(日期字符串);

方法 3 的语法格式如下：

var 日期对象名=new Date(年, 月, 日[, 时, 分, 秒[, 毫秒]])

方法 4 的语法格式如下：

var 日期对象名=new Date(毫秒)

说明如下：

方法 1 创建一个系统日期时间的日期对象。

方法 2 将一个日期形式的字符串转换成日期对象，形式为"yyyy/mm/dd hh:mm:ss"。

方法 3 通过指定年月日时分秒创建日期对象，时分秒可以省略，月份用 0 至 11 代表 1 月到 12 月。

方式 4 使用毫秒创建日期对象，把 1970 年 1 月 1 日 0 时 0 分 0 秒 0 毫秒作为基数，给定的参数表示距离这个基数的毫秒数。

2．Date 对象的方法

Date 对象的常用方法见表 7-10。

表 7-10　Date 对象的方法

方　　法	描　　　　述
Date()	返回当前的日期和时间
getDate()	从 Date 对象返回一个月中的某一天(1 ~ 31)
getDay()	从 Date 对象返回一周中的某一天(0 ~ 6)
getMonth()	从 Date 对象返回月份(0 ~ 11)
getFullYear()	从 Date 对象以 4 位数字返回年份
getHours()	返回 Date 对象的小时(0 ~ 23)
getMinutes()	返回 Date 对象的分钟(0 ~ 59)
getSeconds()	返回 Date 对象的秒数(0 ~ 59)
getTime()	返回 1970 年 1 月 1 日至今的毫秒数
toString()	把 Date 对象转换为字符串
toTimeString()	把 Date 对象的时间部分转换为字符串
toDateString()	把 Date 对象的日期部分转换为字符串
toLocaleString()	根据本地时间格式，把 Date 对象转换为字符串
toLocaleTimeString()	根据本地时间格式，把 Date 对象的时间部分转换为字符串
toLocaleDateString()	根据本地时间格式，把 Date 对象的日期部分转换为字符串

例如，下面代码显示当前的日期和时间：

```
var d = new Date();
document.write(d.getFullYear() + "年" + (d.getMonth() + 1) + "月" + d.getDate() + "日");
document.write(d.getHours()+":"+d.getMinutes()+":"+d.getSeconds()+":"+d.getMilliseconds()+"<br />");
document.write(d.getTime());
```

3．日期的运算

日期数据之间的运算有下面两种。

1）日期对象与整数年、月、日相加或者相减，得到一个新的日期对象。需要将它们相加或相减的结果通过 setXXX 方法设置成新的日期对象，实现日期对象与整数年、月和日相加。如果增加天数会改变月份或者年份，那么日期对象会自动完成这种转换。

例如，计算 10 天后的日期，代码如下：

```
var d = new Date();
document.write("当前时间: " + d.toLocaleString()+"<br />");   //当前时间: 2020/4/13 下午 12:17:12
d.setDate(d.getDate() + 10);
document.write("10 天后: " + d.toLocaleString());   //10 天后: 2020/4/23 下午 12:17:12
```

例如，计算 20 分钟前的时间，代码如下：

```
var d = new Date();
document.write("当前时间: " + d.toLocaleString() + "<br />"); //当前时间: 2020/4/13 下午 12:20:10
d.setMinutes(d.getMinutes() - 20);
document.write("20 分钟前: " + d.toLocaleString()); //20 分钟前: 2020/4/13 下午 12:00:10
```

例如，得到前 n 天或后 n 天的日期，代码如下：

```
function showdate(n) {
        var d = new Date(); //今天是 2020-4-13
        d = d.getFullYear() + "-" + (d.getMonth() + 1) + "-" + d.getDate();
        return d;
}
```

```
document.write("今天是： " + showdate(0)+"<br />"); //今天是： 2020-4-13
document.write("昨天是： " + showdate(-1)+"<br />"); //昨天是： 2020-4-13
document.write("明天是： " + showdate(1)+"<br />"); //明天是： 2020-4-13
document.write("5 天前是： " + showdate(-5)+"<br />"); //5 天前是： 2020-4-13
document.write("10 天后是： " + showdate(10)+"<br />"); //10 天后是： 2020-4-13
```

2）两个日期相减，得到两个日期之间的毫秒数。通常会将毫秒转换成天、小时、分、秒等。例如，下面代码得到间隔天数：

```
var d1 = new Date("2020/4/10");
var d2 = new Date("2020/4/13");
var oneday = 24*60*60*1000; //1 天的毫秒数
var diff = Math.ceil((d2.getTime()-d1.getTime())/(oneday)); //两个日期相减
document.write("相差: " + diff + " 天"); //相差: 3  天
```

例如，下面代码获取两日期月份之差：

```
var d1 = new Date("2020/4/13");
var d2 = new Date("2020/10/10");
var diff = (d1. getFullYear() - d2.getFullYear()) * 12 + d1.getMonth() - d2.getMonth();
document.write("相差: " + diff + " 月"); //相差: -6 月
```

例如，下面代码得到间隔时间：

```
var d1 = new Date("2020/10/10 10:06:01");
var d2 = new Date("2020/10/10 20:30:58");
var d3 = d1 - d2;
var h = Math.floor(d3 / 3600000);
var m = Math.floor((d3 - h * 3600000) / 60000);
var s = (d3 - h * 3600000 - m * 60000) / 1000;
document.write("相差: " + h + "小时" + m + "分" + s + "秒"); //相差: -11 小时 35 分 3 秒
```

3）可以比较两个日期的大小，得到布尔值 true 或 false。例如下面的代码：

```
var d1 = new Date(2020, 4, 13, 12, 22, 51, 380);
var d2 = new Date(2020, 1, 25, 22, 15, 35, 491);
document.write(d1 < d2); //false
```

例如，下面的代码将当前日期与 2020 年 10 月 20 日做了比较：

```
var d = new Date();
d.setFullYear(2020, 10, 20);
dstring = "今天是" + d.getFullYear() + "年" + (d.getMonth() + 1) + "月" + d.getDate() + "日"
var today = new Date();
if (d > today) {
        document.write(dstring + "之前");
} else {
        document.write(dstring + "之后");
}
```

7.8.4 数组对象

数组（Array）对象可以使用单独的变量名来存储一系列的值。数组可以用一个变量名存储所有的值，并且可以用变量名访问任何一个值。数组中的每个元素都有自己的 ID，以便它可以很容易地被访问到。要使用数组就要先定义（声明、创建）一个数组。

1．定义数组

创建一个数组有下面 3 种方法。

（1）常规方式

用 Array()构造函数和 new 关键字创建指定长度的数组对象，语法格式如下：

var 数组名=new Array([size]);

参数 size 是创建的数组元素个数，length 属性被设为 size 的值。当调用构造函数时只传递给它一个数字参数 size，该构造函数将返回具有指定个数、元素为 undefined 的数组。数组元素的下标为 0、1、2、…、size-1。

如果调用构造函数 Array()时没有使用参数，那么返回的数组为空，length 属性为 0。

例如，下面代码分别定义名为 cars1、长度为 0 和名为 cars2、长度为 5 的数组对象：

```
var cars1=new Array();
var cars2=new Array(5);
```

cars2 数组的下标元素为 cars2[0]、cars2[1]、cars2[2]、cars2[3]和 cars2[4]。

（2）简洁方式

用 Array()构造函数和 new 关键字创建数组对象的同时为数组赋予 n 个初始值，语法格式如下：

var 数组名=new Array(元素 1, 元素 2, 元素 3, …);

参数元素 1、元素 2…是参数列表，当使用这些参数来调用构造函数 Array()时，新创建的数组元素就会被初始化为这些值。在一个数组中可以有不同数据类型的元素。它的 length 属性也会被设置为参数的个数。

例如，下面代码定义数组包含元素"TOYOTA""Audi""BMW"的数组 cars3：

```
var cars3=new Array("TOYOTA","Audi","BMW");
```

（3）字面方式

不使用 new 和 Array()构造函数，用[]声明一个数组，同时可以赋予初始值，是一种简单的声明数组的方式。语法格式如下：

var 数组名=[元素 1, 元素 2, 元素 3, …];

例如，下面代码定义数组同样包含元素"TOYOTA""Audi""BMW"的数组 cars4：

```
var cars4=["TOYOTA","Audi","BMW"];
```

2．数组对象的属性

数组对象的属性很少，最常用的数组对象的属性是 length，它返回或设置数组中元素的数目。例如，声明元素个数为 3 的数组对象 myArr，并赋予初始值 80、70、90，输出 length 属性，将 length 修改为 2，代码如下：

```
var myArr = new Array(80, 70, 90);  //创建数组
document.write("数组的个数: " + myArr.length);  //输出数组的元素个数
myArr.length = 2;  //修改元素个数
```

3．数组对象的方法

数组对象的方法见表 7-11。

表 7-11　数组对象的方法

方　　法	描　　述
concat()	连接两个或更多的数组，并返回结果
join()	把数组的所有元素放入一个字符串。元素通过指定的分隔符进行分隔
pop()	删除并返回数组的最后一个元素
push()	向数组的末尾添加一个或多个元素，并返回新的长度

方　　法	描　　述
reverse()	颠倒数组中元素的顺序
shift()	删除并返回数组的第一个元素
slice()	从某个已有的数组返回选定的元素
sort()	对数组的元素进行排序
splice()	删除元素，并向数组添加新元素
toSource()	返回该对象的源代码
toString()	把数组转换为字符串，并返回结果
toLocaleString()	把数组转换为本地数组，并返回结果
unshift()	向数组的开头添加一个或更多元素，并返回新的长度
valueOf()	返回数组对象的原始值

4．访问数组

引用数组元素要通过数组的序列号（下标），数组中元素的序列号是从 0、1、2…依次加 1，到数组的大小 length-1。可以对数组元素赋值或取值，其语法格式如下：

　　　　数组变量[i] = 值;　//为数组元素赋值，i 是下标序列号
　　　　变量名=数组变量[i];　//用数组元素为变量赋值

5．添加数组元素

JavaScript 与其他程序语言不同，在 JavaScript 中可以随时增加数组元素。为数组添加元素的方法有两种。

（1）直接为元素赋值

为数组设置下标的同时为数组元素赋值，数组元素被设置在定义的下标位置。

例如，下面代码先声明一个空的数组 cars，然后分别为下标为 0、1、2、4 的元素赋值：

```
var cars=new Array();
cars[0]="TOYOTA";
cars[1]="Audi";
cars[2]="BMW";
cars[4]="BUICK";
```

由于 cars[3]没有被赋值，其值为 undefined。

（2）使用 push()方法追加元素

使用 push()方法追加元素无须为元素指定下标，而是将元素追加到数组的尾部。

例如，下面代码先声明一个数组 cars，然后调用数组的 push()方法在数组尾部追加元素：

```
var cars=new Array();
cars.push("TOYOTA");
cars.push("Audi");
cars.push("BMW");
document.write(cars);   //显示所有数组元素
```

6．遍历数组

遍历数组有两种方法。

（1）使用 for 循环遍历数组

先用数组的 length 属性得到数组元素的个数，然后用 for 循环遍历整个数组元素。

图 7-16　遍历数组

【例 7-23】 遍历数组，本例文件 7-23.html 在浏览器中的显示效果如图 7-16 所示。

```
<!DOCTYPE html>
<html>
    <head>
        <meta charset="utf-8">
        <title></title>
        <script type="text/javascript">
            var cars = new Array("TOYOTA", "Audi", "BMW");
            for (i = 0; i < cars.length; i++) {
                document.write(i + " : " + cars[i]);
                document.write("<br />");
            }
        </script>
    </head>
    <body>
    </body>
</html>
```

（2）使用 for in 循环遍历数组

使用 for in 遍历数组无须获得数组的个数，先遍历出数组的下标，然后根据下标获取数组元素。例如下面的代码，运行结果如图 7-16 所示。

```
var cars = new Array("TOYOTA", "Audi", "BMW");
for (i in cars) {
    document.write(i+" : "+cars[i]);
    document.write("<br />");
}
```

7. 删除元素

删除数组元素的方法有 pop()方法、shift()方法和 splice()方法。

（1）用 pop()方法删除数组元素

pop()方法删除并返回数组的最后一个元素，并缩减数组个数。另外，也可以通过修改数组的 length 属性从尾部删除数组元素。

例如，下面代码先使用 pop()方法删除尾部的 1 个元素，则数组的元素个数为 2；然后将数组元素个数设置为 1 个，则又删除了 1 个尾部元素：

```
var cars = ["TOYOTA", "Audi", "BMW"];
var car = cars.pop();   //从尾部弹出一个元素
document.write(car + "<br />");   //BMW
document.write(cars.length + "    " + cars + "<br />"); //2 TOYOTA,Audi
cars.length = 1;   //将数组元素个数设置为 1 个
document.write(cars.length + "    " + cars);   //1 TOYOTA
```

（2）用 shift()方法删除数组元素

shift()方法删除并返回数组的第一个元素，缩减数组个数，剩下的元素重新标记下标。

例如，下面代码从头部删除元素 TOYOTA：

```
var cars = ["TOYOTA", "Audi", "BMW"];
var car = cars.shift();   //从头部删除一个元素 TOYOTA
document.write(car + "<br />");   //TOYOTA
document.write(cars.length + "    " + cars + "<br />");   //2 Audi,BMW
```

（3）用 splice()方法删除数组元素

splice()方法从指定位置删除指定的元素，并缩减数组个数，语法格式为：

数组名.splice(索引位置, 删除个数)

例如，下面代码从下标索引 1 的位置开始，删除 2 个元素：

```
var cars = ["TOYOTA", "Audi", "BMW","BUICK"];
var car = cars.splice(1,2);   //从下标 1 的位置开始，删除 2 个元素
document.write(car + "<br />");   //Audi,BMW
document.write(cars.length + "   " + cars + "<br />");   //2 TOYOTA,BUICK
```

8．插入元素

除了前面介绍的从尾部追加元素，数组中的元素还可以用 unshift()和 splice()方法插入元素。

（1）用 unshift()方法插入元素

用 unshift()方法向数组的开头添加一个或更多元素，并返回新的长度。语法格式为：

数组名.unshift(元素 1，元素 2，元素 3，…)

例如，下面代码先定义了一个初始化元素的数组 fruits，然后调用数组的 unshift()方法在数组头部插入两个元素。

```
var fruits = ["Banana", "Orange", "Apple", "Mango"];
fruits.unshift("Lemon", "Pineapple");
document.write(fruits); //Lemon,Pineapple,Banana,Orange,Apple,Mango
```

（2）用 splice()方法插入元素

splice()方法既可以删除元素，同时也可以向数组添加新元素。语法格式为：

数组名.splice(索引位置，删除个数，插入元素 1，插入元素 2，…，插入元素 n)

从索引位置的下标处删除并添加元素。

例如，下面代码先定义一个初始化元素的数组 fruits，然后调用数组的 splice()方法从索引位置 2 上删除 0 个元素，插入 3 个元素：

```
var fruits = ["Banana", "Orange", "Apple", "Mango"];
fruits.splice(2, 0, "Lemon", "Kiwi", "Cherries");
document.write(fruits); //Banana,Orange,Lemon,Kiwi,Cherries,Apple,Mango
```

9．合并数组

concat()方法将多个数组连接成一个新数组，语法格式为：

var 数组名=数组名 1.concat(数组名 2，数组名 3，…，数组名 n)

数组名 1，数组名 2，…，数组名 n 是被连接的数组。数组名是连接数组后的新数组，新数组中元素按照数组名 1，数组名 2，…，数组名 n 的顺序排列。

例如，下面代码在 arr2 数组后连接 arr1、arr3 数组，形成一个新数组 newArr：

```
var arr1 = [1, 2];
var arr2 = [11, 22, 33];
var arr3 = ["333", "444"];
var newArr = arr2.concat(arr1, arr3);
document.write(newArr);   //11,22,33,1,2,333,444
```

10．数组转字符串

join()方法把数组的所有元素合并成一个用指定分隔符分隔的字符串。语法格式为：

数组名.join(分隔符)

如果没有给出分隔符，则默认使用逗号分隔。

例如，下面代码分别使用指定分隔符和默认分隔符转换成字符串并显示：

```
var fruits = ["Banana", "Orange", "Apple", "Mango"];
var fruitsString = fruits.join("->");   //分隔符是"->"
```

```
document.write(fruitsString + "<br />");    //Banana->Orange->Apple->Mango
var fruitsString = fruits.join();    //默认分隔符是","
document.write(fruitsString + "<br />");    //Banana,Orange,Apple,Mango
```

11．数组元素反序

reverse()方法将数组中的元素按相反顺序排列，而且是改变当前的数组，不创建新的数组。语法格式为：

数组名. reverse()

例如，下面代码直接在 number 数组中对元素反序排列：

```
var number = ["111", "222", "333", "444"];
number.reverse();
document.write(number);    //444,333,222,111
```

12．数组元素的排序

sort()方法将数组中的元素按照默认的规则排序，语法格式为：

数组名.sort()

例如下面的代码：

```
var fruits = new Array();
fruits[0] = "Banana";
fruits[1] = "Orange";
fruits[2] = "Apple";
fruits[3] = "Mango";
document.write("排序前: "+fruits+"<br />");    //Banana,Orange,Apple,Mango
fruits.sort();
document.write("排序后: "+fruits);    //Apple,Banana,Mango,Orange
```

13．二维数组

JavaScript 没有直接声明二维数组的方法，但是通过一定的方法可以构造出二维数组。如果一个数组中的元素本身也是一个数组，这种嵌套结构就可以构造出二维数组。

（1）直接定义并且初始化

这种方法在元素数量少的情况下可以使用。例如下面的代码：

```
var arr = [
        ["0-0", "0-1", "0-2"],
        ["1-0", "1-1", "1-2"],
        ["2-0", "2-1", "2-2"]
];
```

（2）未知长度的二维数组

构造动态二维数组的方法：

1）先定义一维数组：

```
var arr = new Array();
```

2）构造二维数组，每一个一维数组的元素都声明为一个新数组：

```
arr[0] = new Array(); arr[1] = new Array(); arr[2] = new Array();
```

3）给数组元素赋值：

arr[0][0] = "0-0"，arr[0][1] = "0-1"，…，arr[1][0] = "1-0"，arr[1][1] = "1-1"等。

【例 7-24】 构造二维数组。本例文件 7-24.html 在浏览器中的显示效果，如图 7-17 所示。

图 7-17　遍历数组

```
<!DOCTYPE html>
<html>
    <head>
        <meta charset="utf-8">
        <title>二维数组</title>
        <script type="text/javascript">
            //构造二维数组
            var arr = new Array();    //先声明一维数组
            n = 10;    //一维长度为 n，n 为变量，可以根据实际情况改变
            m = 5;    //一维数组里面每个元素数组可以包含的数量 p，p 也是一个变量
            for (var i = 0; i < n; i++) {
                arr[i] = new Array();    //每一个一维数组中的元素都是一个数组，构造二维数组
                for (var j = 0; j < m; j++) {
                    arr[i][j] = i.toString() + "-" + j.toString() + " , ";    //将变量初始化
                }
            }
            //按行、列显示二维数组中的元素
            var n = arr.length;    //获取 arr 的元素个数
            var m = arr[0].length;    //获取子数组的元素的个数
            for (var i = 0; i < n; i++) {
                for (var j = 0; j < m; j++) {
                    document.write(arr[i][j]);
                }
                document.write("<br />")
            }
        </script>
    </head>
    <body>
    </body>
</html>
```

7.9　正则表达式

一个正则表达式是由普通字符（例如字符 a 到 z）以及特殊字符（称为元字符）组成的文字模式。该模式描述在查找文字主体时待匹配的一个或多个字符串。正则表达式作为一个模板，将某个字符模式与所搜索的字符串进行匹配。正则表达式的主要用途有：

1）测试字符串的某个模式。例如，对一个输入字符串进行测试，看该字符串是否存在一个手机电话号码模式，称为数据有效性验证。

2）替换文本。例如，在文档中使用一个正则表达式来标识特定文字，然后全部将其删除，或者替换为其他文字。

3）根据模式匹配从字符串中提取一个子字符串。

7.9.1　创建正则表达式

JavaScript 中的正则表达式用 RegExp 对象表示，有两种创建正则表达式的方式。

1．用直接量语法创建

直接量的正则表达式定义为包含在一对斜杠（/）之间的字符。格式为：

　　var reg = /pattern/[modifiers];

第一个斜杠后面写规则：/pattern[规则可以写各式各样的元字符|量词|字集|断言...]。

第二个斜杠后面写标识符：/modifiers[g 全局匹配 ｜i 忽略大小写 ｜m 换行匹配 ｜^起始位置 ｜$结

束位置]。modifiers 是可选的。

例如：

  var Reg = /box/gi;

2．用构造函数创建

通过 RegExp()构造函数实现动态创建正则表达式。RegExp()的第 2 个参数是可选的。

  var reg = new RegExp(pattern [, modifiers])
  RegExp(pattern [, modifiers])

其中，参数 pattern 称为正则表达式主体，是一个字符串，是模式模板要匹配的内容。

modifiers 称为修饰符，是一个可选的字符串，包含属性"g"、"i"和"m"，分别用于指定全局查找（查找所有匹配而非在找到第 1 个匹配后停止）、忽略大小写的匹配和多行匹配；如果 pattern 是正则表达式，而不是字符串，则必须省略该参数。当 pattern 是字符串时，需要常规的字符转义规则，必须将\替换成\\，比如/\w+/等价于 new RegExp("\\w+")。

例如，var Reg = new RegExp("box","gi");，这两个声明都返回一个新的 RegExp 对象，具有指定的模式和标志。

7.9.2　正则表达式的组成

正则表达式是由普通字符（如字符 a～z）及特殊字符（称为元字符）组成的文字模式。正则表达式作为一个模板，将某个字符模式与所搜索的字符串进行匹配。

正则表达式=普通字符+特殊字符（元字符）

正则表达式包含匹配符、限定符、定位符、转义符等。

1．匹配符

字符匹配符用于匹配某个或者某些字符。在正则表达式中，通过一对方括号括起来的内容，可称为字符簇，表示的是一个范围，但实际匹配时，只能匹配固定的某个字符。匹配符见表 7-12。

表 7-12　匹配符

匹 配 符	描　　　述
[a-z]	匹配小写字母，a～z 中的任意一个字符
[A-Z]	匹配大写字母，A～Z 中的任意一个字符
[0-9]	匹配数字，0～9 中的任意一个字符，相当于\d
[0-9a-z]	匹配数字 0～9 或小写字母 a～z 中的任意一个字符
[0-9a-zA-Z]	匹配数字 0～9、小写字母 a～z 或大写字母 A～Z 中的任意一个字符
[abc]	匹配字符 abc 中的任意一个字符
[12345]	匹配数字 12345 中的任意一个字符

在字符簇中存在一个特殊符号^（脱字节），脱字节在字符簇中代表取反的含义。脱字节匹配符见表 7-13。

表 7-13　脱字节匹配符

脱字节匹配符	描　　　述
[^a-z]	匹配除小写字母 a～z 外的任意一个字符
[^0-9]	匹配除数字 0～9 外的任意一个字符
[^abc]	匹配除 abc 外的任意一个字符

例如，在"/[^0123456789]/g"正则表达式中，将会匹配除了数字以外任意的字符。

```
var str = '012abc3de45fg6';  //定义一个字符串
var reg = /[^0123456789]/g;
document.write(str.match(reg));  //将所有符合正则的字符放进一个数组。显示 a,b,c,d,e,f,g
```

例如，定义一个"/[^0-9]/"的正则，然后在字符串 str 中匹配结果。

```
var str="01r234567x89";  //定义一个字符串
var reg=/[^0-9]/;  //检查字符串中是否含有数字以外的字符
document.write(str.search(reg));  //若有数字以外的字符，则返回找到的位置；否则返回-1。显示 2
```

使用反义字符范围可以匹配很多无法直接描述的字符，达到以少应多的目的。

2．限定符

限定符可以指定正则表达式的一个给定组件必须要出现多少次才能满足匹配，限定符见表 7-14。

表 7-14　限定符

限　定　符	描　　述
*	匹配前面的子表达式零次或者多次，可以使用{0,}代替
+	匹配前面的子表达式一次或者多次，可以使用{1,}代替
?	匹配前面的子表达式零次或者一次，可以使用{0,1}代替
{n}	匹配确定的 n 次，如{12}，连续匹配 12 次
{n,}	至少匹配 n 次，如{1,}，代表最少匹配 1 次
{n,m}	最少匹配 n 次且最多匹配 m 次，如{1,5}代表最少匹配 1 次最多匹配 5 次

例如，定义一个"/[1-9]\d{5}/"正则，然后在字符串 str 中匹配结果：

```
var str="201411";  //定义一个字符串
var reg = /[1-9]\d{5}/;  //中国大陆邮政编码，含有 5 个数字的正则
document.write(str.search(reg));  //若符合，则返回 0；若不符合，则返回-1。显示 0
```

3．定位符

定位符可以将一个正则表达式固定在一行的开始或者结束，也可以创建只在单词内或者只在单词的开始或者结尾处出现的正则表达式。定位符见表 7-15。

表 7-15　定位符

定　位　符	描　　述
^	匹配输入字符串的开始位置（以***开始）
$	匹配输入字符串的结束位置（以***结束）
\b	匹配一个单词边界（字符串开头、结尾、空格、逗号、点号等符号）
\B	匹配非单词边界

例如，定义一个年-月-日的正则"/[\d]{4}-[\d]{1,2}(-[\d]{1,2})/"，然后在字符串 str 中匹配结果。

```
var str = "2020-4-15";  //定义一个字符串
var reg = /[\d]{4}-[\d]{1,2}(-[\d]{1,2})/;  //yyyy-mm-dd 或 yyyy-m-d 的正则
document.write(reg.test(str));  //若符合，则返回 true；否则返回 false。显示 true
```

4．转义符

在正则表达式中，如果遇到特殊符号，则必须使用转义符（反斜杠）进行转义，如( )、[ ]、*、+、?、.（点号）、/、\、^、$等都是特殊符号。在下面的示例中，先定义一个"/[\+]/"的正则，然后在字符串 str 中匹配结果。

例如，校验含有+、*号：

```
var str = '123+45*290abc';  //定义一个字符串
var reg = /[\+][\*]/;  //校验含有+、*号
```

```
document.write(reg.test(str));    //显示 true
```

5．表达式 g、i、m

g 表示全局（Global）模式，即模式将被应用于所有字符串，而非在发现第一个匹配项时立即停止。

i 表示不区分大小写（Case-insensitive）模式，即在确定匹配项时忽略模式与字符串的大小写。

m 表示多行（Multiline）模式，即在到达一行文本末尾时还会继续查找下一行中是否存在与模式匹配的项。

例如，定义一个"/[0-9]+/g"的正则，在字符串 str 中匹配结果：

```
var str = '012abc3de45fg6';    //定义一个字符串
var reg = /[0-9]+/g;    //校验所有数字，g 表示通配整个字符串，无 g 会找到第一个匹配的字符后停止
document.write(str.match(reg));    //将所有符合正则的字符放进一个数组。显示 012,3,45,6
```

7.9.3 正则表达式使用的方法

正则表达式有两种使用的方法，即字符串方法和正则对象方法。通常使用字符串方法就能实现。

1．字符串方法

字符串方法见表 7-16。

表 7-16 字符串方法

方　　法	描　　述
search()	检索与正则表达式相匹配的值
match()	找到一个或者多个正则表达式的匹配
replace()	替换与正则表达式匹配的字符串
split()	将字符串分割为字符串数组

例如，字符范围可以组合使用，以便设计更灵活的匹配模式：

```
var str = "abc2 ert4 abe3 abf1 abg7";    //字符串直接量
var reg = /ab[c-g][1-7]/g;    //前两个字符为 ab，第 3 个字符为从 c 到 g，第 4 个字符为 1~7 的任意数字
document.write(str.match(reg));    //返回数组["abc2","abe3","abf1","abg7"]
```

2．正则对象（regExp）方法

正则对象（regExp）方法见表 7-17。

表 7-17 正则对象（**regExp**）方法

方　　法	描　　述
test()	该方法用于检测一个字符串中是否匹配某个模式，如果字符串中含有匹配的文本，返回 true，否则返回 false
exec()	该方法用于检索字符串中的正则表达式的匹配，该函数返回一个数组，其中存放匹配的结果。如果未找到匹配，则返回值为 null

例如，下面代码正则检测固话号码是否匹配：

```
var reg = /^(\d{4})-(\d{4,9})$/;
document.write(reg.test('0371-12345678') + '<br />');    // true
document.write(reg.test('0371-123456ab') + '<br />');    // false
document.write(reg.test('0371 12345678')); // false
```

7.10 使用开发者工具调试 JavaScript 程序

在编写 JavaScript 程序的过程中，都会发生错误，包含语法错误、逻辑错误等。JavaScript 在出现错误时，不会出现提示信息，这样程序员就无法找到代码错误的位置。所以，就需要使用调试工具去发现错误。在程序代码中寻找错误叫作代码调试。很多浏览器都内置了调试工具，内置的调试

工具可以打开或关闭。有了调试工具，就可以设置断点（代码停止执行的位置），且可以在代码执行时检测变量。Chrome 内置了开发者工具（Windows 系统中按〈Ctrl+Shift+I〉键开启），可以方便地对 JavaScript 代码进行调试。

7.10.1　开发者工具调试使用方法

以调试下面例子来介绍开发者工具的使用方法。

【例 7-25】　调试示例代码，本例文件为 7-25.html 和 sum.js。

```html
<!DOCTYPE html>
<html>
    <head>
        <meta charset="utf-8">
        <title>调试示例</title>
        <script type="text/javascript" src="sum.js"></script>
    </head>
    <body>
        <p>调试 JavaScript 程序示例</p>
    </body>
</html>
```

sum.js 代码如下。

```javascript
//计算 a 到 b 整数的和，a,b 是整数，且 a<b
function sumab(a, b) {
    var i = a,sum = 0;
    while (i < b) {
        sum += i;
        i++;
    }
    return sum;
}
var x = 1,y = 100; //实参
var s = sumab(x, y); //调用函数
document.write(s);
```

对于 JavaScript 脚本程序是嵌入在 HTML 文档中的情况，下面方法同样适用。

1．设置断点

有两种方法可以给代码添加断点。

（1）在浏览器中打上断点标记

1）如果正在使用 HBuilder X 编辑 HTML 文档及 JavaScript 程序，可以在 HTML 编辑文档中执行"运行到浏览器"，如图 7-18 所示。

图 7-18　编辑 HTML 文档和 JavaScript 程序

2）打开 Chrome 浏览器，正在编辑的网页自动加载到浏览器中，发现程序运行结果错误，需要通过调试更正。否则就要先打开浏览器，然后在地址栏中输入需要调试的 HTML 文档，将其加载到浏览器中。在 Chrome 中打开"开发者工具"，如图 7-19 所示。

图 7-19　在 Chrome 中打开"开发者工具"

3）单击 Sources 标签，显示 Sources 面板，然后在左侧的树状窗格中单击要调试的.js 文件，如图 7-20 所示。

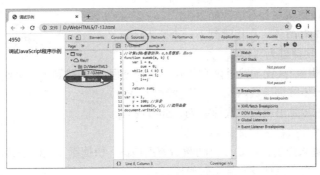

图 7-20　Sources 面板

对于在 HTML 文档中嵌入 JavaScript 脚本程序的情况，在左侧的树状窗格中单击要调试的.html 文件。

4）源代码左侧的行号是断点标记列，在该行号上单击，行号被标记为蓝色，表示打上了一个断点，如图 7-21 所示。可以添加多个断点。单击已经标记的蓝色断点，将取消该断点。

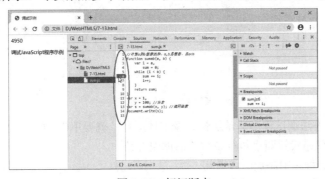

图 7-21　标记断点

5）单击浏览器的"刷新"按钮 ↻ 刷新浏览器，当页面代码运行到断点处便会暂停执行。添加的每个断点都会出现在右侧调试区的 Breakpoints 列表中，单击列表中的断点就会定位到内容区的断点上。如果有多个文件、多个断点，利用 Breakpoints 列表中的断点可以快速定位，非常方便，如图 7-22 所示。

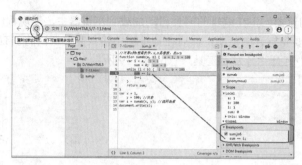

图 7-22　程序运行到断点处

对于每个已添加的断点都有两种状态：激活和禁用。刚添加的断点都是激活状态，禁用状态就是保留断点但临时取消该断点功能。在 Breakpoints 列表中每个断点前面都有一个复选框，取消选中就将禁用该断点。在断点位置的右键菜单中也可以禁用断点。也可以在调试工具栏上单击 按钮临时禁用所有已添加的断点，再单击一下恢复原状态。

6）当执行代码后，会在断点语句停下来，并把相关的数据展示一部分，此时可以使用调试工具栏上的按钮跟踪执行过程。调试工具栏如图 7-23 所示。

调试工具栏上的按钮从左到右依次如下。

第 1 个按钮 ：继续/暂停，直接跳到下一个断点（定义了 debugger 的地方）。快捷键为〈F8〉。

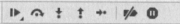

图 7-23　调试工具栏

第 2 个按钮 ：步进执行（比如跳过函数体内部执行过程，直接跳到下一个函数）。快捷键为〈F10〉。

第 3 个按钮 ：单步跳进函数内执行。快捷键为〈F11〉。

第 4 个按钮 ：单步跳出函数。快捷键为〈Shift+F11〉。

第 5 个按钮 ：单步执行。快捷键为〈F9〉。

第 6 个按钮 ：进入控制台后是否自动激活断点调试。快捷键为〈Ctrl+F8〉。

第 7 个按钮 ：是否在执行发生异常时暂停。

单击 或 按钮，进入函数内单步执行，每单击一次该按钮，都将执行一行语句，可以看到程序的执行过程，如图 7-24 所示。

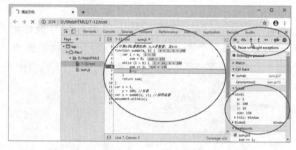

图 7-24　单步执行

但是，采用这种方法调试程序非常缓慢，像上述循环，就要单击 100 次才能到达结束循环的关键点。一个好的方法就是设置断点执行条件，后面将介绍。

（2）在 JavaScript 程序中添加断点语句

1）在 JavaScript 程序中需要执行断点的代码前加上 debugger 语句代码。

● 可以回到 HBuilder X 中添加 debugger 语句，如图 7-25 所示，按〈Ctrl+S〉键保存文件。请务必保存文件，因为 HBuilder X 不会自动保存.js 文件。

● 也可以在 Sources 面板中的当前代码执行区域直接添加 debugger 语句，修改后保存即可生效，这样就不用再回到 HBuilder X 中去编辑。在源代码区域添加 debugger 语句后，在源代码区域右击，从快捷菜单中选择"Save as"命令，如图 7-26 所示。显示"另存为"对话框，确认保存位置和文件名，即可保存。

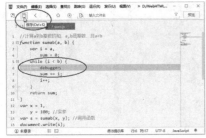
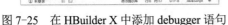

图 7-25　在 HBuilder X 中添加 debugger 语句　　　　图 7-26　在 Sources 面板中修改代码

2）刷新浏览器，当页面代码运行到断点处会暂停执行，如图 7-27 所示。对比图 7-22 所示的程序运行到断点处的右下角显示，发现缺少断点语句，所以建议采用打断点标记的方法。

图 7-27　运行到断点处

2. 设置断点执行条件

1）右击设置的断点，从快捷菜单中选择"Edit breakpoint"命令，如图 7-28 所示。

图 7-28　断点的快捷菜单

2）在设置断点的代码行下面显示输入执行断点的条件表达式框，如图 7-29 所示。

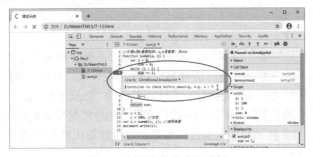

图 7-29　断点条件表达式框

输入执行断点的条件表达式，如图 7-30 所示。当表达式为 true 时断点调试才会生效。有了条件断点，在调试代码时能够更加精确地控制代码断点的时机。

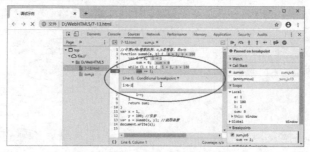

图 7-30　输入执行断点的条件表达式

3）单击浏览器的"刷新"按钮 C 刷新浏览器，程序运行到设置的条件才暂停在断点处，同时在中部的源代码区和右侧的 Scope（范围）列表中，可以看到 Local（局部）变量的值，i=99 是设置的条件，如图 7-31 所示。

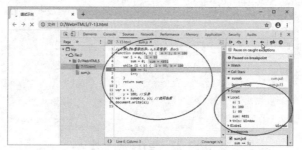

图 7-31　程序运行到设置的条件才暂停在断点处

4）这样只需单击 ➡ 按钮几次，就跳出了循环，大大节省了调试时间。

3. 调用栈

1）当断点执行到某一程序块处停下来后，右侧调试区的 Call Stack（调用栈）下会显示当前断点所处的方法调用栈，从上到下由最新调用处依次往下排列，如图 7-32 所示。然后单击 ▶ 按钮。

图 7-32　Call Stack

2）调试时，当前调用在哪里，Call Stack 列表里的箭头 ➡ 便会指向该位置。同时当单击调用栈列表上的任意一处，便会调到相应的位置，方便再回头去看看代码，如图 7-33 所示。

3）如果想重新从某个调用方法处执行，可以右击选择"Restart Frame"命令，如图 7-34 所示。断点就会跳到此处开头重新执行，同时 Scope 中的变量值也会依据代码重新更改，这样就可以方便地回退来重新调试，省得再重新刷新整个页面。但是，有可能造成网页崩溃，原因是有些变量可能没有被赋值，值是 undefined。

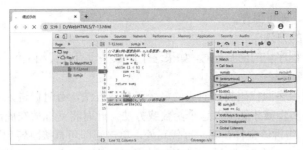

图 7-33　快速跳转

图 7-34　重新调用方法

4．查看变量

Call Stack 列表的下方是 Scope（范围）列表，可以查看此时的 Local（局部）变量和 Global（全局）变量的值，如图 7-35 所示。

图 7-35　查看变量

5．修改代码

在当前的代码执行区域，如果发现需要修改的地方，可以立即修改，修改后保存即可生效，这样就免去了再到 HBuilder X 中去编辑。

1）在中部的源代码区域修改代码，添加等号"="和注释文字，如图 7-36 所示。

图 7-36　修改代码

2）在中部的源代码区域右击，从快捷菜单中选择"Save as"命令，将显示"另存为"对话框，确认保存位置和文件名，即可保存。

6．快速进入调试的方法

当代码执行到某个程序块的函数处时，如果这个函数并没有设置相关的断点，此时可以按〈F11〉键进入此程序块。

一个项目都是经过很多源代码封装而成的多个函数或方法，有时候进入后，会走很多底层的封装函数或方法，需要很多步骤才能进入这个函数或方法，此时将光标放在此函数名上，会出现相关提示，如图 7-37 所示，告诉该文件在哪一行代码处，单击它即可直接跳转到这个函数，然后临时打上断点，按〈F10〉键或者单击调试工具栏上第二个按钮 ⌒ 直接进入此函数的断点处。

图 7-37　快速进入调试

7.10.2　调试示例

JavaScript 程序中只要有一处错误，则不再继续执行，使得初学者漫然无措，不知从何处下手。使用开发者工具可以比较容易地找到问题并解决。本节以下面代码为例介绍调试、差错的方法。

【**例 7-26**】　调试示例代码，本例文件 7-26.html。代码有 3 处错误，下面通过开发者工具调试并排除错误。

```html
<!DOCTYPE html>
<html>
    <head>
        <meta charset="utf-8">
        <title>添加对象的方法</title>
        <script type="text/javascript">
            var student = {}; //声明一个对象
            student.id = 100; //为对象添加属性
            student.name = "刘强";
            student.gender = "男";
            student.dateofbirth = "2002-5-17";
            student.courses = []; //所选课程声明为数组，可以添加多门课程
            student.getName() = function() { //添加得到姓名方法
                this.name = name;
            }
            student.chooseCourse = function(courseName) { //添加选课方法
                student.courses.push(courseName); //向课程数组中添加课程
            }
            student.getName(); //调用得到姓名方法
            student.chooseCourse("Web 前端开发");
            student.chooseCourse("数据库原理及应用");
            student.chooseCourse("C#面向对象程序设计");
            document.write(student.getName()+"<br />");
            document.write(student.courses);
        </script>
    </head>
```

```
        <body>
        </body>
    </html>
```

调试过程如下。

1）在 HBuilder X 中执行"运行"→"Chrome"命令，如图 7-38 所示。

2）在 Chrome 浏览器中运行程序，没有任何显示。打开"开发者工具"，单击 Sources 标签，显示 Sources 面板，然后在左侧的树状窗格中单击要调试的.html 文件，如图 7-39 所示。

3）设置断点，把断点设置到 JavaScript 代码的第 1 行，以便从头跟踪，如图 7-39 所示。

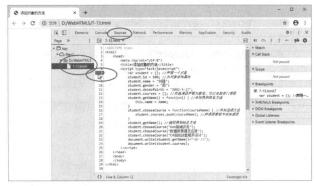

图 7-38　运行网页　　　　　　　　　　　　图 7-39　打开 JavaScript 程序

4）单击浏览器的刷新按钮 C，重新载入网页，显示如图 7-40 所示，程序停止在第 1 个错误行，在分号";"下出现红色波浪线，把光标放在它后面的红色标记◉上，显示"Uncaught SyntaxError: Invalid or unexpected token（未知的语法错误：无效的或意外的标记）"，仔细观察发现是分号输入成全角了。

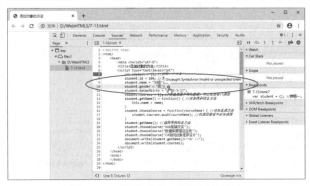

图 7-40　运行到第 1 个错误处停止

5）回到 HBuilder X，将其改为半角英文分号，重新运行网页，仍然没有任何显示。再次打开"开发者工具"，程序运行到第 2 个错误处，光标放到红色波浪线后面的红色标记◉上，错误提示"Uncaught TypeError: student.getName is not a function（未知的类型错误：student.getName 不是一个方法）"，发现方法名 student.getName() 多了一对小括号，如图 7-41 所示。

6）回到 HBuilder X，去掉一对小括号，重新运行代码，显示如图 7-42 所示。

7）再次打开"开发者工具"，单击浏览器的刷新按钮 C，重新载入网页。多次单击单步执行按钮 ↦，看到程序运行过程。光标停留在对象名上，将显示出当前对象的值。光标停留在属性上，将显示该属性的值，如图 7-43 所示。

把光标放到 name 上，看到是空字符串，name 没有被赋值，如图 7-44 所示。

原来是该方法没有返回值，回到 HBuilder X，将代码改为：

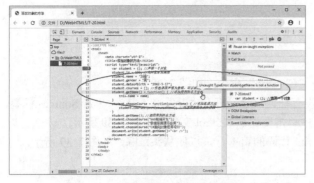

图 7-41　运行到第 2 个错误处停止

图 7-42　运行结果错误

```
student.getName = function() {    //添加得到姓名方法
    return this.name;    //返回 name
}
```

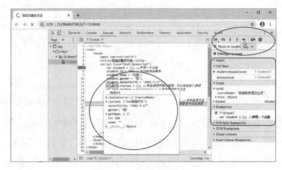

图 7-43　单步执行

8）再次运行程序，显示如图 7-45 所示，运行结果正确。

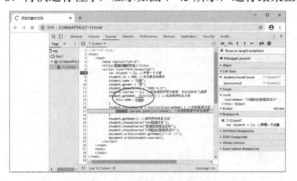

图 7-44　查看 name 值

图 7-45　正确的运行结果

习题 7

1．已知圆的半径是 100，计算圆的周长和面积，如图 7-46 所示。
2．使用多重循环在网页中输出乘法口诀表，如图 7-47 所示。
3．在页面中用中文显示当天的日期和星期，如图 7-48 所示。
4．在网页中显示一个工作中的数字时钟，如图 7-49 所示。
5．设计简易计算器，实现四则运算，如图 7-50 所示。

图 7-46　题 1 图

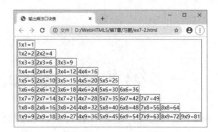

图 7-47　题 2 图

图 7-48　题 3 图

图 7-49　题 4 图

图 7-50　简易计算器

第8章 JavaScript 对象模型

JavaScript 是一种基于对象的语言，它包含有许多对象，如 BOM 对象、DOM 对象等，利用这些对象可以很容易地实现 JavaScript 编程。

　　学习目标：掌握 JavaScript 的 BOM 对象和操作，掌握 JavaScript 的 DOM 对象和操作。

　　重点难点：重点是 BOM 对象、DOM 对象、DOM 与 CSS，难点是 DOM 与 CSS。

25　BOM 的对象

8.1 BOM 的对象

BOM（Browser Object Model）是指浏览器对象模型，浏览器对象模型提供了独立于内容的、可以与浏览器窗口进行互动的对象结构。

8.1.1 BOM 概述

BOM 由一系列相关的对象构成，并且每个对象都提供了很多方法与属性。其中代表浏览器窗口的 window 对象是 BOM 的顶层对象，其他对象都是该对象的子对象。每当<body>标签出现时，window 对象就会被自动创建。使用 window 对象可以访问客户端其他对象，这种关系构成浏览器对象模型，window 对象代表根节点。

浏览器对象关系如图 8-1 所示。

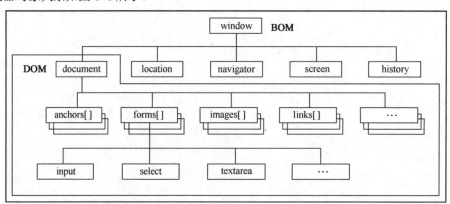

图 8-1　BOM 对象

在从属关系中，window 对象的从属地位最高，它反映的是一个完整的浏览器窗口。window 对象的下级包含 document、location、navigator、screen、history 对象，这些对象都是作为 window 对象的属性而存在的。每个对象说明如下。

　　document（文档对象）：包含整个 HTML 文档，可被用来访问文档内容及其所有页面元素。

　　location（文档的地址 URL 对象）：包含当前网页文档的 URL 信息。

　　navigator（浏览器信息对象）：包含客户端有关浏览器信息。

　　screen（浏览器屏幕对象）：包含客户端屏幕的信息。

　　history（历史记录对象）：包含浏览器窗口访问过的 URL 信息。

BOM 提供了一些访问窗口对象的方法，可以移动窗口位置、改变窗口大小、打开新窗口和关闭窗口、弹出对话框、进行导航以及获取客户的一些信息、支持 Cookies 等功能。BOM 最强大的功能是提供了一个访问 HTML 页面的入口——document 对象，通过这个入口使用 DOM 的强大功能。

BOM 被广泛应用于 Web 开发之中，主要用于客户端浏览器的管理。BOM 一直没有被标准化，不过各主流浏览器均支持 BOM，都遵守最基本的规则和用法，W3C 也将 BOM 主要内容纳入了 HTML5 规范之中。

8.1.2 window 对象

window 对象是一个独立的窗口，是客户端浏览器对象模型的基类，是客户端 JavaScript 的全局对象，所有的表达式都在当前的环境中计算。也就是说，要引用当前窗口，可以把窗口属性当作全局变量来使用，因此在引用其他对象时，不必再写"window"。例如，可以只写 document，而不必写 window.document。

由于 window 是全局对象，因此所有 JavaScript 全局对象、函数以及变量均自动成为 window 对象的成员，其中全局变量是 window 对象的属性，全局函数是 window 对象的方法。甚至 DOM 的 document 也是 window 对象的属性之一。

窗口对象（window）处于整个从属关系的最高级，它提供了处理窗口的方法和属性。每一个 window 对象代表一个浏览器窗口。

1. window 对象的属性

window 的属性有很多，常用的属性见表 8-1。

表 8-1　window 对象的常用属性

属　　性	描　　述
innerHeight	返回或指定浏览器窗口中文档显示区的像素高度，这个高度不包括任何工具栏和组成窗口的页面修饰高度。例如，获取浏览器窗口的内部高度 window.innerHeight，window.innerHeight=数值;
innerWidth	返回或指定浏览器窗口中文档显示区的像素宽度，这个宽度不包括任何工具栏和组成窗口的页面修饰宽度。例如，获取浏览器窗口的内部宽度 window.innerWidth，window.innerWidth 数值;
self	该属性包含当前窗口的标志，利用这个属性，可以保证在多个窗口被打开的情况下，正确调用当前窗口内的函数或属性而不会发生混乱

2. window 对象的方法

window 对象的方法有很多，其中 alert()、confirm()和 prompt()前面章节已经使用了。window 对象的常用方法见表 8-2。

表 8-2　window 对象的常用方法

方　　法	描　　述
open(URL[,窗口名称[,窗口风格]])	打开一个新的浏览器窗口，并在新窗口中装入一个指定的 URL 地址；可以指定窗口的名称(第二个参数)；可以指定窗口的风格(第三个参数)
close()	关闭当前浏览器窗口
alert(提示字符串)	弹出一个警告框，在警告框内显示提示字符串文本。如果没有指定参数，则弹出一个空的对话框
confirm(提示字符串)	显示一个确认框，在确认框内显示提示字符串，当用户单击"确定"按钮时该方法返回 true，单击"取消"时返回 false。如果没有指定参数，则弹出一个空的对话框
prompt(提示字符串，默认文本)	显示一个输入框，在输入框内显示提示字符串，在输入文本框显示默认文本，并等待用户输入，当用户单击"确定"按钮时，返回用户输入的字符串，当单击"取消"按钮时，返回 null 值。如果没有指定参数，则弹出一个没有提示信息的输入文本对话框
resizeTo(x,y)	重新设置浏览器窗口的大小，将当前窗口改成(x,y)大小，x、y 分别为宽度和高度
moveTo(x,y)	可把窗口的左上角移动到一个指定的坐标(x,y)，但不能将窗口移出屏幕
setTimeout(code,millisec)	在指定的毫秒数后调用函数或计算表达式，仅执行一次

【例 8-1】 显示窗口的宽、高和设置计时器，页面初次加载时依次显示 3 个提示框，延时 5000ms 后再调用 hello()函数，显示其对话框，本例文件 8-1.html 在浏览器中的显示效果如图 8-2 所示。

图 8-2   延时 5000ms 后显示对话框

```html
<!DOCTYPE html>
<html>
    <head>
        <meta charset="utf-8">
        <title></title>
        <script type="text/javascript">
            function hello() {
                window.alert("欢迎您！");
            }
            window.setTimeout("hello()", 5000); //延时 5000ms 后再调用 hello()函数
            window.alert("窗口的宽="+window.innerWidth); //获得窗口的宽度
            window.alert("窗口的高="+window.innerHeight); //获得窗口的高度
            window.prompt("window.prompt()", "默认文本"); //JavaScript 中的提示输入框
        </script>
    </head>
    <body>
    </body>
</html>
```

8.1.3   document 对象

document 对象是指每个载入到浏览器窗口中的 HTML 文档，都会成为 document 对象，包含当前网页的各种特征，显示的内容部分，如标题、背景、使用的语言等。document 对象是 window 对象的子对象，可以通过 window.document 属性对其进行访问，此对象可以从 JavaScript 脚本中对 HTML 页面中的所有元素进行访问。document 对象包含很多属性和方法。

1. document 对象的属性

document 对象常用的属性见表 8-3。

表 8-3   document 对象的常用属性

属　　性	描　　述
document.bgColor	设置页面背景色
document.fgColor	设置前景色（文本颜色）
document.linkColor	未点击过的链接颜色
document.alinkColor	激活链接（焦点在此链接上）的颜色
document.vlinkColor	已点击过的链接颜色
document.URL	设置 URL 属性，从而在同一窗口打开另一网页
document.cookie	设置或查询与当前文档相关的所有 cookie
document.title	设置文档标题等价于 HTML 的\<title\>标签
document.body	提供对 body 元素的直接访问
document.location.href	完整 URL
document.forms[]	返回对文档中所有的 form 对象集合

2. document 对象的方法

document 对象的常用方法见表 8-4。

表 8-4　document 对象的常用方法

方　　法	描　　述
write()	动态地向页面文档写入 HTML 或 JavaScript 代码
document.createElement(Tag)	创建一个 HTML 标签对象
document.getElementById(ID)	获得指定 ID 值的对象
document.getElementsByName(Name)	获得指定 Name 值的对象
document.getElementsByClassName(classname)	获得指定类名的对象（HTML5 API）
document.location.reload()	刷新当前网页
document.location.reload(URL)	打开指定的 URL 新的网页

在 document 对象的方法中，write()方法实现文档流的写入操作；而 createElement(Tag)、getElementById()、getElementsByName()等方法用于操作文档中的元素。

【例 8-2】　使用 getElementById()、getElementsByName()、getElementsByTagName()方法操作文档中的元素。浏览者填写表单中的选项后，单击"统计结果"按钮，弹出消息框显示统计结果，本例文件 8-2.html 在浏览器中的显示效果如图 8-3 所示。

图 8-3　document 对象显示效果

```
<!DOCTYPE html>
<html>
    <head>
        <meta charset="utf-8">
        <title>document 对象</title>
        <script type="text/javascript">
            function count() {
                var userName = document.getElementById("userName");
                var hobby = document.getElementsByName("hobby");
                var inputs = document.getElementsByTagName("input");
                var result = "ID 为 userName 的元素的值：" + userName.value + "\nname 为 hobby
的元素的个数：" + hobby.length + "\n 个人爱好：";
                for (var i = 0; i < hobby.length; i++) {
                    if (hobby[i].checked) {
                        result += hobby[i].value + " ";
                    }
                }
                result += "\n 标签为 input 的元素的个数：" + inputs.length；
                alert(result);
            }
        </script>
    </head>
    <body>
        <form name="myform">
            用户名：<input type="text" name="userName" id="userName" /><br />
            爱 好：<input type="checkbox" name="hobby" value="音乐" />音乐
```

```
                    <input type="checkbox" name="hobby" value="美食" />美食
                    <input type="checkbox" name="hobby" value="旅游" />旅游<br />
                    <input type="button" value="统计结果" onclick="count()" />
            </form>
        </body>
    </html>
```

8.1.4　location 对象

location 对象包含当前页面的 URL 地址的各种信息，例如协议、主机服务器和端口号等，并把浏览器重新定向到新的页面。location 对象是 window 对象的一部分，可以通过 window.location 属性访问，在编写代码时可省略 window 前缀。

1．location 对象的属性

location 对象的常用属性，见表 8-5。

表 8-5　location 对象的常用属性

属　　性	描　　述
location.protocol	设置或返回当前页面 URL 使用的协议，http:或 https:
location.host	设置或返回当前 URL 的主机名称和端口号
location.hostname	设置或返回当前 URL 的主机名
location.port	设置或返回当前 URL 的端口号，如 URL 中不包含端口号返回空字符串
location.pathname	设置或返回当前 URL 的路径部分
location.href	设置或返回当前显示文档的完整 URL
location.hash	返回#号后面的字符串，URL 的锚部分，不包含散列，则返回空字符串
location.search	设置或返回当前 URL 的查询部分（从问号?开始的参数部分）

2．location 对象的方法

location 对象提供了 3 个方法，用于加载或重新加载页面中的内容，location 对象的方法见表 8-6。

表 8-6　location 对象的方法

方　　法	描　　述
assign(url)	可加载一个新的文档，与 location.href 实现的页面导航效果相同
reload(force)	用于重新加载当前文档；参数 force 缺省时默认为 false；当参数 force 为 false 且文档内容发生改变时，从服务器端重新加载该文档；当参数 force 为 false 但文档内容没有改变时，从缓存区中装载文档；当参数 force 为 true 时，每次都从服务器端重新加载该文档
replace(url)	重新定向 URL，使用一个新文档取代当前文档，且不会在 history 对象中生成新的记录

例如，下面代码通过 location 对象的 href 属性获得当前页面的 URL 链接。页面加载完后通过弹出消息框显示出来，单击"确定"按钮后，重新定向并打开百度主页。

```
        window.onload=function(){
            alert(location.href);
            location.replace("https://www.baidu.com");
        }
```

8.1.5　navigator 对象

navigator 对象获取客户端访问浏览器的信息，包括浏览器名称、平台版本信息、是否启用 cookie 状态、操作系统平台等。在编写时可不使用 window 这个前缀。

navigator 对象的常用属性，见表 8-7。

表 8-7　navigator 对象的常用属性

表 8-7　navigator 对象的常用属性

属　　性	描　　述
navigator.platform	返回操作系统类型
navigator.userAgent	返回浏览器设定的 User-Agent 字符串
navigator.appName	返回浏览器名称
navigator.appVersion	返回浏览器版本
navigator.language	返回浏览器设置的语言

例如，navigator.userAgent 是最常用的属性，用来完成浏览器判断；然后返回客户端浏览器的各种信息。

```
if (window.navigator.userAgent.indexOf('MSIE') != -1) {
    alert('我是 IE');
} else {
    alert('我不是 IE');
}
document.write(navigator.appName+"<br />"); //返回浏览器的名称
document.write(navigator.appVersion+"<br />"); //返回浏览器的平台和版本信息
document.write(navigator.cookieEnabled+"<br />"); //返回指明浏览器中是否启用 cookie 的布尔值
document.write(navigator.platform+"<br />"); //返回运行浏览器的操作系统平台
```

8.1.6　screen 对象

screen 对象包含有关客户端显示屏幕的信息。每个 window 对象的 screen 属性都引用一个 screen 对象。screen 对象中存放着有关显示浏览器屏幕的信息。JavaScript 程序将利用这些信息来优化输出，以达到用户的显示要求。例如，一个程序可以根据显示器的尺寸选择使用大图像还是使用小图像，还可以根据显示器的颜色深度选择使用 16 位色还是使用 8 位色的图形。另外 JavaScript 程序还能根据有关屏幕尺寸的信息将新的浏览器窗口定位在屏幕中间。

screen 对象的常用属性见表 8-8。

表 8-8　screen 对象的常用属性

属　　性	描　　述
screen.availHeight	返回显示屏幕的高度，以像素计，减去界面特性，比如 window 任务栏
screen.availWidth	返回显示屏幕的宽度，以像素计，减去界面特性，比如 window 任务栏
screen.bufferDepth	设置或返回调色板的比特深度
screen.colorDepth	返回目标设备或缓冲器上的调色板的比特深度
screen.deviceXDPI	返回显示屏幕的每英寸水平点数
screen.deviceYDPI	返回显示器屏幕的每英寸垂直点数
screen.fontSmoothingEnabled	返回用户是否在显示控制面板中启用了字体平滑
screen.height	返回显示屏幕的高度
screen.width	返回显示屏幕的宽度
screen.logicalXDPI	返回显示屏幕每英寸的水平方向的常规点数
screen.logicalYDPI	返回显示屏幕每英寸的垂直方向的常规点数
screen.pixelDepth	返回显示屏幕的颜色分辨率（比特每像素）
screen.updateInterval	设置或返回屏幕的刷新率

例如，下面代码显示浏览器显示屏幕的宽度和高度、显示器屏幕的宽度和高度。可以看到浏览

器屏幕的高度与显示器的高度相差一个 Windows 任务栏的高度。

```
document.write(screen.availHeight + "<br />"); //返回客户端浏览器显示屏幕的高度
document.write(screen.availWidth + "<br />"); //返回浏览器显示屏幕的宽度
document.write(screen.height+ "<br />"); //返回显示器的高度
document.write(screen.width + "<br />"); //返回显示器的宽度
```

8.1.7   history 对象

history 对象包含用户在浏览网页时所访问过的 URL 地址。history 对象是 window 对象的一部分，可以通过 window.history 属性对其访问。

history 对象的常用属性是 history.length 属性，保存着历史记录的 URL 数量。初始时，该值为 1。如果当前窗口先后访问了 3 个网址，history.length 属性等于 3。

window.history 对象包含浏览器的历史。为了保护用户隐私，对 JavaScript 访问该对象的方法做出了限制。

history 对象的常用方法见表 8-9。

表 8-9   history 对象的常用方法

方　　法	描　　述
history.back()	加载 history 列表中的前一个 URL
history.forward()	加载 history 列表中的下一个 URL
history.go(参数|URL)	加载 history 列表中的某个具体页面，参数为负整数往后跳转，上一页(类似于后退按钮)，正整数往前跳转，下一页(类似于前进按钮)。或者使用具体页面的 URL

例如，下面代码在网页中显示网页链接的数量，输入几个网站后，返回到这个例子，链接数量将改变。

```
document.write(history.length + "<br />"); //初始时，该值为 1
history.back(); //后退一页
//history.forward(); //前进一页
//history.go(-1); //后退一页
//history.go(1); //前进一页
//history.go(2); //前进两页
```

26　DOM 的对象

8.2   DOM 的对象

HTML DOM（Document Object Model for HTML，文档对象模型）是 W3C 标准，定义了用于 HTML 的一系列标准的对象，以及访问和处理 HTML 文档的标准方法。通过 DOM，可以访问所有的 HTML 元素，包括元素的文本和属性。可以对其中的内容进行修改和删除，同时也可以创建新的元素。

8.2.1   节点和节点树

当网页被加载时，浏览器会创建页面的 DOM。DOM 属于 BOM 的一部分（图 8-1），DOM 用于对 BOM 中的核心对象 document 进行操作。

1．节点

DOM 把 HTML 文档中的每一个元素都定义成一个一个的节点，整个 HTML 文档是一个文档节点，根元素<html>是根节点。每个 HTML 标签都是一个元素节点，包含在 HTML 标签中的文本内容是文本节点；HTML 标签的每一个属性是一个属性节点。注释属于注释节点。

2．节点树

DOM 对象被结构化为对象树，HTML 文档的所有节点组成一个节点树，HTML 文档中的每个元素、属性和文本内容都代表树中的一个节点。

例如，下面 HTML 文档构成的节点树如图 8-4 所示。

```
<!DOCTYPE html> <!--文档节点-->
<html> <!--<html>是元素节点-->
    <head> <!--<head>是元素节点-->
        <meta charset="utf-8"> <!--<meta>是元素节点，其中的 charset 是属性节点-->
        <title>文档标题</title> <!--<title>是元素节点，其中的"文档标题"是文本节点-->
    </head>
    <body> <!--<body>是元素节点-->
    <a href="#">链接文字</a><!--<a>是元素节点，其中的 href 是属性节点，"链接文字"是文本
节点-->
        <h1>标题 1</h1> <!--<h1>是元素节点，其中的"标题 1"是文本节点-->
        <p>段落文本</p>   <!--<p>是元素节点，其中的"段落文本"是文本节点-->
    </body>
</html>
```

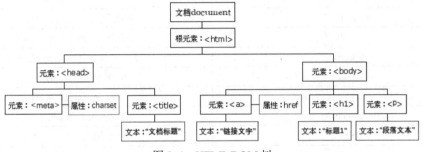

图 8-4　HTML DOM 树

节点树中的所有节点彼此之间都有等级和层次关系，节点树起始于文档节点 document，除文档节点外的每个节点都有父节点，例如<head>和<body>的父节点是<html>节点。大部分元素节点都有子节点。

文本节点和属性节点的父节点是它的元素节点，例如<a>节点的属性节点 href 和文本节点"链接文字"的父节点是<a>节点。文本节点和属性节点为叶子节点，即它没有子节点。

当节点共享同一个父节点时，它们是同级（兄弟）节点，例如<head>与<body>是同级节点，它们的父节点都是<html>节点；<a>、<h1>和<p>是同级节点，它们的父节点是<body>节点。

有的节点有子节点，或子节点的子节点。有的节点有父节点，或父节点的父节点，所有节点的祖父节点是文档节点。

8.2.2　DOM 的操作

在 DOM 中有很多不同类型的节点，也有很多类型的 DOM 节点包含着其他类型的节点，其中常用的节点有 3 种：元素节点、文本节点和属性节点。

由于 HTML 文档被浏览器解析后是一棵 DOM 树，是一个树形结构。要改变 HTML 的结构，就需要通过 JavaScript 来操作 DOM。操作一个 DOM 节点就是以下几个操作。

添加：在该 DOM 节点下新增一个子节点，相当于动态增加了一个 HTML 节点。

删除：将该节点从 HTML 中删除，相当于删掉了该 DOM 节点的内容以及它包含的所有子节点。

更新：更新该 DOM 节点的内容，相当于更新了该 DOM 节点表示的 HTML 内容。

遍历：遍历该 DOM 节点下的子节点，以便进行进一步操作。

DOM 除操作节点外，还可以获取或设置元素的属性值、属性操作等。

通过对象的属性和方法可以操作这些对象，常用的 DOM 对象有 Node 对象、HTML Element 对象、HTML Document 对象和 HTML DOM 对象。

通过 DOM 对象模型，JavaScript 获得创建动态 HTML 的能力，包括改变（删除、添加）页面中的所有 HTML 元素、HTML 属性、CSS 样式，并且对页面中所有事件做出反应。

8.2.3 Node 对象

Node（节点）对象代表文档树中的一个节点，Node 对象是整个 DOM 的核心对象。

1. Node 对象的属性

每个节点都有其节点的属性，Node 对象的常用属性见表 8-10。

表 8-10 Node 对象的常用属性

属　　性	描　　述
nodeType	显示节点的类型
nodeName	显示节点的名称
nodeValue	显示节点的值
attributes	所有属性节点的集合（数组）
firstChild	表示某一节点的第一个子节点
lastChild	表示某一节点的最后一个子节点
childNodes	表示所在节点的所有子节点
parentNode	表示所在节点的父节点
previousSibling	紧挨着当前节点的上一个节点
nextSibling	紧挨着当前节点的下一个节点

（1）nodeName

nodeName 属性含有某个节点的名称，其中：

1）元素节点的 nodeName 值是标签名称。

2）属性节点的 nodeName 值是属性名称。

3）文本节点的 nodeName 值永远是#text。

4）文档节点的 nodeName 值永远是#document。

（2）nodeValue

对于文本节点，nodeValue 属性包含文本内容。对于属性节点，nodeValue 属性包含属性值。对于文档节点和元素节点，nodeValue 属性不可用。

（3）nodeType

nodeType 属性返回节点的类型，其中最重要的节点类型见表 8-11。

表 8-11 节点类型

元　素　类　型	节　点　类　型
元素	1
属性	2
文本	3
注释	8
文档	9

2．Node 对象的方法

Node 对象的方法包含对节点的各种操作，Node 对象的主要方法见表 8-12。

表 8-12　Node 对象的主要方法

方　　法	描　　述
hasChildNodes()	判定一个节点是否有子节点，如果有则返回 true，如果没有则返回 false
removeChild(node)	删除一个节点，node 为删除的节点对象
appendChild(node)	node 为添加的节点对象。该方法用于向节点的最后一个子节点之后添加节点。如果要添加的节点是 DOM 对象，该方法会移动节点，使用此方法可以从一个元素向另一个元素移动元素
replaceChild(newnode,oldnode)	用新节点替换某个节点
insertBefore(newnode,existingnode)	在指定的已有子节点之前插入新的子节点。newnode 必需，指需要插入的节点对象。existingnode 可选，表示在其之前插入新节点，如果未规定，则在结尾插入 newnode
cloneNode(deep)	复制一个节点。参数 deep 默认是 false，true 表示同时复制所有的子节点，false 表示仅复制当前节点
setAttribute(attributename,attributevalue)	添加指定的属性，并赋值。如果属性已存在，则仅设置/更改值。attributename 必需，为添加属性的名称。attributevalue 必需，为添加的属性值
getAttribute(attributename)	返回指定属性名的属性值。attributename 必需，为获得属性值的属性名称
removeAttribute(attributename)	删除指定的属性。attributename 必需，为移除属性的名称。该方法无返回值

8.2.4　HTML DOM 对象

HTML DOM 是 HTML 的标准对象模型和编程接口。它定义了作为对象的 HTML 元素、所有 HTML 元素的属性、访问所有 HTML 元素的方法、所有 HTML 元素的事件。换言之，HTML DOM 是关于如何获取、更改、添加或删除 HTML 元素的标准。

HTML DOM 独立于平台和编程语言，它可被任何编程语言（如 Java、JavaScript 和 VBScript）使用。HTML DOM 对象见表 8-13。

表 8-13　HTML DOM 对象

对　　象	描　　述
Document	代表整个 HTML 文档，用来访问页面中的所有元素
Anchor	代表<a>元素
Area	代表图像地图中的<area>元素
Base	代表<base>元素
Body	代表图像地图中的<body>元素
Button	代表<button>元素
Event	代表事件的状态
Form	代表<form>元素
Frame	代表<frame>元素
Frameset	代表<frameset>元素
Iframe	代表<iframe>元素
Image	代表<img>元素
Input button	代表 HTML 表单中的按钮
Input checkbox	代表 HTML 表单中的选择框
Input file	代表 HTML 表单中的 fileupload
Input hidden	代表 HTML 表单中的隐藏域
Input password	代表 HTML 表单中的密码域

对　　象	描　　述
Input radio	代表 HTML 表单中的单选框
Input reset	代表 HTML 表单中的重置按钮
Input submit	代表 HTML 表单中的确认按钮
Input text	代表 HTML 表单中的文本输入域
Link	代表<link>元素
Meta	代表<meta>元素
Object	代表一个<object>元素
Option	代表<option>元素
Select	代表 HTML 表单中的选择列表
Style	代表某个单独的样式声明
Table	代表<table>元素
TableData	代表<td>元素
TableRow	代表<tr>元素
Textarea	代表<textarea>元素

8.2.5　HTML Document 对象

HTML Document 对象表示 HTML 文档树的根，在 BOM 和 HTML DOM 中被称为 Document 对象。每个载入浏览器的 HTML 文档都会成为 Document 对象。Document 对象可以用脚本对 HTML 页面中的所有元素进行访问。

Document 对象是 Window 对象的一部分，可通过 window.document 属性对其进行访问。

HTML Document 接口对 DOM Document 接口进行了扩展，定义了 HTML 专用的属性和方法。很多属性和方法都是 HTML Collection 对象（实际上是可以用数组或名称索引的只读数组），其中保存了对锚、表单、链接以及其他脚本元素的引用。这些集合属性都源自于 0 级 DOM。虽然它们已经被 Document.getElementsByTagName()所取代，但是仍然常常使用，因为它们很方便。

1．HTML Document 对象的集合

HTML Document 对象的常用集合见表 8-14。

表 8-14　HTML Document 对象的常用集合

集　　合	描　　述
all[]	返回对文档中所有 HTML 元素的访问
styleSheets[]	返回文档中所有样式表对象的集合，包括内部和外部样式
anchors[]	返回对文档中所有 Anchor 对象的引用
forms[]	返回对文档中所有 Form 对象引用
images[]	返回对文档中所有 Image 对象引用
links[]	返回对文档中所有 Area 和 Link 对象引用

2．HTML Document 对象的属性

HTML Document 对象的常用属性见表 8-15。

表 8-15　HTML Document 对象的常用属性

属　　性	描　　述
body	返回对 body 元素对象的引用
documentElement	返回对 html 元素对象的引用

3．HTML Document 对象的方法

HTML Document 对象的常用方法见表 8-16。

表 8-16　HTML Document 对象的常用方法

方　　法	描　　述
createElement(name)	创建元素节点，返回一个 Element 对象。name 为元素节点规定名称
createAttribute(name)	创建拥有指定名称的属性节点，并返回新的 Attr 对象。name 为新创建的属性名称
createTextNode(data)	创建文本节点，返回 Text 对象。data 为字符串值，规定此节点的文本
getElementById(id)	返回拥有指定 id 的第一个对象
getElementsByName(name)	返回带有指定名称 name 的对象集合
getElementsByTagName(tagname)	返回带有指定标签名 tagname 的对象集合
querySelect(CSSselectors)	返回指定 CSS 选择器元素的第一个子元素
querySelectorAll(CSSselectors)	返回指定 CSS 选择器元素的所有元素

8.2.6　HTML Element 对象

在 HTML DOM 中，HTML Element 对象表示 HTML 文档中的任意元素，它是 HTML DOM 的基本对象，提供 HTML 元素对象的通用属性和方法。

Element 对象可以拥有类型为元素节点、文本节点、注释节点的子节点。

NodeList 对象表示节点列表，比如 HTML 元素的子节点集合。

元素也可以拥有属性。属性是属性节点。

HTML Element 对象继承了 Node 和 Element 对象的标准属性和方法，也实现了非标准属性。

1．HTML Element 对象的属性

表 8-17 列出了 HTML Element 对象的常用属性，表中的属性可用于所有 HTML 元素上。

表 8-17　HTML Element 对象的常用属性

属　　性	描　　述
element.className	设置或返回元素的 class 属性
element.id	设置或返回元素的 id 属性
element.style	设置或返回元素的 style 属性
element.currentStyle	返回一个 currentStyle 对象，表示页面中的所有样式声明按 CSS 层叠规则作用于元素的最终样式
element.title	设置或返回元素的 title 属性
element.innerHTML	设置或返回元素标签对之间的所有 HTML 的内容
element.outerHTML	返回元素完整的 HTML 代码，包括 innerHTML 和元素自身标签
element.offsetHeight	返回元素的高度。以像素为单位，类型为整型数字
element.offsetWidth	返回元素的宽度。以像素为单位，类型为整型数字
element.offsetLeft	返回当前元素的左边界到它的包含元素的左边界的水平偏移量。以像素为单位，类型为整型数字
element.offsetTop	返回当前元素的上边界到它的包含元素的上边界的垂直偏移量。以像素为单位，类型为整型数字
element.offsetParent	返回对最近动态定位的包含元素的引用，所有的偏移量都根据该元素来决定。如果将元素的样式属性 display 设置为 none，则该属性返回 null
element.scrollHeight	当一个元素拥有滚动条时，返回元素的整体高度。以像素为单位，类型为整型数字
element.scrollWidth	当一个元素拥有滚动条时，返回元素的整体宽度。以像素为单位，类型为整型数字
element.scrollLeft	返回元素左边缘与视图之间的距离
element.scrollTop	返回元素上边缘与视图之间的距离
element.textContent	设置或返回节点及其后代的文本内容

2．HTML Element 对象的方法

HTML Element 对象的常用方法见表 8-18。

表 8-18　HTML Element 对象的常用方法

方　法	描　述
element.appendChild()	向元素添加新的子节点，作为最后一个子节点
element.cloneNode()	复制元素
element.getAttribute()	返回元素节点的指定属性值
element.getAttributeNode()	返回指定的属性节点
element.getElementsByTagName()	返回拥有指定标签名的所有子元素的集合
element.hasAttribute()	如果元素拥有指定属性，则返回 true，否则返回 false
element.hasAttributes()	如果元素拥有属性，则返回 true，否则返回 false
element.hasChildNodes()	如果元素拥有子节点，则返回 true，否则返回 false
element.insertBefore()	在指定已有的子节点之前插入新节点
element.removeAttribute()	从元素中移除指定属性
element.removeAttributeNode()	移除指定的属性节点，并返回被移除的节点
element.removeChild()	从元素中移除子节点
element.replaceChild()	替换元素中的子节点
element.setAttribute()	把指定属性设置或更改为指定值
element.setAttributeNode()	设置或更改指定属性节点
nodelist.item()	返回 NodeList 中位于指定下标的节点

8.2.7　Node 操作实例

1．获取节点

DOM 树由许多 HTML 标签元素构成，这些标签元素就是树状结构上的节点，要对节点操作，首先需要获得（访问、查找）这个 DOM 节点。获取节点的方法主要有以下几种。

（1）通过标签的 id 获取

由于 id 在 HTML 文档中是唯一的，所以通过 id 号可以直接定位唯一的 DOM 节点元素，返回一个元素对象。如果 id 不唯一，则返回拥有指定 id 的第一个元素对象。

document.getElementById('id 属性值')

（2）通过标签 name 属性获取

通过 name 属性获取元素组，总是返回一组 DOM 节点，返回拥有指定名称的对象集合。

document.getElementsByName('name 属性值')

（3）通过 class 类别名获取

通过 class 获取元素组，总是返回一组 DOM 节点，返回拥有指定 class 的对象集合。

document.getElementsByClassName('class 属性值')

（4）通过标签名获取

通过标签名获取元素组，总是返回一组 DOM 节点，返回拥有指定标签名的对象集合。

document.getElementsByTagName('标签名')

第 2、3、4 种方法返回对象集合，要注意：由于获取的结果可能是多个，所以 Elements 是复数形式，Element 后加上了 s。获取结果的对象集合是 nodeList 类型，要操作对象集合中的所有元素需要遍历该对象集合。获取元素时，有可能获取到的标签只有一个，但是形式仍然是对象集合。

要精确地选择 DOM，可以先定位父节点，再从父节点开始选择，以缩小范围。

【例 8-3】 Node 对象是用于解析 DOM 节点树的入口，Node 对象提供了对节点操作的属性和方法。本例使用 Node 对象的属性显示节点信息。本例文件 8-3.html 在浏览器中的显示效果如图 8-5 所示。

图 8-5　显示属性值

```html
<!DOCTYPE html>
<html>
    <head>
        <meta charset="utf-8">
        <title>显示属性值</title>
    </head>
    <body>
        <p id="p1" name="text">我来自何方</p>
        <script type="text/javascript">
            /* 获取指定元素节点 */
            var p = document.getElementById('p1');
            /* 判断指定节点的名称 - 显示标签名称 */
            document.write(p.nodeName + "<br />"); // 显示大写: P
            /* 判断指定节点的类型 */
            document.write(p.nodeType + "<br />"); // 显示元素节点: 1
            /* 判断指定节点的属性值 */
            document.write(p.nodeValue + "<br />"); // 显示: null
            /* 获取指定元素节点的文本节点 */
            var text = p.firstChild;
            /* 判断指定节点的名称 */
            document.write(text.nodeName + "<br />"); // 显示文本节点的固定写法: #text
            /* 判断指定节点的类型 */
            document.write(text.nodeType + "<br />"); // 显示文本节点: 3
            /* 判断指定节点的属性值 */
            document.write(text.nodeValue + "<br />"); // 显示文本内容: 我来自何方
            /* 获取指定元素节点的属性节点 */
            var myAttr = p.getAttributeNode('name');
            /* 判断指定节点的名称 */
            document.write(myAttr.nodeName + "<br />"); // 显示属性名: name
            /* 判断指定节点的类型 */
            document.write(myAttr.nodeType + "<br />"); // 显示属性节点: 2
            /* 判断指定节点的属性值 */
            document.write(myAttr.nodeValue + "<br />"); // 显示属性值: text
            /* 判断节点的类型 - 文档节点 */
            // document 对象 表示 html 文档（html 页面）
            document.write(document.nodeName + "<br />"); // 显示节点的名称: #document
（document 对象）
            document.write(document.nodeType + "<br />"); // 显示节点的类型: 9（文档节点）
            document.write(document.nodeValue + "<br />"); // 显示节点的值: null
        </script>
    </body>
</html>
```

2．创建或增添节点

在 DOM 操作中，经常要在 HTML 页面中动态增加一些 HTML 元素，这就需要创建节点，然后增加节点。

（1）创建节点

创建节点使用如下方法。

```
document.createElement("HTML 元素名") //创建一个 HTML 元素
document.createTextNode(String) //创建一个文本节点
document.createAttribute("属性名") //创建一个属性节点
```

（2）增加节点

增加节点使用如下方法。

向 element 内部最后增加（追加）一个节点，参数是节点类型：

element.appendChild(Node)

在 element 内部的 existingNode 前插入 newNode：

element.insertBefore(newNode,existingNode)

【**例 8-4**】 本例创建新的 HTML 元素 p 节点，使用 appendChild()方法添加新元素到尾部；然后在已存在的元素 div1 中添加它。本例文件 8-4.html 在浏览器中的显示效果如图 8-6 所示。

```
<!DOCTYPE html>
<html>
    <head>
        <meta charset="utf-8">
        <title>创建新的 HTML 元素(节点)-appendChild()</title>
    </head>
    <body>
        <div id="div1">
            <p id="p1">这是第一个段落。</p>
            <p id="p2">这是第二个段落。</p>
        </div>
        <script type="text/javascript">
            var para = document.createElement("p"); //创建 p 元素
            var node = document.createTextNode("这是一个新的段落。"); //为<p>元素创建一个新
的文本节点

            para.appendChild(node); //将文本节点添加到<p>元素中
            var element = document.getElementById("div1"); //查找已存在的元素 div1
            element.appendChild(para); //添加到已存在的元素中
        </script>
    </body>
</html>
```

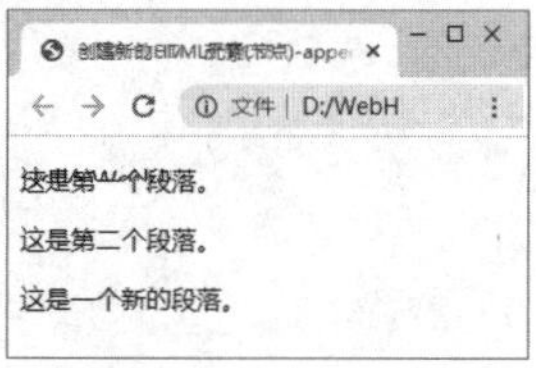

图 8-6 运行结果

【**例 8-5**】 本例创建新的 HTML 元素（节点），使用 insertBefore()方法将新元素添加到指定位置。本例文件 8-5.html 在浏览器中的显示效果，如图 8-7 所示。

图 8-7 运行结果

```
<!DOCTYPE html>
<html>
    <head>
        <meta charset="utf-8">
        <title>创建新的 HTML 元素(节点)-appendChild()</title>
    </head>
    <body>
        <div id="div1">
            <p id="p1">这是第一个段落。</p>
            <p id="p2">这是第二个段落。</p>
        </div>
        <script type="text/javascript">
            var para = document.createElement("p"); //创建 p 元素
            var node=document.createTextNode("这是一个新的段落。");//为<p>元素创建文本节点
```

```
                    para.appendChild(node);//将文本节点添加到<p>元素中
                    var element = document.getElementById("div1");//查找已存在的元素 div1
                    var child = document.getElementById("p2");//查找已存在的元素 p2
                    element.insertBefore(para, child); //把新建的元素插入到 p2 前
            </script>
        </body>
    </html>
```

3．删除节点

删除节点使用下面方法，本方法的功能是删除当前节点下指定的子节点，删除成功返回该被删除的节点，否则返回 null。

element.removeChild(Node)

【例 8-6】 HTML 文档中<div>元素包含两个子节点（两个<p>元素），删除第一个段落。本例文件 8-6.html 在浏览器中的显示效果如图 8-8 所示。

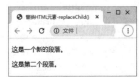

```
    <!DOCTYPE html>
    <html>
        <head>
            <meta charset="utf-8">
            <title>移除第一个段落</title>
        </head>
        <body>
            <div id="div1">
                <p id="p1">这是第一个段落。</p>
                <p id="p2">这是第二个段落。</p>
            </div>
            <script type="text/javascript">
                var parent = document.getElementById("div1"); //查找 id="div1"的元素，父元素
                var child = document.getElementById("p1"); //查找 id="p1"的<p>元素
                parent.removeChild(child); //从父元素中移除子节点 p1
            </script>
        </body>
    </html>
```

图 8-8　运行结果

要删除一个元素，需要知道该元素的父元素。

以下代码是已知要查找的子元素，然后查找其父元素，再删除这个子元素（删除节点必须知道父节点）：

```
    var child = document.getElementById("p1");
    child.parentNode.removeChild(child);
```

4．替换 HTML 元素

可以使用 replaceChild()方法来替换 HTML DOM 中的元素。

parent.replaceChild(para, child);

【例 8-7】 本例用新段落替换第一个段落。本例文件 8-7.html 在浏览器中的显示效果如图 8-9 所示。

```
    <!DOCTYPE html>
    <html>
        <head>
            <meta charset="utf-8">
            <title>替换 HTML 元素-replaceChild() </title>
        </head>
```

图 8-9　运行结果

```
        <body>
            <div id="div1">
                <p id="p1">这是第一个段落。</p>
                <p id="p2">这是第二个段落。</p>
            </div>
            <script type="text/javascript">
                var para = document.createElement("p");
                var node = document.createTextNode("这是一个新的段落。");
                para.appendChild(node);
                var parent = document.getElementById("div1");
                var child = document.getElementById("p1");
                parent.replaceChild(para, child);
            </script>
        </body>
    </html>
```

5. 获取或设置元素的属性值

对获取的节点,可以得到节点的属性值,也可以设置节点的属性值。其语法格式如下:

> 节点对象名.**getAttribute(attributeName)**   //参数传入属性名,返回对应属性的属性值
> 节点对象名.**setAttribute(attributeName, attributeValue)**   //参数传入属性名及设置的值

【例 8-8】 本例定义了一个文本节点和元素节点,并为一级标题元素设置 title 属性,最后把它们添加到文档结构中。本例文件 8-8.html 在浏览器中的显示效果如图 8-10 所示。

```
<!DOCTYPE html>
<html>
    <head>
        <meta charset="utf-8">
        <title></title>
        <script type="text/javascript">
            window.onload = function() {
                var hello = document.createTextNode("Hello World!"); //创建一个文本节点
                var h1 = document.createElement("h1"); //创建一个一级标题
                h1.setAttribute("title", "你好, 欢迎光临!"); //为一级标题定义 title 属性
                h1.appendChild(hello); //把文本节点增加到一级标题中
                document.body.appendChild(h1); //把一级标题增加到文档

            }
        </script>
    </head>
    <body>
        <p>ppp</p>
    </body>
</html>
```

图 8-10 运行结果

【例 8-9】 修改节点列表中所有<p>元素的背景颜色。本例文件 8-9.html 在浏览器中的显示效果如图 8-11 所示。

```
<!DOCTYPE html>
<html>
    <head>
        <meta charset="utf-8">
        <title>HTML DOM 集合(Collection)</title>
    </head>
    <body>
        <h2>JavaScript HTML DOM!</h2>
```

图 8-11 修改元素的属性

```
            <p>Hello World!</p>
            <p>你好!</p>
            <p>点击按钮修改所有 p 元素的背景颜色。</p>
            <button onclick="myFunction()">点我</button>
            <script type="text/javascript">
                function myFunction() {
                        var myCollection = document.getElementsByTagName("p");
                        var i;
                        for (i = 0; i < myCollection.length; i++) {
                                myCollection[i].style.color = "red";
                        }
                }
            </script>
        </body>
    </html>
```

getElementsByTagName() 方法返回 HTMLCollection对象。HTMLCollection 看起来可能是一个数组，但其实不是数组。可以像数组一样，使用索引来获取元素。但是 HTMLCollection 无法使用数组的方法。

习题 8

1．编写程序实现按时间随机变化的网页背景，如图 8-12 所示。

图 8-12　题 1 图

2．使用 window 对象的 setTimeout()方法和 clearTimeout()方法设计一个简单的计时器。当单击"开始计时"按钮后启动计时器，文本框从 0 开始进行计时；单击"暂停计时"按钮后暂停计时，如图 8-13 所示。

图 8-13　题 2 图

3．使用对象的事件编程实现当用户选择下拉菜单的颜色时，文本框的字体颜色跟随改变，如图 8-14 所示。

4．制作一个禁止使用鼠标右键操作的网页。当浏览者在网页中的图片上右击时，弹出一个警告对话框提示"网站展示的图片禁止下载!"，如图 8-15 所示。

图 8-14　题 3 图

图 8-15　题 4 图

5．编写程序实现年月日的联动功能，当改变"年""月"菜单的值时，"日"菜单的值的范围也会相应地改变，如图 8-16 所示。

6．设计简易加法计算器，如图 8-17 所示。

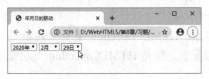

图 8-16　题 5 图

图 8-17　题 6 图

第9章 JavaScript 事件处理

JavaScript 事件是指在浏览器窗体或者 HTML 元素上发生的浏览器或用户行为。当事件发生时，可以执行响应事件的代码。

学习目标：理解事件的概念、类型、事件处理程序的绑定方式、JavaScript 事件冒泡与事件捕捉，掌握 JavaScript 事件处理，包括 window 事件、mouse 事件、keyboard 事件等。

重点难点：重点是 window 事件、mouse 事件、keyboard 事件和 form 事件，难点是 mouse 事件、keyboard 事件和 form 事件。

9.1 事件概述

HTML DOM 使 JavaScript 有能力对 HTML 事件做出反应，可以在事件发生时执行 JavaScript。网页中的每一个元素都触发事件，这样就可以利用 JavaScript 创建动态页面。HTML 事件的应用有：当用户单击时、当网页已加载时、当图像已加载时、当光标移动到元素上时、当输入字段被改变时、当提交 HTML 表单时、当用户触发按键时等。本节介绍事件的概念、类型、事件处理程序的绑定方式。

9.1.1 事件的概念

1. 事件（Event）

JavaScript 事件是指在浏览器窗体或者 HTML 元素上发生的浏览器或者用户行为，页面上的每个元素都可以产生某些事件。行为是某个事件和由该事件触发的动作组合。动作是预先编写的 JavaScript 函数，事件一般与元素绑定在 JavaScript 中，事件是预先定义好的、能够被对象识别的动作，事件定义了用户与网页交互时产生的各种操作。JavaScript 与 HTML 的交互是通过用户或浏览器操作页面时发生的事件来处理的。例如，当浏览器中所有 HTML 文档加载完成后，触发页面加载完成事件；HTML 按钮被单击时，触发按钮的单击事件，告诉浏览器发生了需要进行处理的单击操作等。事件（Event）是文档对象模型（DOM）的一部分，每个 HTML 元素都包含一组可以触发 JavaScript 代码的事件（Event）。

2. 事件类型

事件类型用来说明发生什么类型事件的字符串，即事件名。HTML 事件可以是浏览器行为，也可以是用户行为。常用的事件类型包括窗口事件（load、unload 等）、鼠标事件（click、dblclick、mousedown 等）、键盘事件（keydown、keyup、keypress 等）、文本事件（textInput 等）等。

3. 事件目标

事件目标就是发生事件的对象，也称为事件目标对象。例如单击"确定"按钮，则该"确定"按钮就是事件目标。当谈论事件时，会同时指明类型和目标。

4. 事件处理函数

当事件发生时，可以执行一些代码，HTML 元素中可以添加事件。事件处理函数（又称事件句柄、事件监听函数、事件监听器）是指用于响应某个特定事件被触发时而调用执行的函数。每一个事件均对应一个事件处理函数，在程序执行时，将相应的函数或语句指定给该事件处理函数，则在该事件发生时，浏览器便执行指定的函数或语句。一个对象可以响应一个或多个事件，因此可以使用一个和多个事件过程对用户或系统的事件做出响应。例如，用户在页面中进行的单击动作、光标移动的动作、网页页面加载完成的动作等，都称为事件名称，即 click、mousemove、load 等都是事件的名称。响应某个事件的函数则称为事件处理函数。

5．事件对象

当触发某个事件时，会产生一个事件对象，这个对象包含着所有与事件有关的信息。包括事件的目标元素、事件的类型以及其他与特定事件相关的事件。事件对象只有事件发生时才会产生，并且只能是事件处理函数内部访问，在所有事件处理函数运行结束后，事件对象就被销毁。

事件对象，一般称为 event 对象。事件对象作为参数传递给事件处理程序函数。event 对象中包含着所有事件相关的属性和方法，这些属性和方法均为只读，见表 9-1 和表 9-2。

表 9-1　event 对象的属性

属　　性	类　　型	描　　述
bubbles	Boolean	表示事件是否冒泡
cancelable	Boolean	表明是否可以取消事件的默认行为
currentTarget	Element	其事件处理程序当前正在处理事件的哪个元素
detail	Integer	与事件相关的细节信息
eventPhase	Integer	调用事件处理程序的阶段：1 表示捕捉阶段，2 表示目标触发阶段，3 表示冒泡阶段
target	Element	事件的目标
type	String	被触发的事件类型
view	AbstractView	与事件关联的抽象视图。等同于发生事件的 window 对象

表 9-2　event 对象的方法

方　　法	类　　型	描　　述
preventDefault()	Function	取消事件的默认行为。如果 cancelable 是 true，则可以使用这个方法
stopPropagation()	Function	取消事件的进一步捕获或冒泡。如果 bubbles 为 true，则可以使用这个方法

事件对象提供了两组属性来区别浏览器坐标的属性，一组是页面可视区坐标，另一组是屏幕坐标，见表 9-3。其示意图如图 9-1 所示。

表 9-3　坐标属性

属　　性	描　　述
clientX	可视区 X 坐标，距离左边框的位置
clientY	可视区 Y 坐标，距离上边框的位置
screenX	屏幕区 X 坐标，距离左屏幕的位置
screenY	屏幕区 Y 坐标，距离上屏幕的位置

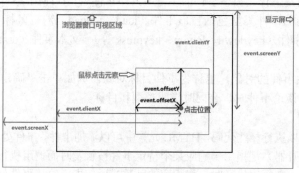

图 9-1　坐标属性

6．事件周期（事件流）

事件周期（也称事件流）是描述从页面中接收事件的顺序。DOM 结构是一个树形结构，当一个

HTML 元素产生一个事件时，创建一个事件对象，然后该事件会在 HTML 元素节点与根节点之间按特定的顺序传播，路径所经过的节点都会收到该事件，这个传播过程称为 DOM 事件周期。事件周期分为 3 个阶段：事件捕获阶段、目标触发阶段与事件冒泡阶段。如图 9-2 所示。

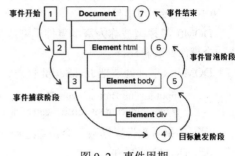

图 9-2　事件周期

1）事件捕获（event capturing）阶段：事件发生时，事件对象沿 DOM 树从最顶层元素开始向下查找，直到捕获到事件目标元素。父级元素先触发，子级元素后触发，也就是从外到内捕获。

2）目标触发（target trigger）阶段：在事件目标元素上运行事件处理函数。

3）事件冒泡（event bubbling）阶段：事件对象从事件目标元素开始，沿 DOM 树从叶子节点向祖先节点一直向上冒泡传递，直到页面的根节点元素，按原路线返回。基本思路是事件按照从特定的事件目标开始到最不特定的事件目标，子级元素先触发，父级元素后触发，也就是从内到外冒泡。也就是说，事件会从最内层的元素开始发生，一直向上传播，直到 Document 对象。

9.1.2　事件的类型

常见的事件类型分为 HTML 事件和 DOM 事件。

1．HTML 事件

HTML 具有使事件在浏览器中触发动作的能力，发生在浏览器窗口上的事件，称为 HTML 事件。例如，当用户单击元素时启动 JavaScript，加载时触发的 load 事件，浏览器窗口尺寸改变时触发 resize 事件等。

在 HTML 中，事件既可以通过 JavaScript 直接触发，也可以通过全局事件属性触发。之所以叫全局事件属性，是因为这些事件可以添加到大多数 HTML 元素中，成为定义事件动作的事件属性。

HTML 事件处理程序直接添加在 HTML 结构中，缺点是可能需要修改多处。例如：

```
<input type="button" onclick="myFunction()" value="单击按钮" />
```

常用的全局事件属性大致分为以下几种类型。将在本章稍后详细介绍。

（1）window（窗口）事件

window 事件包括 onload、onunload 等事件。

（2）mouse（鼠标）事件

mouse 事件包括 onclick、ondbclick、onmousedown、onmousemove、onmouseout、onmouseover、onmouseup 等事件。

（3）keyboard（键盘）事件

keyboard 事件有 onkeydown、onkeypress、onkeyup 事件。

（4）form（表单）事件

form 事件包括 onblur、onfocus、onchange、onselect、onreset、onsubmit 等事件。

（5）media（媒体）事件

media 事件包括 onabort、onwaiting 等事件。

部分 HTML 事件的类型名与 DOM 事件中的某些事件类型同名。

2．DOM 事件

DOM 事件是适用于 DOM 对象的事件，每个事件都是继承自 event 类的对象，可以包括自定义的成员属性及函数用于获取事件发生时相关的更多信息。DOM 事件可以描述事件流的方式，包括冒泡阶段调用事件处理程序和捕获阶段调用事件处理程序。DOM 事件有表单事件、鼠标事件、键盘事件、文本事件、文档加载事件。

DOM 事件分为 DOM0 级事件和 DOM2 级事件（没有 DOM1）。

（1）DOM0 级事件

DOM0 级模型被称为基本事件模型或传统模型，基本事件模型有一个典型的缺点，就是只能注册一个事件处理程序。

DOM0 级事件处理把 JavaScript 代码或一个函数赋值给一个事件处理属性，例如：

```
<input id="myButton" type="button" value="Press Me" onclick="alert('Hello');" >
var btn1 = document.getElementById("myButton").onclick = function() {alert('Hello');}
```

后面如果再次设置函数，会覆盖之前的函数。

（2）DOM2 级事件

DOM2 级事件处理使用 addEventListener()方法绑定事件程序。同 DOM0 级事件处理相比，它不会覆盖之前的事件。

9.1.3 事件处理程序的绑定方式

JavaScript 与 HTML 之间的交互是通过事件实现的。如需执行事件程序，就要向一个 HTML 事件属性添加 JavaScript 代码。事件以"on"开头，对于单击事件即为 onclick。JavaScript 事件处理程序有 3 种绑定方式。

1. HTML 事件处理程序方式

HTML 事件处理程序就是将事件程序直接内嵌在 HTML 结构标签元素内，HTML 事件处理程序中的 JavaScript 代码作为事件的值。有下面两种语法格式：

```
<标签名 事件名="JavaScript 脚本" ... >...</标签名>
<标签名 事件名="事件处理函数名()" ... >...</标签名>
```

由于此方法违反了"内容与行为相分离"的原则，所以应尽量少用。

【例 9-1】 HTML 事件处理程序举例，单击按钮后，会弹出消息框。本例文件名为 9-1.html。

```
<!DOCTYPE html>
<html>
    <head>
        <meta charset="utf-8">
        <title>HTML 事件处理程序</title>
    </head>
    <body>
        <button onclick="alert('HTML 事件处理程序 1')">点我</button>
        <input type="button" onclick="myFunction()" value="单击按钮" />
        <script type="text/javascript">
            function myFunction() {
                alert("HTML 事件处理程序 2");
            };
        </script>
    </body>
</html>
```

2. 通用属性绑定方式

通用属性绑定就是把一个事件处理函数赋值给元素的相关属性，例如 id、class、元素名等。这种用得最多，兼容性好且简单。语法格式如下：

```
<标签名  id="ID 名" ... >...</标签名>
```

var 元素的对象名 = document.getElementById("ID 名"); //获取被绑定事件的元素

此方法显示了"内容与行为相分离"，但是元素只能绑定一个事件处理函数。

（1）赋值方式

赋值方式是把事件处理函数赋值给该元素对象的某个事件。格式如下：

元素的对象名.事件名 = function() {}; //绑定匿名函数

【例9-2】 把函数赋值给按钮的单击事件 btn.onclick = function() {…}。本例文件名为9-2.html。

```
<!DOCTYPE html>
<html>
    <head>
        <meta charset="utf-8">
        <title>通用属性绑定</title>
    </head>
    <body>
        <input type="button" name="btn" id="btn" value="单击按钮" />
        <script type="text/javascript">
            var btnObj = document.getElementById("btn"); //给谁绑定事件，就要先获取谁
            btnObj.onclick = function() {
                alert("通用属性绑定 1");
            };
        </script>
    </body>
</html>
```

（2）调用方式

调用方式是把事件处理函数名（不要加小括号）赋值给元素 id 的某个事件。格式如下：

元素的对象名.事件名 = 事件处理函数名; //绑定函数，不加小括号

【例9-3】 采用 btn.onclick = myfun 调用方式。本例文件名为9-3.html。

```
<!DOCTYPE html>
<html>
    <head>
        <meta charset="utf-8">
        <title>通用属性绑定</title>
    </head>
    <body>
        <input type="button" name="btn" id="btn" value="单击按钮" />
        <script type="text/javascript">
            var btnObj = document.getElementById("btn"); //给谁绑定事件，就要先获取谁
            btnObj.onclick = myfun; //myfun 后面不要加()括号，否则会变为立即执行函数
            function myfun() {
                alert("通用属性绑定 2");
            };
        </script>
    </body>
</html>
```

（3）删除事件

如果要删除属性绑定的事件，为该对象的事件赋值空值。例如：

btnObj.onclick = null;

3．DOM 监听事件绑定方式

当希望给同一个元素或标签绑定多个事件的时候（如为按钮标签绑定两个或多个单击事件），是

不被允许的。使用 DOM 监听事件绑定方式，可以实现绑定多个事件，事件根据顺序依次触发。DOM 定义了两个方法：添加事件处理函数 addEventListener()，删除事件处理函数 removeEventListener()。

与通用属性绑定方式相同，在绑定监听事件之前先获取被绑定事件的元素，语法格式如下：

> **<标签名 id="ID 名" ... >...</标签名>**
> **var 元素的对象名 = document.getElementById("ID 名"); //获取被绑定事件的元素**

（1）内嵌方式

内嵌方式的语法格式如下：

> **元素的对象名.addEventListener("事件名", function() { JavaScript 脚本;}, false);**

addEventListener()方法接收 3 个参数：事件名（不要加 on）、事件处理函数、事件流方式的布尔值。DOM 事件流支持两种事件流方式，事件流方式的布尔值 false 为冒泡阶段调用事件处理程序；true 为捕获阶段调用事件处理程序。一般使用 false，即事件处理程序添加到冒泡阶段。

【例 9-4】 使用内嵌方式绑定监听事件。本例文件名为 9-4.html。

```
<!DOCTYPE html>
<html>
    <head>
        <meta charset="utf-8">
        <title>监听事件</title>
    </head>
    <body>
        <button id="btn">单击按钮</button>
        <script type="text/javascript">
            var btnObj = document.getElementById("btn"); //给谁绑定事件，就要先获取谁
            btnObj.addEventListener("click", function() {alert("监听事件 1");}, false);
            btnObj.addEventListener("click", function() {alert("监听事件 2");}, false);
        </script>
    </body>
</html>
```

代码中的 btnObj.addEventListener("click", function() {alert("监听事件 1");}, false)，把事件处理函数嵌入到 addEventListener()方法中。

（2）调用方式

调用方式的语法格式如下：

> **元素的对象名.addEventListener("事件名", 函数名, false);**

调用方式的 addEventListener()方法也接收 3 个参数：事件名（不要加 on）、事件处理函数名（不要加小括号）、事件流方式的布尔值。

【例 9-5】 使用调用方式绑定监听事件。本例文件名为 9-5.html。

```
<!DOCTYPE html>
<html>
    <head>
        <meta charset="utf-8">
        <title>监听事件</title>
    </head>
    <body>
        <button id="btn">单击按钮</button>
        <script type="text/javascript">
            window.addEventListener("load", myfun, false); //绑定 window 对象的 load 事件
            var btnObj = document.getElementById("btn"); //给谁绑定事件，就要先获取谁
            btnObj.addEventListener("click", myfun1, false); //绑定多个事件处理程序，第 1 个
```

```
                    btnObj.addEventListener("click", myfun2, false); //绑定多个事件处理程序，第 2 个
                    btnObj.preventDefault();
                    function myfun(){
                            alert("欢迎访问")
                    }
                    function myfun1() {
                            alert("监听事件 myfun1");
                    };
                    function myfun2() {
                            alert("监听事件 myfun2");
                    };
            </script>
        </body>
    </html>
```

代码中的 window.addEventListener("load", myfun, false)把 window 对象的 load 事件绑定到 myfun 事件处理函数。在 btnObj.addEventListener()中，为 id 为 btn 的按钮对象的 click 事件绑定了两个事件处理函数。

（3）删除监听事件

删除监听事件时，事件类型名、事件函数名要一一对应，就是要与添加事件时的参数一样。例如：

　　　　btnObj.removeEventListener("click", myfun2, false);

由于内嵌监听事件方式的事件处理程序为匿名函数，所以无法删除该监听事件。

通常浏览器在事件传递并处理完成后可能会执行与该事件关联的默认动作。例如，如果表单中 input type 属性是 "submit"，单击按钮后会自动提交表单。input 元素的 keydown 事件发生并处理后，浏览器默认会将用户输入的字符自动追加到 input 元素的值中。可采用下述方法阻止事件的默认行为：

　　　　btnObj.preventDefault();

9.2　window 事件

window（窗口）事件是指当用户与页面上的元素交互时所触发的事件。例如，页面加载完成自动触发事件，改变窗口大小时触发事件等。window 对象触发的事件一般应用到 <body>标签中。常用的窗口事件见表 9-4。

28　window 事件

表 9-4　常用的窗口事件

属　　性	描　　述
load	一张页面或一幅图像完成加载后被触发
pageshow	该事件在用户访问页面时触发
pagehide	该事件在用户离开当前网页跳转到另外一个页面时触发
resize	窗口被重新调整大小时被触发
scroll	当文档被滚动时被触发
unload	用户退出页面时被触发，<body>元素
focus	元素获取焦点时触发
blur	元素失去焦点时触发

window 事件的语法格式如下。

HTML 中：

\<body on 事件=" myScript"\>

JavaScript 中：

　　window.on 事件=function(){myScript};

JavaScript 中使用 addEventListener()方法：

　　object.addEventListener("事件", myScript, false);

9.2.1　load 事件

在浏览器窗口开始显示网页时并不触发 load 事件，只有当页面所有元素（包括所有的图像、JavaScript 文件、CSS 文件等外部资源）完全加载完成后，会触发 window 上面的 load 事件。onload 句柄在 load 事件发生后由 JavaScript 自动调用执行。因为这个事件处理函数可在其他所有的 JavaScript 程序和网页之前被执行，可以用来完成网页中所用数据的初始化，如弹出一个提示窗口、显示版权或欢迎信息、弹出密码认证窗口等。

1. 通过 JavaScript 指定事件处理程序

建议在 JavaScript 中指定 load 事件处理程序，使用下面两种方法：

　　window.onload=function(){myScript};
　　window.addEventListener("load", myScript, false);

【例 9-6】 load 事件绑定事件处理程序。本例文件 9-6.html 在浏览器中打开后首先弹出消息框，在两个消息框中分别显示 div 元素和 p 元素中的内容，如图 9-3 所示。

图 9-3　load 事件

```
<!DOCTYPE html>
<html>
    <head>
        <meta charset="utf-8">
        <title>Load 事件</title>
    </head>
    <script type="text/javascript">
        window.addEventListener("load", myfun, false);
        function myfun(){
            var div1Obj = document.getElementById("div1");
            var p1Obj = document.getElementById("p1");
            alert("div1 的内容: " + div1Obj.innerText);
            alert("p1 的内容: " + p1Obj.innerText);
        }
    </script>
    <body>
        <div id="div1">
            DIV1
            <p id="p1">段落文字 P1</p>
        </div>
    </body>
</html>
```

2．在\<body\>标签中上触发 load 事件

一般来说，在 window 上面发生的任何事件都可以在\<body\>标签中通过 onload 属性来指定，方法如下：

\<body onload="myScript"\>

例如，下面代码在\<body\>标签上触发 load 事件：

\<body onload="window.alert('欢迎访问本网站!')"\>

这不过是一种保证向后兼容的权宜之计，所有浏览器都很好地支持这个方式。建议通过 JavaScript 指定事件处理程序的方式。

3．当图像加载完毕时在 img 元素上触发 load 事件

有的事件是在某些元素加载完成后触发的，例如图像元素，当页面的图片加载完成后，会触发 img 元素的 load 事件。

【例 9-7】 加载图片完成后执行 load 事件函数 ImageLoad()，在事件函数中对图片加上边框，并弹出消息框，本例文件 9-7.html 在浏览器中的显示效果如图 9-4 所示。

图 9-4　img 元素的 load 事件

```
<!DOCTYPE html>
<html>
    <head>
        <meta charset="utf-8">
        <title>Load 事件</title>
    </head>
    <script type="text/javascript">
        function ImageLoad(){
            myimg=document.getElementById("img1");
            myimg.style.border="6px solid #007799";
            alert("图片加载完成后，给该图片加边框");
        }
    </script>
    <body>
        <img id="img1" src="images/js.jpg" onload="ImageLoad()">
    </body>
</html>
```

9.2.2　resize 事件

resize 事件表示当改变浏览器窗口的宽度或者高度时，就会触发 resize 事件，这个事件在 window 上触发。所以，可以通过 JavaScript 或者 body 元素中的 onresize 指定事件处理程序。

【例 9-8】当浏览器被重置大小时触发 resize 事件，执行 WindowChange()函数。本例文件 9-8.html 在浏览器中的显示效果如图 9-5 所示。

```
<!DOCTYPE html>
    <html>
        <head>
            <meta charset="utf-8">
            <title>resize 事件</title>
            <script type="text/javascript">
                function WindowChange() {
                    var w = window.outerWidth;
```

图 9-5　resize 事件

```
                    var h = window.outerHeight;
                    var txt = "窗口大小：宽度=" + w + "，高度=" + h;
                    document.getElementById("demo").innerHTML = txt;
                }
            </script>
        </head>
        <body onresize="WindowChange()">
            <p>调整浏览器的窗口</p>
            <p id="demo"> </p>
            <p>请拖动浏览器边框</p>
        </body>
    </html>
```

9.2.3　scroll 事件

scroll 事件在浏览器窗口或元素的滚动条被滚动时触发。如果创建元素的滚动条，可使用 CSS overflow样式属性。

【例 9-9】　当滚动\<div\>元素的滚动条时执行事件函数。本例文件 9-9.html 在浏览器中的显示效果如图 9-6 所示。

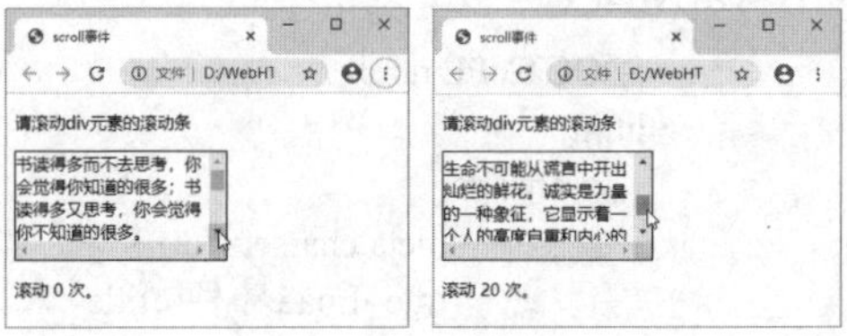

图 9-6　scroll 事件

```
<!DOCTYPE html>
<html>
    <head>
        <meta charset="utf-8">
        <title>scroll 事件</title>
        <style type="text/css">
            div {border: 1px solid black; width: 200px; height: 100px; overflow: scroll;}
        </style>
    </head>
    <body>
        <p>请滚动 div 元素的滚动条</p>
        <div onscroll="myFunction()">书读得多而不去思考，你会觉得你知道的很多；书读得多又思考，你会觉得你不知道的很多。<br><br>
            生命不可能从谎言中开出灿烂的鲜花。诚实是力量的一种象征，它显示着一个人的高度自重和内心的安全感与尊严感。</div>
        <p>滚动 <span id="demo">0</span> 次。</p>
        <script type="text/javascript">
            var x = 0;
            function myFunction() {
                document.getElementById("demo").innerHTML = x += 1;
            }
        </script>
    </body>
</html>
```

9.2.4　focus 和 blur 事件

focus 事件在对象获得焦点时发生。focus 事件的相反事件为 blur 事件，blur 事件在对象失去焦点时发生。focus 事件和 blur 事件称为焦点事件，主要是指页面元素对焦点的获得与失去，如\<input\>、\<select\>、\<a\>等。

【例 9-10】　focus 事件和 blur 事件示例。本例文件 9-10.html 在浏览器中显示如图 9-7 所示。

图 9-7　焦点事件

```html
<!DOCTYPE html>
<html>
    <head>
        <meta charset="utf-8">
        <title>焦点事件</title>
        <script type="text/javascript">
            function focusFunction(x) {
                x.style.background = "yellow";
            }
            function blurFunction() {
                var x = document.getElementById("fname");
                x.value = x.value.toUpperCase();
            }
        </script>
    </head>
    <body>
        输入你的名字: <input type="text" id="fname" onfocus="focusFunction(this)" onblur=
"blurFunction()">
        <p>当输入框获取焦点时，修改背景色（background-color 属性）将被触发。</p>
        <p>当输入框失去焦点时，函数被触发将输入的字母转换成大写。</p>
    </body>
</html>
```

9.3　mouse 事件

mouse（鼠标）事件主要是操作鼠标所触发的事件，如单击、双击、鼠标离开等。由于在 Windows 系统中鼠标是最主要的定位设置，所以鼠标事件是 Web 开发中最常用的一类事件。常用的鼠标事件见表 9-5。

表 9-5　常用的鼠标事件

属　　性	描　　述
click	当用户单击某个对象或按〈Enter〉键时触发
dblclick	当用户双击某个对象时触发
mousedown	当用户按下任意鼠标按钮时触发
mouseenter	当鼠标指针从元素外部首次移动到元素范围内时触发，不冒泡
mouseleave	当鼠标指针从元素上方移到元素范围之外时触发，不冒泡
mousemove	当鼠标指针在元素的内部移动时触发
mouseover	当鼠标指针位于一个元素外部，然后用户首次移动到另一个元素上时触发
mouseout	当鼠标指针从某元素移开到另外一个元素时触发
mouseup	在用户释放鼠标按键时触发
mousewheel	鼠标滚轮滚动时触发

mouse 事件的语法格式如下。

HTML 中:

<element on 事件="myScript ">

JavaScript 中:

object.on 事件=function(){ myScript };

JavaScript 中使用 addEventListener()方法:

object.addEventListener("事件", myScript, false);

9.3.1 click 事件

click 事件当鼠标指针停留在元素上方,然后按下并松开鼠标左键时,就会发生一次 click 事件。触发 click 事件的条件是按下并松开鼠标左键,按下并松开鼠标右键并不会触发 click 事件。onclick 事件句柄在 click 事件发生后由自动调用执行。onclick 事件句柄适用于普通按钮、提交按钮、单选按钮、复选框以及超链接。

【例 9-11】 单击页面区域,显示光标在浏览器中的坐标位置;单击图片,弹出一个消息框。本例文件 9-11.html 在浏览器中的显示效果如图 9-8 所示。

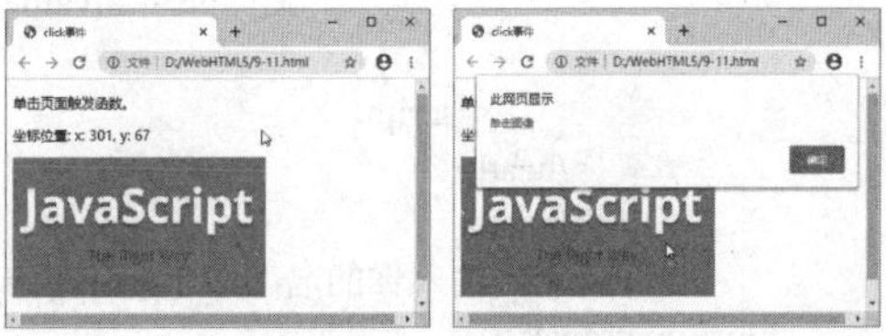

```
<!DOCTYPE html>
<html>
    <head>
        <meta charset="utf-8">
        <title>click 事件</title>
        <style type="text/css">
            html, body { width: 100%; height: 100%; } /*必须使用此 CSS,否则 onclick 无效*/
        </style>
        <script type="text/javascript">
            function myFunction(e) {
                x = e.clientX; //获取浏览器显示区域单击的坐标位置,x 坐标
                y = e.clientY; //y 坐标
                document.getElementById("p1").innerHTML = "坐标位置: x: " + x + ", y: " + y;
            }
        </script>
    </head>
    <body onclick="myFunction(event)">
        <p>单击页面触发函数。</p>
        <p id="p1">坐标位置: </p>
        <img src="images/js.jpg" onClick="window.alert('单击图像');">
    </body>
</html>
```

图 9-8 click 事件

9.3.2 dblclick 事件

dblclick 事件在对象被双击时发生。

【例 9-12】 段落的双击事件举例。双击段落文字,将触发事件函数,在段落下面显示"Hello World"。本例文件 9-12.html 在浏览器中的显示效果如图 9-9 所示。

```
<!DOCTYPE html>
<html>
    <head>
```

图 9-9 dblclick 事件

```
<meta charset="utf-8">
<title> dblclick 事件</title>
<script type="text/javascript">
    function myFunction() {
        document.getElementById("p1").innerHTML = "Hello World";
    }
</script>
</head>
<body>
    <p ondblclick="myFunction()">双击本文字触发一个函数，在本段文字下面显示 Hello
World</p>
    <p id="p1"></p>
</body>
</html>
```

9.3.3　mouseover 和 mouseout 事件

mouseover 和 mouseout 事件称为鼠标悬停和离开事件。

1．mouseover 事件

mouseover 事件在鼠标指针移动到指定的元素上时发生。在 mouseover 事件发生后，自动调用执行 onmouseover 句柄。

在通常情况下，当光标扫过一个超链接时，超链接的目标会在浏览器的状态栏中显示；也可通过编程在状态栏中显示提示信息或特殊的效果，使网页更具有变化性。在下面的示例代码中，第 1 行代码当光标在超链接上时可在状态栏中显示指定的内容，第 2、3、4 行代码是当光标在文字或图像上时，弹出相应的对话框。

```
<a href="http://www.sohu.com/" onMouseOver="window.status='你好';return true">请单击</a>
<a href onmouseover="alert('弹出信息！')">显示的链接文字</a>
<img src="image1.jpg" onMouseOver="alert('在图像之上');"><br>
<a href="#" onMouseOver="window.alert('在链接之上');"><img src="image2.jpg"></a><hr>
```

2．mouseout 事件

mouseout 事件在鼠标指针移出指定的对象时发生。这个事件发生后，自动调用 onmouseout 句柄。

【例 9-13】　本例鼠标指针停留在图片上时图片放大，鼠标指针离开图片时图片恢复原始大小。本例文件 9-13.html 在浏览器中的显示效果如图 9-10 所示。

```
<!DOCTYPE html>
    <html>
        <head>
            <meta charset="utf-8">
            <title>悬停和离开事件</title>
            <script type="text/javascript">
                function bigImg(x) {
                    x.style.height = "64px";
                    x.style.width = "64px";
                }
                function normalImg(x) {
                    x.style.height = "32px";
                    x.style.width = "32px";
                }
            </script>
```

图 9-10　悬停和离开事件

```
        </head>
        <body>
                <img onmouseover="bigImg(this)" onmouseout="normalImg(this)" border="0" src="images/
smilingface.gif" alt="Smiley"
                 width="32" height="32">
                <p>函数 bigImg() 在鼠标指针移动到笑脸图片时触发</p>
                <p>函数 normalImg() 在鼠标指针移出笑脸图片时触发</p>


        </body>
    </html>
```

9.3.4 mousedown、mousemove 和 mouseup 事件

1．mousedown 事件

mousedown 事件会在当鼠标指针移动到元素上方，并按下鼠标按键（左、右键均可）时发生。与 click 事件不同，mousedown 事件仅需要按键被按下，而不需要松开即可发生。在这个事件发生后，自动调用 mousedown 句柄。如果 mousedown 事件处理函数返回 false 值，就中止事件。如果 mousedown 事件处理函数返回 false 值，与鼠标操作有关的其他一些操作，例如拖放、激活超链接等都会无效，因为这些操作首先都必须产生 mousedown 事件。

2．mousemove 事件

mousemove 事件会在鼠标指针移到指定的对象时发生。这个事件发生后，自动调用 onmousemove 句柄。只有当一个对象（浏览器对象 window 或者 document）要求捕获事件时，这个事件才在每次鼠标移动时产生。

3．mouseup 事件

mouseup 事件当在元素上松开鼠标按键（左、右键均可）时会发生。与 click 事件不同，mouseup 事件仅需要松开按钮。当鼠标指针位于元素上方时，放松鼠标按钮就会触发该事件。在这个事件发生后，自动调用 onmouseup 句柄。

4．mousedown、mouseup、click 事件执行的顺序

1）若在同一个元素上按下并松开鼠标左键，会依次触发 mousedown、mouseup、click，前一个事件执行完毕才会执行下一个事件。

2）若在同一个元素上按下并松开鼠标右键，会依次触发 mousedown、mouseup，前一个事件执行完毕才会执行下一个事件，不会触发 click 事件。

【例 9-14】 将鼠标指针指向段落文字，按下鼠标键文字变为红色，松开鼠标键文字变为绿色。本例文件 9-14.html 在浏览器中的显示效果如图 9-11 所示。

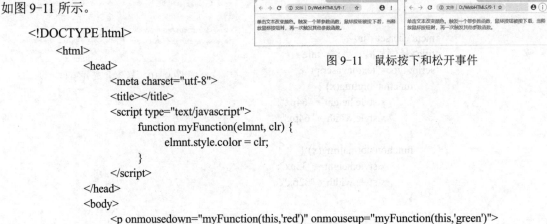

图 9-11　鼠标按下和松开事件

```
<!DOCTYPE html>
    <html>
        <head>
                <meta charset="utf-8">
                <title></title>
                <script type="text/javascript">
                        function myFunction(elmnt, clr) {
                                elmnt.style.color = clr;
                        }
                </script>
        </head>
        <body>
                <p onmousedown="myFunction(this,'red')" onmouseup="myFunction(this,'green')">
```

　　　　　　　　单击文本改变颜色。触发一个带参数函数，鼠标按钮被按下后，当释放鼠标按钮，再一次触发其他参数函数。
```
            </p>
        </body>
    </html>
```

5. 鼠标拖拽

　　鼠标拖拽就是用鼠标拖动页面上的 HTML 元素，当鼠标键被按下时移动鼠标，元素也跟着移动；当鼠标键被释放时，元素不再移动。在鼠标移动时，根据鼠标的移动位置改变元素的样式使其跟着移动。

　　【例 9-15】　拖拽效果基于鼠标事件 mousedown、mousemove、mouseup，分别为鼠标按下、鼠标移动、鼠标松开。mousemove 和 mouseup 事件触发是鼠标按下的前提，利用一个布尔变量 flag 储存状态，表示当前是否鼠标按下。当鼠标键按下时，将元素移动状态 flag 设置为 true，通过 id 获取 div 元素；当鼠标移动时，根据鼠标的位置设置 div 的 left 和 top，使其位置发生变化，达到移动的效果；当鼠标抬起时，将元素移动状态 flag 设置为 false，元素不能移动。

　　鼠标按下 ondown()时，添加鼠标移动事件处理函数、鼠标松开事件处理函数；鼠标移动 onmove()时获取鼠标坐标，改变元素样式；鼠标松开 onup()时清除鼠标移动和鼠标松开的事件处理函数。本例文件 9-15.html 在浏览器中的显示效果如图 9-12 所示。

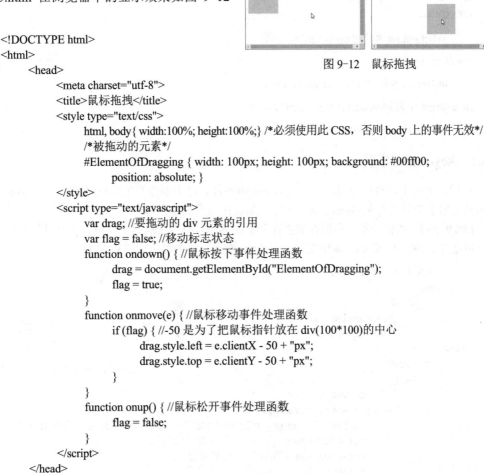

图 9-12　鼠标拖拽

```html
<!DOCTYPE html>
<html>
    <head>
        <meta charset="utf-8">
        <title>鼠标拖拽</title>
        <style type="text/css">
            html, body{ width:100%; height:100%;} /*必须使用此 CSS，否则 body 上的事件无效*/
            /*被拖动的元素*/
            #ElementOfDragging { width: 100px; height: 100px; background: #00ff00;
                position: absolute; }
        </style>
        <script type="text/javascript">
            var drag; //要拖动的 div 元素的引用
            var flag = false; //移动标志状态
            function ondown() { //鼠标按下事件处理函数
                drag = document.getElementById("ElementOfDragging");
                flag = true;
            }
            function onmove(e) { //鼠标移动事件处理函数
                if (flag) { //-50 是为了把鼠标指针放在 div(100*100)的中心
                    drag.style.left = e.clientX - 50 + "px";
                    drag.style.top = e.clientY - 50 + "px";
                }
            }
            function onup() { //鼠标松开事件处理函数
                flag = false;
            }
        </script>
    </head>
    <body>
        <div  id="ElementOfDragging"  onmousedown="ondown()"  onmousemove="onmove(event)"
```

```
        onmouseup="onup()" style="left: 10px;top:10px;">   <!--left: 10px;top:10px;是 div 的起始位置-->
            </div>
        </body>
```

9.4   keyboard 事件

keyboard（键盘）事件就是有关操作键盘所触发的事件，主要包括按下任意键、按下字符键、键盘键抬起时触发的事件。有关键盘事件见表 9-6。

表 9-6   键盘事件

属　　性	描　　述
keydown	当用户按下键盘上的任意键时触发，按下键不松开会重复触发，可以捕获组合键
keypress	当用户按下键盘上的字符键（除控制键、功能键）时触发，按下键不松开会重复触发，只能捕获单个键
keyup	当用户松开键盘上的按键时触发，可以捕获组合键

键盘事件的触发次序为：keydown、keypress、keyup。

keydown 和 keyup 的 keyCode 区分小键盘和主键盘的数字字符。keypress 则不区分小键盘和主键盘的数字字符。

keyboard 事件的语法格式如下。

HTML 中：

<element on 事件="myScript">

JavaScript 中：

object.on 事件=function(){myScript};

JavaScript 中使用 addEventListener()方法：

object.addEventListener("事件", myScript, false);

9.4.1   keydown 事件

在键盘上按下任意一个键时，发生 keydown 事件。这个事件发生后自动调用 onkeydown 句柄。该句柄适用于浏览器对象 document、图像、超链接以及文本区域。

【例 9-16】   本例使用方向键控制页面元素的移动，〈←〉键、〈↑〉键、〈→〉键和〈↓〉键的码值分别是 37、38、39 和 40。本例文件 9-16.html 在浏览器中显示如图 9-13 所示。

```
        <!DOCTYPE html>
        <html>
            <head>
                <meta charset="UTF-8">
                <title>键盘事件（上、下、左、右）
</title>
            </head>
            <body>
                <div id="box"></div>
                <script type="text/javascript">
                    var box = document.getElementById("box"); // 获取页面元素的引用指针
                    box.style.position = "absolute"; // 色块绝对定位
                    box.style.width = "50px"; // 色块宽度
                    box.style.height = "50px"; // 色块高度
                    box.style.backgroundColor = "red"; // 色块背景
```

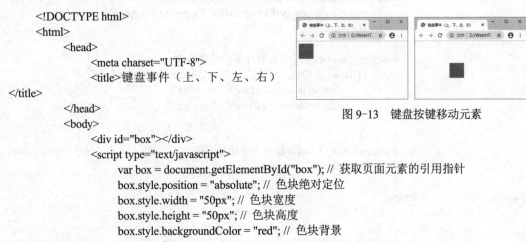

图 9-13   键盘按键移动元素

```
document.onkeydown = keyDown;
//在 Document 对象中注册 keyDown 事件处理函数
function keyDown(event) { // 方向键控制元素移动函数
    var event = event || window.event; // 标准化事件对象
    switch (event.keyCode) { // 获取当前按下键盘键的编码
        case 37: // 按下左箭头键，向左移动 5 个像素
            box.style.left = box.offsetLeft - 5 + "px";
            break;
        case 39: // 按下右箭头键，向右移动 5 个像素
            box.style.left = box.offsetLeft + 5 + "px";
            break;
        case 38: // 按下上箭头键，向上移动 5 个像素
            box.style.top = box.offsetTop - 5 + "px";
            break;
        case 40: // 按下下箭头键，向下移动 5 个像素
            box.style.top = box.offsetTop + 5 + "px";
            break;
    }
    return false
}
            </script>
        </body>
    </html>
```

9.4.2　keypress 事件

keypress 事件会在字符键被按下并释放键时发生。keypress 事件主要用来捕获数字（包括〈Shift+数字〉的符号）、字母（包括大小写）、小键盘等，除了〈F1〉～〈F12〉、〈Shift〉、〈Alt〉、〈Ctrl〉、〈Insert〉、〈Home〉、〈PgUp〉、〈Delete〉、〈End〉、〈PgDn〉、〈ScrollLock〉、〈Pause〉、〈NumLock〉、Windows 开始键、菜单键和方向键外的 ANSI 字符。这个事件发生后自动调用 onkeypress 句柄。该句柄适用于浏览器对象 Document、图像、超链接以及文本区域。

keydown 事件总是发生在 keypress 事件之前，如果 keydown 事件处理函数返回 false 值，就不会产生 keypress 事件。

keypress 事件并不是适用于控制键（如〈Alt〉、〈Ctrl〉、〈Shift〉、〈Esc〉等键）。监听一个用户是否按下按键应该使用 keydown 事件。

9.4.3　keyup 事件

在键盘上按下一个键，再释放这个键的时候发生 keyup 事件。这个事件发生后自动调用 onkeyup 句柄。这个句柄适用于浏览器对象 document、图像、超链接以及文本区域。

【例 9-17】　在文本框中输入小写字母，当松开键后触发 keyup 事件，执行事件处理函数转换为大写。本例文件 9-17.html 在浏览器中的显示效果如图 9-14 所示。

```
<!DOCTYPE html>
<html>
    <head>
        <meta charset="utf-8">
        <title>keyup 事件</title>
        <script type="text/javascript">
            function myFunction() {
                var x = document.getElementById("fname");
```

图 9-14　keyup 事件

```
                              x.value = x.value.toUpperCase();
                    }
              </script>
         </head>
         <body>
              <p>在文本框中输入小写字母，当松开键后将转换为大写</p>
              输入你的名称: <input type="text" id="fname" onkeyup="myFunction()">
         </body>
    </html>
```

9.5 form 事件

form（表单）事件是由 HTML 表单内的动作触发的事件（应用到几乎所有 HTML 元素，但最常用在 form 元素中），常用的表单事件见表 9-7。

表 9-7 常用的表单事件

事　　件	描　　述
onblur	当元素失去焦点时触发
onfocus	当元素获得焦点时触发
onchange	在元素的元素值被改变时触发
onselect	在元素中的文本被选中后触发
onreset	当表单中的重置按钮被单击时触发
onsubmit	在提交表单时触发

form 对象（称表单对象或窗体对象）提供一个让客户端输入文字或选择的功能，例如：单选按钮、复选框、选择列表等，由<form>标记组构成，JavaScript 自动为每一个表单建立一个表单对象，并可以将用户提供的信息送至服务器进行处理，当然也可以在 JavaScript 脚本中编写程序对数据进行处理。

表单中的基本元素（子对象）有按钮、单选按钮、复选按钮、提交按钮、重置按钮、文本框等。在 JavaScript 中要访问这些基本元素，必须通过对应特定的表单元素名来实现。每一个元素主要是通过该元素的属性或方法来引用。

表单事件最常用在 form 元素中，调用 form 对象的一般格式为：

<form name="表单名" action="URL" 表单事件="JavaScript 代码" method="post">…>
  <input type="表项类型" name="表项名" value="默认值" 事件=" JavaScript 代码"…>
    …
</form>

form 事件的语法格式如下。

HTML 中：

<form on 事件="myScript"> 或 <element on 事件="myScript">

JavaScript 中：

object.on 事件=function(){myScript};

JavaScript 中使用 addEventListener()方法：

object.addEventListener("事件", myScript, false);

9.5.1 onsubmit 和 onreset 事件

Onsubmit 和 onreset 事件用在 form 元素上，且是通过子元素<input type="submit">或<input type="reset">触发的。

【例 9-18】 本例应用 onblur 事件，当用户离开文本框时更改为大写。应用 onselect 事件，当用户在文本框中选中一些文本时触发事件，显示消息框。当提交或重置表单时，触发事件显示一个消息框。本例文件 9-18.html 在浏览器中的显示效果如图 9-15 所示。

图 9-15　窗体事件

```html
<!DOCTYPE html>
<html>
    <head>
        <meta charset="utf-8">
        <title>form 事件属性</title>
        <script type="text/javascript">
            function submitForm() {
                alert("表单已提交！"); //显示一个消息框
            }
            function resetForm() {
                alert("表单已重置！"); //显示一个消息框
            }
            function upperCase() {
                var x = document.getElementById("uname").value;
                document.getElementById("uname").value = x.toUpperCase(); //更改为大写字母
            }
            function showMsg() {
                alert("您选中了一些文本！"); //显示一个消息框
            }
        </script>
    </head>
    <body>
        <form action="" onsubmit="submitForm()" onreset=resetForm() method="post">
            用户名: <input type="text" name="uname" id="uname" onblur="upperCase()"> 请输入
英文名字<br><br>   <!--当用户离开输入字段时更改为大写-->
            说   明: <textarea rows="5" cols="22" onselect="showMsg()">请选中我！
</textarea><br><br>   <!--当用户在文本框中选中一些文本时时触发事件-->
            <input type="submit" value="提交">   <!--当提交表单时触发事件-->
            <input type="reset" value="重置">   <!--当重置表单时触发事件-->
        </form>
    </body>
</html>
```

9.5.2 子元素事件

onclick、onblur、onfocus、onselect、onchange 等事件通常用在子元素上。

【例 9-19】 窗体 myForm 包含了一个 Text 对象和一个按钮。当用户单击按钮 button1 的时候，窗体的名字就将赋给 Text 对象；当用户单击按钮 button2 时，函数 showElements 将显示一个警告对话框，里面包含了窗体 myForm 上的每个元素的名称。本例文件 9-19.html 在浏览器中显示的效果如图 9-16 所示。

图 9-16　单击按钮 button1、button2 的显示结果

```html
<!DOCTYPE html>
<html>
    <head>
        <meta charset="utf-8">
        <title>按钮对象</title>
        <script type="text/javascript">
            function showElements(theForm) {
                str = "窗体 " + theForm.name + " 的元素包括：\n ";
                for (i = 0; i < theForm.length; i++)
                    str += theForm.elements[i].name + "\n";
                alert(str);
            }
        </script>
    </head>
    <body>
        <form name="myForm">
            窗体名称：<input type="text" name="text1">
            <br /> <br />
            <input name="button1" type="button" value="显示窗体名称" onclick="this.form.text1.value=this.form.name">
            <input name="button2" type="button" value="显示窗体元素" onclick="showElements(this.form)">
        </form>
    </body>
</html>
```

【例 9-20】 单击"选中了吗?"链接，在消息框中显示是否选中复选框的提示。在列表框中选定内容，然后单击"请选择列表"，将在消息框中显示选中的是第几项。本例文件 9-20.html 在浏览器中的显示效果如图 9-17 所示。

```html
<!DOCTYPE html>
<html>
    <head>
        <meta charset="utf-8">
        <title></title>
    </head>
    <body>
        <form name="myForm">
            <p><input type="checkbox" name="myCheck" value="My Check Box"> Check Me</p>
            <p><a href="#" onclick="window.alert(document.myForm.myCheck.checked ? '选中' : '未选中');">选中了吗?</a></p>
            <hr />
            <p><select name="mySelect">
                <option value="第一个选择">1</option>
                <option value="第二个选择">2</option>
                <option value="第三个选择">3</option>
            </select></p>
```

图 9-17　复选框提示与列表提示

```
        <p><a  href="#"  onclick="window.alert(document.myForm.mySelect.value);">请选择列
表</a></p>
                </form>
            </body>
        </html>
```
本例题的情况，如果把事件写在<input>或<select>元素中，则不能达到需要的效果。读者可以把事件写到<input>或<select>元素中试试。

9.6 事件捕捉与事件冒泡

前面介绍了事件捕捉与事件冒泡的概念。

1. 事件捕捉与事件冒泡的执行顺序

通俗来讲就是当设定了多个 div 嵌套时，即建立了父子关系，当父 div 与子 div 共同加入了 click 事件时，当触发了子 div 的 click 事件后，子 div 执行相应的操作，父 div 的 click 事件同样会被触发。

当使用事件捕获时，父级元素先触发，子级元素后触发，click 事件捕捉的顺序为：document→html→body→div→p。

当使用事件冒泡时，子级元素先触发，父级元素后触发，click 事件冒泡的顺序为：p→div→body→html→document。并不是所有的事件都能冒泡，以下事件不冒泡：blur、focus、load、unload。

通过 addEventListener()方法绑定事件的格式为：

元素的对象名.addEventListener("事件名", 函数名, 事件流方式);

如果希望执行事件捕捉，则事件流方式的布尔值为 true；如果希望执行事件冒泡，则事件流方式的布尔值为 false。

【**例 9-21**】 有 3 个嵌套的 div 元素，从外层到内层依次为 d1（绿色）、d2（黄色）、d3（蓝色）。当事件流方式的布尔值为 true 时，单击蓝色 div 区域，事件会一层层的向上传递，事件流顺序为 d1→d2→d3，本例文件 9-21.html 在浏览器中显示的效果如图 9-18 所示。当事件流方式的布尔值为 false 时，事件流顺序为 d3→d2→d1，请读者自己修改该参数为 false，然后运行代码。

图 9-18   事件捕获时的显示

```
<!DOCTYPE html>
<html>
    <head>
        <meta charset="utf-8">
        <title>事件捕捉与事件冒泡</title>
    </head>
    <style type="text/css">
        #div1 { width: 200px; height: 200px; background-color: #008080; //绿色 }
        #div2 { width: 100px; height: 100px; background-color: #ffff00; //黄色 }
        #div3 { width: 50px; height: 50px; background-color: aqua; //蓝色 }
    </style>
    <script type="text/javascript">
        window.onload = function() {
```

```
                        var d1 = document.getElementById("div1");
                        var d2 = document.getElementById("div2");
                        var d3 = document.getElementById("div3");
                        d1.addEventListener("click", D1, true);
                        d2.addEventListener("click", D2, true);
                        d3.addEventListener("click", D3, true);
                        function D1() { alert("执行 D1 函数");};
                        function D2() {alert("执行 D2 函数");};
                        function D3() {alert("执行 D3 函数");};
                }
        </script>
        <body>
                <div id="div1">
                        <div id="div2">
                                <div id="div3"></div>
                        </div>
                </div>
        </body>
    </html>
```

2. 阻止事件冒泡和捕捉

如果希望阻止事件冒泡和捕捉，在 W3C 中，使用 stopPropagation()方法，stopPropagation()是事件对象(Event)的一个方法，作用是阻止目标元素的冒泡或捕捉事件，但是不会阻止默认行为。执行 stopPropagation()后，后面的冒泡或捕捉过程不会发生。

例如，阻止 div3 之后的事件冒泡，把 div3 的绑定事件改为：

```
function D3() {
    if (event && event.stopPropagation) { //W3C 标准阻止冒泡机制
        event.stopPropagation();
    }
    alert("执行 D3 函数");
};
```

运行单击 div3 时，只弹出 div3，后面的事件冒泡被阻止。

3. 取消默认事件

preventDefault()方法是事件对象(Event)的一个方法，作用是取消一个目标元素的默认行为。当然元素必须有默认行为才能被取消，有默认行为的元素，如链接<a>、提交按钮<input type="submit">等。当Event 对象的cancelable 为 false 时，表示没有默认行为，这时即使有默认行为，调用 preventDefault 也是不会起作用的。

```
//假定有链接，写到 body 中：<a href="http://www.baidu.com/" id="test" >百度</a>
var a = document.getElementById("test");
a.onclick = function(e) {
    if (e.preventDefault) {
        e.preventDefault();
    } else {
        window.event.returnValue == false;
    }
}
```

习题 9

1. 页面窗体中有用户名和密码两个文本框，当焦点进入文本框时在文本框后面显示"获得焦点，请输入"，当焦点离开这个文本框时在文本框后面显示"失去焦点，判断"，如图9-19所示。

图9-19　题1图

2．MouseOut 事件示例。浏览者将鼠标移至页面中的"淘宝网"链接并离开它时，将弹出确认框，如果单击"确认"按钮，则页面跳转至"淘宝网"的主页，如图9-20所示。

图9-20　离开链接后弹出确认框

3．页面中有"单击""双击"两个按钮，单击"单击"按钮，弹出"按钮被单击了"消息框；双击"双击"按钮，弹出"按钮被双击了"消息框，如图9-21所示。

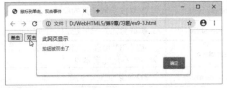

图9-21　单击或双击按钮

4．按键盘上的按键，显示对应的键位和码值，如图9-22所示。

图9-22　按键盘上的按键，显示对应的键位和码值

5．使用 Form 对象实现 Web 页面信息交互，要求浏览者输入姓名并接受商城协议。当不输入姓名并且未接受协议时，单击"提交"按钮会弹出警告框，提示用户输入姓名并且接受协议；当用户输入姓名并且接受协议时，单击"复位"按钮会弹出确认框，等待用户确认是否清除输入的信息。如图9-23所示。

图9-23　使用 Form 对象实现 Web 页面信息交互

第10章 CSS3变形、过渡和动画属性

CSS3新增了变形、过渡、动画属性，这些属性可以实现动画效果。

学习目标：掌握CSS3新增的变形、过渡和动画属性的使用方法。

重点难点：重点是变形、过渡、动画属性，难点是变形属性。

10.1 变形

通过变形属性能够对元素进行旋转、缩放、倾斜和移动这4种类型的变换处理。表10-1列出了CSS3的变形属性。

表10-1　CSS3变形属性

属　　性	描　　述
transform	对元素应用2D或3D变形
transform-origin	改变被变形元素的原点位置
transform-style	被嵌套元素如何在3D空间中显示
perspective	定义3D元素距视图的距离，以像素为单位。当元素定义为perspective属性时，其子元素会获得透视效果，而不是元素本身
perspective-origin	3D元素的底部位置
backface-visibility	元素在不面对屏幕时是否可见

10.1.1 CSS的坐标系统

网页布局遵循坐标系统的概念。浏览器在渲染和显示一个网页前，先进行布局计算，得到网页中所有元素对应的坐标位置和尺寸。如果有元素的坐标位置或尺寸发生了改变，浏览器都会重新进行布局计算。这个重新计算的过程也称为回流（reflow）。

1. 元素的初始坐标系统

HTML网页是平面的，每一个元素都有一个初始坐标系统，如图10-1所示。其中，原点位于元素的左上角，x轴向右，y轴向下，z轴指向浏览器。初始坐标系统的z轴并不是三维空间，仅仅是z-index的参照，决定网页元素的层叠顺序，层叠顺序靠后的元素将覆盖层叠顺序靠前的元素。

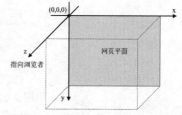

图10-1　元素初始坐标系统示意图

2. transform的坐标系统

CSS的变换对应属性transform，transform属性值包含了一系列变换函数（transform function），它的作用是修改元素自身的坐标空间，这个修改对应一个坐标系统。通过变换，元素可以实现在二维或三维空间内的平移、旋转和缩放。需要注意的是，虽然也是关于坐标系统，但变换改变的只是元素的视觉渲染，是在元素的布局计算后起作用的，因此在布局层面没有影响。一般情况下，变换也不会引发回流。

transform所参照的并不是初始坐标系统，而是一个新的坐标系统，如图10-2所示。与初始坐标系相比，x、y、z轴的指向都不变，只是原点位置移动到了元素的正中心。如果想要改变这个坐标系的原点位置，使用transform-origin。transform-origin的默

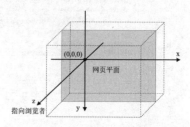

图10-2　transform的坐标系统示意图

认值是(50%,50%,0)，因此，默认情况下，transform 坐标系统的原点位于元素中心。

如果没有使用 transform-origin 改变元素的原点位置，移动、旋转、缩放和倾斜的变形操作都是以元素的中心位置进行的。如果使用 transform-origin 改变了元素的原点位置，则旋转、缩放和倾斜的变形操作将以更改后的原点位置进行，但移动变形操作始终以元素的中心位置进行。

3. transform 的顺序

当使用多个变换函数时，就要注意变换函数的顺序。因为，每一个变换函数不仅改变了元素，同时也会改变和元素关联的 transform 坐标系统，当变换函数依次执行时，后一个变换函数总是基于前一个变换后的新 transform 坐标系统。由于坐标系统会随着每一次变换发生改变，因此在不同顺序的情况下，元素最终的位置也不同。

10.1.2 transform 属性

transform 属性向元素应用 2D 或 3D 变换，可以对元素进行旋转、缩放、倾斜或移动这 4 种类型的变换处理。变换不会影响页面中的其他元素，也不会影响布局，比如通过变换放大某个元素，那么该元素会简单地覆盖相邻元素。其语法格式如下：

transform: none | transform-function;

none 定义不进行转换，transform-function 表示一个或多个变形函数，以空格分开。当对元素应用多个变形函数时，要注意变形函数的顺序，因为每一个变形函数不仅改变了元素，而且改变了和元素关联的 transform 坐标。当变形函数依次执行时，后一个变形函数总是基于前一个变形后的新的 transform 坐标。

1. transform 属性的 2D 变形函数

transform 属性有 5 种 2D 基本变形函数，见表 10-2。

表 10-2　transform 属性的 2D 变形函数

函　　数	描　　述
translate(x,y)	2D 移动，表示元素水平方向移动 x，垂直方向移动 y，其中 y 可以省略，表示垂直方向没有位移
translateX(x)	2D 移动，表示元素水平方向移动 x。正值向右移动，负值向左移动
translateY(y)	2D 移动，表示元素垂直方向移动 y。正值向下移动，负值向上移动
rotate(angle)	2D 旋转，表示元素顺时针旋转 angle 角度，angle 的单位通常为 deg（度）
scale(x,y)	2D 旋转，表示元素水平方向的缩放比为 x，垂直方向的缩放比为 y，其中 y 可以省略，表示 y 和 x 相同，以保持缩放比不变
scaleX(x)	2D 缩放，表示元素水平方向的缩放比为 x。1.0 是原始大小。使用负值会将元素绕 y 轴翻转，创建一个从右到左的镜像
scaleY(y)	2D 缩放，表示元素垂直方向的缩放比为 y。1.0 是原始大小。使用负值会将元素绕 x 轴翻转，创建一个从下到上的镜像
skew(angleX,angleY)	2D 倾斜，表示元素沿着 x 轴方向倾斜 angleX 角度，沿着 y 轴方向倾斜 angleY 角度，其中 angleY 可以省略，表示 y 轴方向不倾斜
skewX(angleX)	2D 倾斜，表示元素沿着 x 轴方向倾斜 angleX 角度。上下边缘仍然水平，左右边缘倾斜
skewY(angleY)	2D 倾斜，表示元素沿着 y 轴方向倾斜 angleY 角度。左右边缘不倾斜，上下边缘倾斜
matrix(a,b,c,d,x,y)	将所有 2D 变形函数 matrix(scaleX(),skewX(),skewY(),scaleY(),translateX(),translateY()) 组合在一起，扭曲缩放加位移（X 轴缩放，X 轴扭曲，Y 轴扭曲，Y 轴缩放，X 轴位移，Y 轴位移）。用矩阵乘法来变换元素（其他所有的变换都可以使用矩阵乘法来实现）。a 为元素的水平伸缩量，1 为原始大小；b 为纵向扭曲，0 为不变；c 为横向扭曲，0 为不变；d 为垂直伸缩量，1 为原始大小；x 为水平偏移量，0 为初始位置；y 为垂直偏移量，0 为初始位置

【例 10-1】 transform 属性的移动函数 translate() 的使用，向右向下移动。本例文件 10-1.html 在浏览器中的显示效果如图 10-3 所示，是 div 元素的中心点从 (150,75) 像素移动到了 (200,150) 像素位置。

```
<!DOCTYPE html>
<html>
```

```
<head>
        <meta charset="utf-8">
        <title>transform 属性的移动函数 translate()</title>
        <style type="text/css">
                .box { /*原始的 div 元素*/
                        width: 200px;height: 150px;
                        background-color: aqua;border: 2px dotted red;
                }
                .box div {    /*移位后的 div 元素*/
                        width: 200px;height: 150px;background-color: bisque;
                        border: 2px solid blueviolet;transform: translate(100px, 50px);
                }
        </style>
</head>
<body>
        <div class="box">原始的 div 元素
                <div>移位后的 div 元素</div>
        </div>
</body>
</html>
```

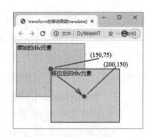

图 10-3　移动函数示例

【例 10-2】　transform 属性的旋转函数 rotate()的使用，旋转 45°。本例文件 10-2.html 在浏览器中的显示效果如图 10-4 所示。

```
<!DOCTYPE html>
<html>
        <head>
                <meta charset="utf-8">
                <title>transform 属性的旋转函数 rotate()</title>
                <style type="text/css">
                        .box { /*原始的 div 元素*/
                                width: 200px;height: 150px;background-color: aqua;
                                border: 2px dotted red;margin: 50px auto;
                        }
                        .box div {    /*移位后的 div 元素*/
                                width: 200px;height: 150px;background-color: bisque;
                                border: 2px solid blueviolet;transform: rotate(45deg);
                        }
                </style>
        </head>
        <body>
                <div class="box">原始的 div 元素
                        <div>旋转后的 div 元素</div>
                </div>
        </body>
</html>
```

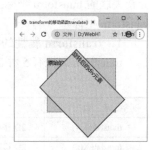

图 10-4　旋转函数示例

【例 10-3】　transform 属性的放大函数 scale()的使用，放大 1.5 倍。本例文件 10-3.html 在浏览器中的显示效果如图 10-5a 所示，鼠标指针移到该元素上面时的显示效果如图 10-5b 所示。

```
<!DOCTYPE html>
<html>
        <head>
                <meta charset="utf-8">
                <title>transform 属性的放大函数 scale</title>
                <style type="text/css">
```

```
            .box {width: 200px;height: 150px;border:2px dashed red;margin: 50px auto; }
            .box div {width: 200px;height: 150px;line-height: 150px;background: orange;
                text-align: center;color: #fff; }
            .box div:hover { opacity: .5; /*不透明度，取值 0.0~1.0*/
                transform: scale(1.5); }
        </style>
    </head>
    <body>
        <div class="box">
            <div>鼠标指针指向放大 1.5 倍</div>
        </div>
    </body>
</html>
```

a)   b)

图 10-5　放大函数示例

a) 原效果　b) 放大 1.5 倍

【例 10-4】 transform 属性的倾斜函数 skew()的使用，倾斜 45°。本例文件 10-4.html 在浏览器中的显示效果如图 10-6 所示。

```
<!DOCTYPE html>
<html>
    <head>
        <meta charset="utf-8">
        <title>倾斜函数 skew()</title>
        <style type="text/css">
            .wrapper {width: 200px;height: 100px;border: 2px dotted
red;margin: 30px auto;}
            .wrapper div {width: 200px;height: 100px;line-height: 100px;text-align: center;color:
#fff;background: orange;transform: skew(45deg);}
        </style>
    </head>
    <body>
        <div class="wrapper">
            <div>倾斜成为平行四边形</div>
        </div>
    </body>
</html>
```

图 10-6　倾斜函数 skew()

【例 10-5】 transform 属性的矩阵函数 matrix()的使用。本例文件 10-5.html 在浏览器中的显示效果如图 10-7 所示。

```
<!DOCTYPE html>
<html>
    <head>
        <meta charset="utf-8">
```

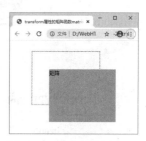

图 10-7　矩阵函数 matrix()

```
        <title>transform 属性的矩阵函数 matrix()</title>
        <style type="text/css">
            .box {width: 200px;height: 150px;border: 2px dotted red;margin: 30px auto;}
            .box div {width: 200px;height: 150px;background: orange;transform: matrix(1, 0, 0, 1, 50,
50);}
        </style>
    </head>
    <body>
        <div class="box">
            <div>矩阵</div>
        </div>
    </body>
</html>
```

2．transform 属性的 3D 变形函数

前面是 2D 上的变形，CSS3 也提供了 3D 的变形。transform 属性增加了 3 个变形函数，即 rotateX、rotateY、rotateZ。transform 属性有 8 种 3D 基本变形函数，见表 10-3。

表 10-3　transform 属性的 3D 变形函数

函　　数	描　　述
translate3d(x,y,z)	定义 3D 转化
translateX(x)	定义 3D 转化，仅使用用于 X 轴的值
translateY(y)	定义 3D 转化，仅使用用于 Y 轴的值
translateZ(z)	定义 3D 转化，仅使用用于 Z 轴的值
scale3d(x,y,z)	定义 3D 缩放转换
scaleX(x)	定义 3D 缩放转换，通过给定一个 X 轴的值
scaleY(y)	定义 3D 缩放转换，通过给定一个 Y 轴的值
scaleZ(z)	定义 3D 缩放转换，通过给定一个 Z 轴的值
rotate3d(x,y,z,angle)	定义 3D 旋转
rotateX(angle)	定义沿 X 轴的 3D 旋转
rotateY(angle)	定义沿 Y 轴的 3D 旋转
rotateZ(angle)	定义沿 Z 轴的 3D 旋转
perspective(n)	定义 3D 转换元素的透视视图
matrix3d(n,n,n,n,n,n,n,n,n,n,n,n,n,n,n,n)	定义 3D 转换，使用 16 个值的 4×4 矩阵

【例 10-6】 旋转方法应用示例，本例文件 10-6.html 在浏览器中的显示效果如图 10-8 所示。

图 10-8　旋转方法应用示例

```
<!DOCTYPE html>
<html>
    <head>
        <meta charset="utf-8">
```

```
<title>3D 变形方法</title>
<style type="text/css">
        div {width: 100px;height:100px;background-color: yellow;border: 1px solid black;
float: left; margin: 20px; background-image: url(images/coffee.gif);background-size: 100px;}
        </style>
    </head>
    <body>
        <div></div>
        <div style="transform: rotateX(180deg);"></div>
        <div style="transform: rotateY(180deg);"></div>
        <div style="transform: rotateZ(180deg);"></div>
        <div style="transform: rotateX(60deg) rotateZ(180deg);"></div>
        <div style="transform: rotateX(60deg) rotateZ(180deg);transform-origin: center bottom;"></div>
    </body>
</html>
```

10.1.3 transform-origin 属性

一般变形是以元素的中心为参照点。可以在应用变形前用 transform-origin 属性改变被转换元素的原点位置，2D 转换元素能够改变元素 x 和 y 轴，3D 转换元素还能改变其 z 轴。语法格式如下：

transform-origin: x-axis y-axis z-axis;

transform-origin 属性值可以使用关键字、长度和百分比，表 10-4 列出了 transform-origin 属性的常用值。

表 10-4 transform-origin 属性的常用值

值	描 述
x-axis	定义视图被置于 X 轴的何处。可能的值：left、center、right、length、%
y-axis	定义视图被置于 Y 轴的何处。可能的值：top、center、bottom、length、%
z-axis	定义视图被置于 Z 轴的何处。可能的值：length

2D 变形的 transform-origin 属性可以是一个参数值，也可以是两个参数值。

如果是两个参数值，则第 1 个值设置水平方向（X 轴）的位置，第 2 个值设置垂直方向（Y 轴）的位置。如果只提供一个值，该值将用于 X 坐标，Y 坐标将默认为 50%。如果 X、Y 轴都不设置，则默认变形的原点在元素的中心点，即是元素 X 轴和 Y 轴的 50%处，其效果等同于 center center，如图 10-9 所示。

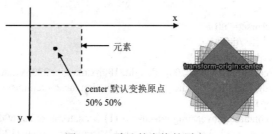

图 10-9 默认的变换的原点

transform-origin: 0% 0%表示左上角为参照点（图 10-10），transform-origin: 100% 0%表示右上角为参照点（图 10-11），transform-origin: right center 或 100% 50%表示右上角向下 50%（图 10-12），transform-origin: left center 或 0 50%（图 10-13），transform-origin: bottom right 或 right bottom、100% 100%（图 10-14），transform-origin: top center 或 50% 0（图 10-15），transform-origin: 50% 200%;表示参照点 x 坐标是元素水平方向的中间，y 坐标是从上边缘向下两倍于元素高度的地方。

 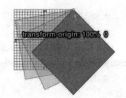

图 10-10　左上角为参考点　　　　　　图 10-11　右上角为参考点

图 10-12　right center　　图 10-13　left center　　图 10-14　bottom right　　图 10-15　top center

3D 变形的 transform-origin 属性还包括 Z 轴的第 3 个值，设置 3D 变形中 transform-origin 属性远离浏览者视点的距离，默认值是 0，其取值可以是 length，不过%在这里无效。

CSS3 变形中旋转、缩放、倾斜都可以通过 transform-origin 属性重置元素的原点，但其中的位移 translate()始终以元素中心点进行位移。transform-origin 属性必须与 transform 属性一同使用。

【例 10-7】　transform-origin 属性的应用。鼠标经过时，扑克牌转动到各自角度。本例文件 10-7.html 在浏览器中的显示效果如图 10-16 所示。

图 10-16　transform-origin 属性的应用

```
<!DOCTYPE html>
<html>
    <head>
        <meta charset="utf-8">
        <title>扑克</title>
        <style type="text/css">
            #container {width: 200px;height: 180px;margin: 220px auto;position: relative;}
            img {width: 100px;height: 180px;position: absolute;transition: transform 1s;
transform-origin: top right;}
            #container:hover>img:nth-of-type(1) {transform: rotate(60deg);}
            #container:hover>img:nth-of-type(2) {transform: rotate(120deg);}
            #container:hover>img:nth-of-type(3) {transform: rotate(180deg);}
            #container:hover>img:nth-of-type(4) {transform: rotate(240deg);}
            #container:hover>img:nth-of-type(5) {transform: rotate(300deg);}
            #container:hover>img:nth-of-type(6) {transform: rotate(360deg);}
        </style>
    </head>
    <body>
```

```
<div id="container">
    <img src="images/pk.jpg" alt="">
    <img src="images/pk.jpg" alt="">
    <img src="images/pk.jpg" alt="">
    <img src="images/pk.jpg" alt="">
    <img src="images/pk.jpg" alt="">
    <img src="images/pk.jpg" alt="">
</div>
</body>
</html>
```

10.1.4 transform-style 属性

transform-style 属性用于设置元素的子元素是在 3D 空间中显示，还是在该元素所在的平面内显示。本属性必须与 transform 属性一同使用。transform-style 属性的语法格式如下：

transform-style: flat | preserve-3d;

transform-style 属性的默认值是 flat，即子元素不保留其 3D 位置，所有子元素在 2D 平面呈现。当在父元素上设置值为 preserve-3d 时，则所有子元素都处于同一个 3D 空间内。

3D 图形通常是由多个元素构成的，可以给所有子元素的父元素设置 preserve-3d 来使其变成一个真正的 3D 图形，或者设置 flat 让所有子元素所在的平面内被扁平化。

【例 10-8】 transform-style 属性的应用，本例文件 10-8.html 在浏览器中的显示效果如图 10-17 所示。

图 10-17 transform-style 属性

```
<!DOCTYPE html>
<html>
    <head>
        <meta charset="utf-8">
        <title>transform-style 属性</title>
        <style>
            .cube { /*定义立方体*/
                position: absolute;margin: 60px 50px;
                transform-style: preserve-3d;transform: rotateX(-30deg) rotateY(30deg);
            }
            .cube .surface { /*定义面*/
                position: absolute; width: 120px; height: 120px; border: 1px solid #ccc;
                background: rgba(255, 255, 255, 0.7); box-shadow: inset 0 0 20px rgba(0, 0, 0, 0.3);
                line-height: 120px; text-align: center; color: #333; font-size: 100px; }
            .cube .up { transform: rotateX(90deg) translateZ(60px);}
            .cube .down { transform: rotateX(-90deg) translateZ(60px); }
            .cube .left { transform: rotateY(-90deg) translateZ(60px);}
            .cube .right {transform: rotateY(90deg) translateZ(60px);}
            .cube .forword {transform: translateZ(60px);}
            .cube .back {transform: rotateY(180deg) translateZ(60px);}
        </style>
    </head>
    <body>
        <div class="cube">
            <div class="surface up">上</div>
            <div class="surface down">下</div>
            <div class="surface left">左</div>
            <div class="surface right">右</div>
            <div class="surface forword">前</div>
```

```
            <div class="surface back">后</div>
        </div>
    </body>
</html>
```

10.1.5　perspective 和 perspective-origin 属性

1．perspective 属性

perspective 属性用于设置透视效果，透视效果为近大远小。当为元素定义 perspective 属性时，其子元素获得透视效果，而不是元素本身。语法格式如下：

perspective: number | none;

本属性值用于设置 3D 元素距离视图的距离，单位是像素，只需写上数值。默认值是 none，与 0 相同，不设置透视。

perspective 属性与 perspective-origin 属性一同使用能够改变 3D 元素的底部位置。

2．perspective-origin 属性

perspective-origin 属性设置 3D 元素所基于的 X 轴和 Y 轴，本属性可以改变 3D 元素的底部位置。当为元素定义 perspective-origin 属性时，其子元素获得透视效果，而不是元素本身。perspective-origin 属性的语法格式如下：

perspective-origin: x-axis y-axis;

本属性的取值与 transform-origin 属性相同，默认为 50% 50%。

【例 10-9】　perspective 和 perspective-origin 属性应用示例。本例文件 10-9.html 在浏览器中的显示效果如图 10-18 所示。

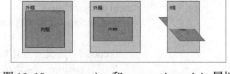

图 10-18　perspective 和 perspective-origin 属性

```
<!DOCTYPE html>
<html>
    <head>
        <meta charset="utf-8">
        <title>perspective 和 perspective-
origin 属性</title>
        <style type="text/css">
            #div1 {position: relative;height: 150px;width: 150px;margin: 30px;padding: 10px;
border: 1px solid black;background-color: aqua;float: left;}
            #div2 {padding: 50px;position: absolute;border: 1px solid black;background-color: orange;}
        </style>
    </head>
    <body>
        <div id="div1">外框
            <div id="div2">内框</div>
        </div>
        <div id="div1" style="perspective:200;perspective-origin:left top;">外框
            <div id="div2" style="transform: rotateX(50deg);">内框</div>
        </div>
        <div id="div1" style="transform: rotateY(50deg); transform-style: preserve-3d; perspective:
200;perspective-origin:right top;">外框
            <div id="div2" style="transform: rotateX(50deg);">内框</div>
        </div>

    </body>
</html>
```

10.1.6　backface-visibility 属性

backface-visibility 属性用于设置元素背面是否可见。其语法格式如下：

backface-visibility: visible | hidden;

它的属性值为 visible 时背面是可见的，值为 hidden 时背面不可见。

【例 10-10】 backface-visibility 属性应用示例。本例文件
10-10.html 在浏览器中的显示效果如图 10-19 所示。

```
<!DOCTYPE html>
<html>
    <head>
        <meta charset="utf-8">
        <title>backface-visibility 属性应用示例</title>
        <style type="text/css">
            div {height: 60px;width: 60px;background-color: coral;border: 1px solid;margin: 30px;
                float: left;}
            div#h {transform: rotateX(180deg);backface-visibility: hidden;}
            div#v {transform: rotateX(180deg);backface-visibility: visible;}
        </style>
    </head>
    <body>
        <div>正常</div>
        <div id="h">不可见</div>
        <div id="v">可见</div>
    </body>
</html>
```

图 10-19　backface-visibility 属性示例

其中，第 2 个反转的 div 元素因为设置了 backface-visibility: hidden 所以不可见，但在页面中占据的页面区域仍然保留。

10.2　过渡

过渡属性用于为元素增加过渡动画效果，可以设置在一定时间内元素从一种样式变成另一种样式。

30　过渡

10.2.1　过渡属性

过渡属性见表 10-5。

表 10-5　CSS3 过渡属性

属　　　性	描　　　　述
transition-delay	设置过渡的延时时间，默认为 0
transition-duration	设置过渡效果的持续时间，默认为 0
transition-timing-function	设置过渡效果的速度曲线，默认是 ease
transition-property	设置应用过渡的 CSS 属性名称
transition	简写属性，用于在一个属性中设置 4 个过渡属性

1．transition-delay 属性

transition-delay 属性设置在过渡效果开始之前需要等待的时间，其语法格式为：

transition-delay: time;

time 为数值，单位是 s（秒）或 ms（毫秒）。

2．transition-duration 属性

transition-duration 属性设置过渡效果的持续时间，其语法格式为：

transition-duration: time;

time 为数值，单位是 s（秒）或 ms（毫秒）。如果不设置，则默认值为 0，表示没有过渡动画效果。

3．transition-timing-function 属性

transition-timing-function 属性设置过渡效果的速度曲线。其语法格式为：

transition-timing-function: linear | ease | ease-in | ease-out | ease-in-out | cubic-bezier(n,n,n,n);

transition-timing-function 属性使用名为三次贝塞尔（Cubic Bezier）函数的数学函数，来生成速度曲线，该属性允许过渡效果随着时间来改变其速度，该属性有 6 种值，见表 10-6。

表 10-6　transition-timing-function 属性的值

值	描　　述	图　　例
ease	默认值，元素样式从初始状态过渡到终止状态时，以慢速开始，然后变快，最后慢速结束的过渡效果。ease 函数等同于贝塞尔曲线 cubic-bezier(0.25,0.1,0.25,1)	
linear	元素样式从初始状态过渡到终止状态时，以相同速度开始至结束，速度是恒速的过渡效果，等于 cubic-bezier(0,0,1,1)	
ease-in	元素样式从初始状态过渡到终止状态时，以慢速开始，速度越来越快，呈加速状态，常称这种过渡效果为渐显效果，等于 cubic-bezier(0.42,0,1,1)	
ease-out	元素样式从初始状态过渡到终止状态时，速度越来越慢，呈减速状态，常称这种过渡效果为渐隐效果，等于 cubic-bezier(0,0,0.58,1)	
ease-in-out	元素样式从初始状态过渡到终止状态时，以慢速开始和慢速结束，常称这种过渡效果为渐显渐隐效果，等于 cubic-bezier(0.42,0,0.58,1)	
cubic-bezier(n,n,n,n)	在 cubic-bezier 函数中定义自己的值，可能的值是 0 至 1 之间的数值	

4．transition-property 属性

transition-property 属性设置对元素的哪个 CSS 属性进行过渡动画效果处理，其语法格式为：

transition-property: none | all | property;

默认值是 all，所有元素都会获得过渡动画效果。设置为 none 则没有元素获得过渡效果。property 设置应用过渡效果的 CSS 属性名称列表，列表以逗号分隔。

一个转场效果，通常会出现在当用户将鼠标悬停在一个元素上时。

注意：始终指定 transition-duration 属性，否则持续时间为 0，transition 不会有任何效果。

5．transition 属性

transition 属性用于在一条属性中设置 4 个过渡属性 transition-property、transition-duration、transition-timing-function、transition-delay。语法格式为：

transition: property duration timing-function delay;

【例 10-11】 把鼠标指针分别放在图形上，背景色将出现过渡效果。本例文件 10-11.html 在浏览器中的显示效果如图 10-20 所示。

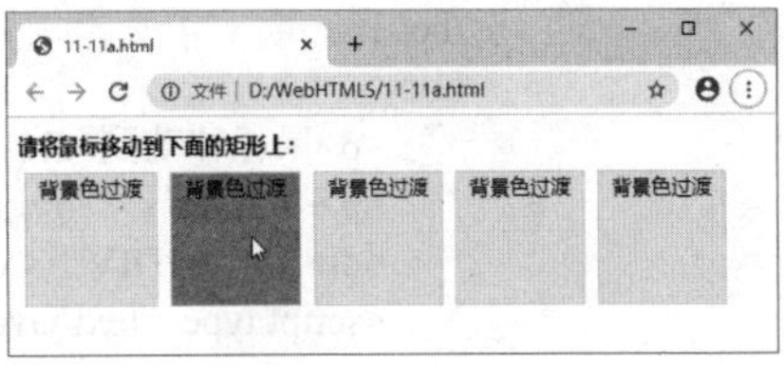

```
<!DOCTYPE html>
<html>
    <head>
        <meta charset="utf-8">
        <title></title>
        <style type="text/css">
            h1 {font-size: 16px;}
            .test {overflow: hidden;width: 100%;margin: 0;padding: 0;list-style: none;}
            .test li {float: left;width: 100px;height: 100px;margin: 0 5px;border: 1px solid #ddd;
                background-color: #eee;text-align: center;transition: background-color .5s ease-in;}
            .test li:nth-child(1):hover {background-color: #bbb;}
            .test li:nth-child(2):hover {background-color: #999;}
            .test li:nth-child(3):hover {background-color: #630;}
            .test li:nth-child(4):hover {background-color: #090;}
            .test li:nth-child(5):hover {background-color: #f00;}
        </style>
    </head>
    <body>
        <h1>请将鼠标移动到下面的矩形上：</h1>
        <ul class="test">
            <li>背景色过渡</li>
            <li>背景色过渡</li>
            <li>背景色过渡</li>
            <li>背景色过渡</li>
            <li>背景色过渡</li>
        </ul>
    </body>
</html>
```

图 10-20 过渡效果

10.2.2 过渡事件

过渡事件只有一个，即 transitionend 事件。该事件在 CSS 完成过渡后触发。当 transition 完成前移除 transition 时，比如移除 CSS 的 transition-property 属性，此事件将不会被触发，在 transition 完成前设置 display 为 none，事件同样不会被触发。其语法格式为：

object.addEventListener("transitionend", myScript);

transitionend 事件是双向触发的，当完成到转换状态的过渡，以及完全恢复到默认或非转换状态时都会触发。如果没有过渡延迟或持续时间，即两者的值都为 0s 或者都未声明，则不发生过渡，并且任何过渡事件都不会触发。

【例 10-12】 将鼠标悬停在一个 div 元素上，等待 2s 开始改变其宽度从 100px 到 450px，过渡完成后将背景色改为粉红。本例文件 10-12.html 在浏览器中的显示效果如图 10-21 所示。

```
<!DOCTYPE html>
<html>
    <head>
        <meta charset="utf-8">
        <title>过渡事件</title>
        <style type="text/css">
            #myDIV {width: 100px;height: 100px;background: aqua;transition-timing-function: linear;
```

```
                    transition-property: width;transition-duration: 5s;transition-delay: 2s;}
                #myDIV:hover {width: 400px;}
            </style>
        </head>
        <body>
            <p>鼠标移动到 div 元素上，查看过渡效果。</p>
            <p><b>注释：</b>过渡效果会在开始前等待两秒钟。</p>
            <div id="myDIV"></div>
            <script type="text/javascript">
                document.getElementById("myDIV").addEventListener("transitionend", myFunction);
                function myFunction() {
                    this.innerHTML = "过渡事件触发 - 过渡已完成";
                    this.style.backgroundColor = "pink";
                }
            </script>
        </body>
    </html>
```

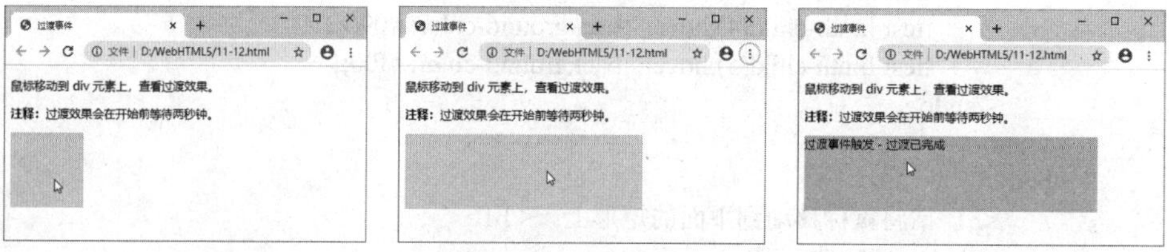

图 10-21　过渡事件

10.3　动画

动画是使元素从一种样式逐渐变化为另一种样式的效果。

10.3.1　动画属性

CSS3 的动画属性见表 10-7。

表 10-7　动画属性

属　　性	描　　述
@keyframes	定义动画选择器
animation-name	使用@keyframes 定义动画的名称
animation-delay	设置动画开始的延时，单位是 s（秒）或 ms（毫秒），默认是 0
animation-duration	设置动画的持续时间，单位是 s（秒）或 ms（毫秒），默认是 0
animation-timing-function	设置动画的速度曲线，默认是 ease
animation-iteration-count	设置动画播放的次数，默认是 1
animation-direction	设置动画逆向播放，默认是 normal
animation-play-state	设置动画的播放状态，如运行或暂停，默认是 running
animation-fill-mode	设置动画时间之外的状态
animation	动画属性的简写属性，除了 animation-play-state 属性

1．@keyframes 属性

@keyframes 规则用于创建动画。创建动画的原理是将一套 CSS 样式逐渐变化为另一套样式。在动画过程中，能够多次改变这套 CSS 样式。其语法格式为：

@keyframes animationname {keyframes-selector {css-styles;}}

@keyframes 的属性值见表 10-8。

表 10-8　@keyframes 的属性值

值	描　述
animationname	必需，定义动画的名称
keyframes-selector	必需，定义关键帧，动画时长的百分比。合法的值：0~100%、from（与 0%相同）、to（与 100%相同）
css-styles	必需，定义关键帧时一个或多个合法的 CSS 样式属性

关键帧用百分比来规定改变发生的时间，或者用关键字 from 和 to，等价于 0%和 100%。0%是动画的开始时间，100%动画的结束时间。为了获得最佳的浏览器支持，应该始终定义 0%和 100%选择器。

应该使用动画属性来控制动画的外观，同时将动画与选择器绑定。

2．animation-name 属性

animation-name 属性为@keyframes 动画定义名称，其语法格式为：

animation-name: keyframename | none;

使用 keyframename 设置需要绑定到选择器的 keyframe 的名称。值为 none 表示无动画效果（可用于覆盖来自级联的动画）。

应该始终规定 animation-duration 属性，否则时长为 0，就不会播放动画了。

3．animation-delay 属性

animation-delay 属性设置延迟多长时间才开始执行动画，其语法格式为：

animation-delay: time;

time 定义动画开始前等待的时间，单位是 s（秒）或 ms（毫秒），默认值是 0。

4．animation-duration 属性

animation-duration 属性设置动画持续的时间，其语法格式为：

animation-duration: time;

time 定义动画开始前等待的时间，单位是 s（秒）或 ms（毫秒），默认值是 0，表示不产生动画效果。

5．animation-timing-function 属性

animation-timing-function 设置过渡动画的速度曲线，速度曲线定义动画从一套 CSS 样式变为另一套所用的时间。速度曲线用于使变化更为平滑。其语法格式为：

animation-timing-function: value;

value 属性值与 transition-timing-function 属性相同，见表 10-6。

6．animation-iteration-count 属性

animation-iteration-count 属性设置动画的播放次数，其语法格式为：

animation-iteration-count: n | infinite;

n 是动画播放次数的数值；infinite 设置动画应该无限次播放。

【例 10-13】 动画属性示例，两个 div 元素分别移动。本例文件 10-13.html 在浏览器中的显示效果如图 10-22 所示。

図 10-22　动画属性

```
<!DOCTYPE html>
<html>
    <head>
```

```
<title>动画属性</title>
<style type="text/css">
        #div1 {width: 100px;height: 100px;
            background: red;position: relative;
            animation: move1 5s infinite;   /*move1 是动画的名称*/ animation-timing-function:
linear;}
        @keyframes move1 {   /*move1 是动画的名称*/
            from {left: 0px;}
            to {left: 200px;}
        }
        #div2 {width: 100px;height: 100px;background: red;position: relative;
            animation: move2 infinite;   /*move2 是动画的名称*/
            animation-duration: 2s; animation-iteration-count:3;}
        @keyframes move2 { /*move2 是动画的名称*/
            0% {top: 0px;}
            100% {top: 200px;}
        }
</style>
</head>
<body>
        <div id="div1"></div>
        <div id="div2"></div>
        <p><b>注释：</b>始终规定 animation-duration 属性，否则时长为 0，就不会播放动画
了。</p>
</body>
</html>
```

7．animation-direction 属性

animation-direction 属性设置动画是否轮流反向播放，其语法格式为：

> **animation-direction: normal | alternate;**

默认值是 normal，表示动画正常播放。如果 animation-direction 值是 alternate，则动画会在奇数次数（1、3、5 等）正常播放，而在偶数次数（2、4、6 等）向后播放。

如果把动画设置为只播放一次，则该属性没有效果。

8．animation-play-state 属性

animation-play-state 属性设置动画播放的状态，其语法格式为：

> **animation-play-state: paused | running;**

属性值为 paused 时设置动画暂停；running 设置动画正在播放。

可以在 JavaScript 中使用该属性，这样就能在播放过程中暂停动画。

9．animation-fill-mode 属性

animation-fill-mode 属性设置动画在播放之前或之后，其动画效果是否可见。其语法格式为：

> **animation-fill-mode : none | forwards | backwards | both;**

其属性值是由逗号分隔的一个或多个填充模式关键字。

值为 none 表示不改变默认行为；为 forwards 时当动画完成后，保持最后一个属性值（在最后一个关键帧中定义）；为 backwards 时，在 animation-delay 所指定的一段时间内，在动画显示之前，应用开始属性值（在第一个关键帧中定义）；both 是向前和向后填充模式都被应用。

10．animation 属性

animation 属性是一个简写属性，用于设置 6 个动画属性：animation-name、animation-duration、animation-timing-function、animation-delay、animation-iteration-count、animation-direction，其语法格

式为：

animation: name duration timing-function delay iteration-count direction;

应该始终规定 animation-duration 属性，否则时长为 0，就不会播放动画了。

【例 10-14】 元素在网页上做四周运动并变色。本例文件 10-14.html 在浏览器中的显示结果如图 10-23 所示。

图 10-23　元素运动

```
<!DOCTYPE html>
<html>
    <head>
        <style type="text/css">
            div {width: 100px;height: 100px;background: red;position: relative;
                animation: myfirst 5s infinite;animation-direction: alternate;}
            @keyframes myfirst {
                0% {background: red;left: 0px;top: 0px;}
                25% {background: yellow;left: 200px;top: 0px;}
                50% {background: blue;left: 200px;top: 200px;}
                75% {background: green;left: 0px;top: 200px;}
                100% {background: red;left: 0px;top: 0px;}
            }
        </style>
    </head>
    <body>
        <p>元素变色并做四周运动</p>
        <div></div>
    </body>
</html>
```

10.3.2　动画事件

animation 的事件有 3 个，见表 10-9。

表 10-9　动画事件

事　件	描　述
animationstart	该事件在 CSS 动画开始播放时触发
animationiteration	该事件在 CSS 动画重复播放时触发
animationend	该事件在 CSS 动画结束播放时触发

其中 animationiteration（迭代）事件，由于 animation 中有 iteration-count 属性，它可以定义动画重复的次数，因此动画会有很多次开始和结束。但是真正的开始和结束事件是关于整个动画的，只会触发一次，而中间由于重复动画引起的"结束并开始下一次"将触发整个"迭代"事件。

这 3 个事件的语法格式如下：

object.addEventListener("animationstart", myScript);
object.addEventListener("animationiteration", myScript);
object.addEventListener("animationend", myScript);

【例 10-15】 动画事件示例。本例文件 10-15.html 在浏览器中的显示效果如图 10-24 所示。

图 10-24　动画事件

```
<!DOCTYPE html>
<html>
    <head>
        <meta charset="utf-8">
        <title>动画事件</title>
        <style type="text/css">
            #myDIV {margin: 25px;width: 400px;height: 100px; background: orange;
                position: relative; font-size: 20px;}
            @keyframes mymove {
                0% {top: 0px;}
                100% {top: 200px;}
            }
        </style>
    </head>
    <body>
        <p>本例使用 addEventListener()方法为 div 元素添加 animationstart、animationiteration 和
animationend 事件</p>
        <div id="myDIV" onclick="myFunction()">单击开始动画</div>
        <script type="text/javascript">
            var x = document.getElementById("myDIV")
            // 使用 JavaScript 开始动画
            function myFunction() {
                x.style.animation = "mymove 4s 2";
            }
            x.addEventListener("animationstart", myStartFunction);
            x.addEventListener("animationiteration", myIterationFunction);
            x.addEventListener("animationend", myEndFunction);
            function myStartFunction() {
                this.innerHTML = "animationstart 事件触发 - 动画已经开始";
                this.style.backgroundColor = "pink";
            }
            function myIterationFunction() {
                this.innerHTML = "animationiteration 事件触发 - 动画重新播放";
                this.style.backgroundColor = "lightblue";
            }
            function myEndFunction() {
                this.innerHTML = "animationend 事件触发 - 动画已经完成";
                this.style.backgroundColor = "lightgray";
```

```
                }
            </script>
        </body>
    </html>
```

习题 10

1. 鼠标指针指向不同方块，单击不松开，出现旋转、放大、倾斜、平移效果，如图 10-25 所示。

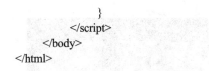

图 10-25　旋转、放大、倾斜、平移效果

2. 将鼠标放在图片上旋转 180°，显示效果如图 10-26 所示。

3. 将鼠标移动到图片上，该图片 360° 旋转，如图 10-27 所示。

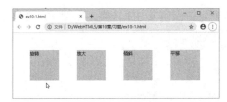 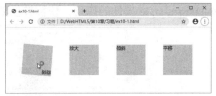

图 10-26　180° 旋转　　　　　　　图 10-27　360° 旋转

4. 实现图片正反面旋转，如图 10-28 所示。

图 10-28　图片反转

5. 实现平移动画，如图 10-29 所示。

图 10-29　平移动画

6. transition 图片旋转，使用 6 张图片旋转，如图 10-30 所示。

7. 多张图片实现 3D 旋转效果，如图 10-31 所示。

图 10-30　6 张图片旋转　　　　　　　　　图 10-31　3D 旋转效果

8．transform-style 属性的应用，使被转换的子元素保留其 3D 转换，如图 10-32 所示。

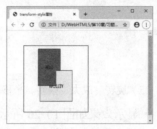

图 10-32　3D 转换

第 11 章　HTML5 的拖放和画布

HTML5 提供了很多新的特性，包括拖放、画布等，这些新特性都需要使用 JavaScript 编程才能实现其功能。

学习目标：掌握拖放和画布的使用。

重点难点：重点是拖放、画布，难点是拖放。

11.1　拖放

拖放（drag 和 drop）操作是指用户单击选中允许拖放的元素，在保持鼠标左键按下的情况下，移动该元素到页面的任意位置，并且在移动到处于具有允许放置状态的元素上释放鼠标左键，放置被拖放的元素。拖放是 HTML5 标准中的一部分，通过拖放 API（Application Programming Interface，应用程序接口）可以让 HTML 页面中的任意元素都变成可拖动的，也可以把本地文件拖放到网页中。使用拖放技术可以开发出更友好的人机交互界面。

拖放操作分为两个动作，从鼠标左键按下选中元素，到保持鼠标左键按下并移动该元素的行为称为拖；在拖动的过程中，只要没有松开鼠标，将会不断产生"拖"事件。将被拖动的元素放置在允许放置的区域上方并释放鼠标左键的行为称为放，将产生"放"事件。

11.1.1　draggable 属性

draggable 属性设置元素是否可以被拖动，该属性有两个值：true 和 false，默认为 false，当值为 true 时表示元素选中之后可以拖动，否则不能拖动。

例如，设置一张图片可以被拖动，代码为：

```
<img src="images/logo.jpg" border="1" draggable="true">
```

draggable 属性设置为 true 时仅仅表示该元素允许拖放，但是并不能真正实现拖放，必须与 JavaScript 脚本结合使用才能实现拖动。

11.1.2　拖放事件

设置元素的 draggable 属性为 true 后，该元素允许拖放。拖放元素时的一系列操作会触发相关元素的拖放事件 DragEvent。

1．拖动元素事件

事件对象为被拖动元素，拖动元素事件见表 11-1。

表 11-1　拖动元素事件

事　件	事 件 对 象	描　　述
dragstart	被拖动的 HTML 元素	开始拖动元素时触发该事件（按下鼠标键不算，拖动才算）
drag	被拖动的 HTML 元素	拖动元素过程中连续触发该事件
dragend	被拖动的 HTML 元素	拖动元素结束时触发该事件

2．目标元素事件

事件对象为目标元素，目标元素事件见 11-2。

表 11-2　目标元素事件

事　件	事 件 对 象	描　　述
dragenter	拖动时鼠标所进入的目标元素	被拖动的元素进入目标元素的范围内时触发该事件，相当于 mouseover
dragover	拖动时鼠标所经过的元素	在所经过的元素范围内，拖动元素时会连续触发该事件
dragleave	拖动时鼠标所离开的元素	被拖动的元素离开当前元素的范围内时触发该事件，相当于 mouseout
drop	停止拖动时鼠标所释放的目标元素	被拖动的元素在目标元素上释放鼠标时触发该事件

3．拖放事件的生命周期和执行过程

从用户在元素上单击开始拖拽行为，到将该元素放置到指定的目标区域中，每个事件的声明周期见表 11-3。

表 11-3　拖放各个事件的生命周期

生 命 周 期	属　性	值	描　　述
拖动开始	dragstart	script	在拖动操作开始时执行脚本（对象是被拖拽元素）
拖动过程中	drag	script	只要脚本在被拖动时就允许执行脚本（对象是被拖拽元素）
拖动过程中	dragenter	script	当元素被拖动到一个合法的放置目标时执行脚本（对象是目标元素）
拖动过程中	dragover	script	只要元素正在合法的放置目标上拖动时执行脚本（对象是目标元素）
拖动过程中	dragleave	script	当元素离开合法的放置目标时执行脚本（对象是目标元素）
拖动结束	drop	script	将被拖拽元素放在目标元素内时执行脚本（对象是目标元素）
拖动结束	dragend	script	在拖动操作结束时执行脚本（对象是被拖拽元素）

整个拖放过程触发的事件顺序如下。

拖放事件时是否释放了被拖动的元素，执行的顺序分为两种情况。

（1）没有触发 drop 事件

在拖放过程中，没有释放被拖动的元素（即没有触发 drop 事件），事件的执行顺序如下：

　　　dragstart→drag→dragenter→dragover→dragleave→dragend

（2）触发 drop 事件

在拖放过程中，释放了被拖动的元素（即触发了 drop 事件），事件的执行顺序如下：

　　　dragstart→drag→dragenter→dragover→drop→dragend

在拖放操作时注意观察鼠标指针，不能释放的指针和能释放的指针不一样。

11.1.3　数据传递对象 dataTransfer

dataTransfer 对象用于从被拖动元素向目标元素传递数据，提供了很多属性和方法。dataTransfer 对象的属性见表 11-4。

表 11-4　dataTransfer 对象的属性

属　　性	描　　述
dropEffect	设置或返回允许的操作类型，可以是 none、copy、link 或 move
effectAllowed	设置或返回被拖放元素的操作效果类别，可以是 none、copy、copyLink、copyMove、link、linkMove、move、all 或 uninitialized
items	返回一个包含拖拽数据的 dataTransferItemList 对象
types	返回一个 DOMStringList，包括了存入 dataTransfer 对象中数据的所有类型
files	返回一个拖拽文件的集合，如果没有拖拽文件该属性为空

dataTransfer 对象的方法见表 11-5。

表 11-5　dataTransfer 对象的方法

方　　法	描　　述
setData(format,data)	向 dataTransfer 对象中添加数据
getData(format)	从 dataTransfer 对象读取数据
clearData(format)	清除 dataTransfer 对象中指定格式的数据
setDragImage(icon,x,y)	设置拖放过程中的图标，参数 x、y 表示图标的相对坐标

在 dataTransfer 对象所提供的方法中，参数 format 用于表示在读取、添加或清空数据时的数据格式，该格式包括 text/plain（文本文字格式）、text/html（HTML 页面代码格式）、text/xml（XML 字符格式）和 text/url-list（URL 格式列表）。

【例 11-1】 拖放示例。用户拖动页面中的图片放置到目标矩形中，本例文件 11-1.html 在浏览器中的显示效果如图 11-1 所示。

图 11-1　页面显示效果

```html
<!DOCTYPE html>
<html>
    <head>
        <meta charset="utf-8">
        <title>拖放</title>
        <style type="text/css">
            #div1 { /*目标矩形的样式*/
                width: 300px; height: 130px; padding: 10px;
                border: 1px solid #aaaaaa; /*边框为 1px 的浅灰色实线边框*/
            }
        </style>
        <script type="text/javascript">
            function allowDrop(ev) {
                ev.preventDefault(); //设置允许将元素放置到其他元素中
            }
            function drag(ev) {
                ev.dataTransfer.setData("Text", ev.target.id); //设置被拖动元素的数据类型和值
            }
            function drop(ev) { //当放置被拖动元素时发生 drop 事件
                ev.preventDefault(); //设置允许将元素放置到其他元素中
                var data = ev.dataTransfer.getData("Text"); //从 dataTransfer 对象读取被拖动元素
的数据
                ev.target.appendChild(document.getElementById(data));
            }
        </script>
    </head>
```

```
        <body>
            <p>拖动一束玫瑰花图片到矩形框中</p>
            <div id="div1" ondrop="drop(event)" ondragover="allowDrop(event)"></div><br>
            <img id="drag1" src="images/a_bouquet_of_roses.jpg" draggable="true" ondragstart=
"drag(event)" width="100" height="120">
        </body>
    </html>
```

【说明】 1）开始拖动元素时触发 ondragstart 事件，在事件的代码中使用 dataTransfer.setData()
方法设置被拖动元素的数据类型和值。本例中，被拖动元素的数据类型是"Text"，值是被拖动元素
的 id（即"drag1"）。

2）ondragover 事件规定放置被拖动元素的位置，默认为无法将元素放置到其他元素中。如果需要
设置允许放置，必须阻止对元素的默认处理方式，需要通过调用 ondragover 事件的 event.preventDefault( )
方法来实现这一功能。

3）当放置被拖动元素时将触发 drop 事件。本例中，div 元素的 ondrop 属性调用了一个函数
drop(event)来实现放置被拖动元素的功能。

11.2　画布

HTML5 的 canvas 元素只是图形容器，必须通过 JavaScript 在网页上绘制图形。在页面上放置一
个 canvas 元素就相当于在页面上放置了一块"画布"，可以在其中描绘图形。canvas 元素拥有多种绘
制路径、矩形、圆形、字符以及添加图像。

11.2.1　创建 canvas 元素

canvas 元素的主要属性是画布宽度属性 width 和高度属性 height，单位是像素。向页面中添加
canvas 元素的语法格式为：

> **<canvas id="画布标识" width="画布宽度" height="画布高度">**
>   **…**
> **</canvas>**

如果不指定 width 和 height 属性值，默认的画布大小是宽 300 像素，高 150 像素。

例如，创建一个标识为 myCanvas，宽度为 200 像素，高度为 100 像素的<canvas>元素，代
码如下：

> <canvas id="myCanvas" width="200" height="100"></canvas>

11.2.2　构建绘图环境

大多数 canvas 绘图 API 都没有定义在 canvas 元素本身上，而是定义在通过画布的 getContext()
方法获得的"绘图环境"对象上。getContext()方法返回一个用于在画布上绘图的环境，其语法格
式为：

> **canvas.getContext(contextID)**

参数 contextID 指定在画布上绘制的类型，当前唯一支持的是 2D 绘图，其值是"2d"。目前没有
3D。这个方法返回一个上下文对象 CanvasRenderingContext2D，该对象提供了用于在画布上绘图的
方法和属性。

下面介绍 getContext("2d")对象的属性和方法，可用于在画布上绘制文本、线条、矩形、圆
形等。

颜色、样式和阴影属性见表 11-6。

表 11-6　颜色、样式和阴影

属　　性	描　　述
fillStyle	设置或返回用于填充绘画的颜色、渐变或模式
strokeStyle	设置或返回用于笔触的颜色、渐变或模式
shadowColor	设置或返回用于阴影的颜色
shadowBlur	设置或返回用于阴影的模糊级别
shadowOffsetX	设置或返回阴影与形状的水平距离
shadowOffsetY	设置或返回阴影与形状的垂直距离

表 11-7 列出了渲染上下文对象的常用方法。

表 11-7　渲染上下文对象的常用方法

方　　法	描　　述
fillRect()	绘制一个填充的矩形
strokeRect()	绘制一个矩形轮廓
clearRect()	清除画布的矩形区域
lineTo()	绘制一条直线
arc()	绘制圆弧或圆
moveTo()	当前绘图点移动到指定位置
beginPath()	开始绘制路径
closePath()	标记路径绘制操作结束
stroke()	绘制当前路径的边框
fill()	填充路径的内部区域
fillText()	在画布上绘制一个字符串
createLinearGradient()	创建一条线性颜色渐变
drawImage()	把一幅图像放置到画布上

需要说明的是，canvas 画布的左上角为坐标原点（0,0）。

11.2.3　绘制图形的步骤

在创建好的 canvas 上，通过 JavaScript 绘制图形的步骤如下：

1）创建 canvas 对象。有两种方法创建 canvas 对象：

● 如果已经使用<canvas>标签创建了 canvas 元素，则在 JavaScript 中使用 id 寻找 canvas 元素，即获取当前画布对象。可以使用 getElementById()来访问 canvas 元素，并创建 canvas 对象，例如下面代码：

    var c = document.getElementById("myCanvas");　　//得到指定的 myCanvas 元素的 canvas 对象

注意，在 HTML 中用<canvas>标签创建的是 canvas 元素，在 JavaScript 中用 getElementById()方法创建的是 canvas 对象。

● 如果没有在 HTML 中使用<canvas>标签创建 canvas 元素，则可以使用 document.createElement()方法创建一个 canvas 元素节点对象，也就是在 HTML 中创建一个 canvas 元素，然后添加到 HTML 中。例如下面代码：

    var c = document.createElement("Canvas");　　//"Canvas"表示要创建 canvas 类型的对象
    document.body.appendChild(c);　　//把创建的 canvas 对象，添加到 HTML 中

2）创建 context 对象。例如下面代码：

    var ctx=c.getContext("2d");

getContext()方法返回一个指定 contextId 的上下文对象，如果指定的 id 表被支持，则返回 null。

3）绘制图形。调用 context 对象的属性和方法，绘制图形。例如下面代码：

    ctx.fillStyle="#FF0000";
    ctx.fillRect(20,20,150,100);

11.2.4 绘制图形

1．绘制矩形

（1）绘制填充的矩形

fillRect()方法用来绘制填充的矩形，语法格式为：

    fillRect(x, y, weight, height);

其中的参数含义如下。

x, y：矩形左上角的坐标。

weight, height：矩形的宽度和高度。

说明：fillRect()方法使用 fillStyle 属性所指定的颜色、渐变和模式来填充指定的矩形。

（2）绘制矩形轮廓

strokeRect()方法用来绘制矩形的轮廓，语法格式为：

    strokeRect(x, y, weight, height);

其中的参数含义如下。

x, y：矩形左上角的坐标。

weight, height：矩形的宽度和高度。

说明：strokeRect()方法按照指定的位置和大小绘制一个矩形的边框（但并不填充矩形的内部），线条颜色和线条宽度由 strokeStyle 和 lineWidth 属性指定。

【例 11-2】 绘制填充的矩形和矩形轮廓。本例采用创建对象的第 1 种方法。本例文件 11-2.html 在浏览器中的显示效果如图 11-2 所示。

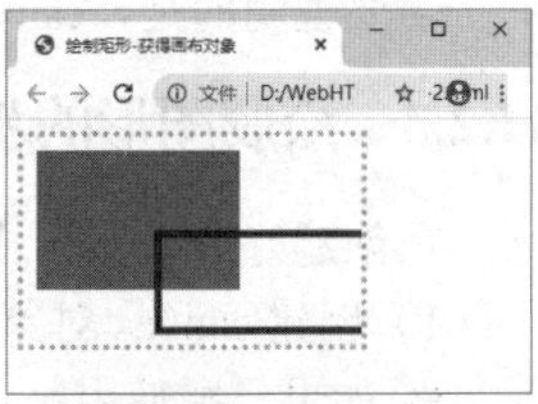

图 11-2 页面显示效果

```
<!DOCTYPE html>
<html>
    <head>
        <meta charset="utf-8">
        <title>绘制矩形-获得画布对象</title>
        <style type="text/css">
            canvas {border: 4px dotted orange;}
        </style>
    </head>
    <body>
        <canvas id="myCanvas" width="250" height="150">
            您的浏览器不支持 HTML5 canvas 元素
        </canvas>
        <script type="text/javascript">
            var c = document.getElementById("myCanvas"); //获取画布对象
            var cxt = c.getContext("2d"); //获取画布上绘图的环境
            cxt.fillStyle = "#ff0000"; //设置填充颜色
            cxt.fillRect(10, 10, 150, 100); //绘制填充矩形
            cxt.strokeStyle = "#0000ff"; //设置轮廓颜色
            cxt.lineWidth = "5"; //设置轮廓线条宽度
```

```
                    cxt.strokeRect(100, 70, 260, 70); //绘制矩形轮廓
            </script>
        </body>
    </html>
```

【例 11-3】 绘制填充的矩形和矩形轮廓，本例采用创建对象的第 2 种方法。本例文件 11-3.html 在浏览器中的显示效果如图 11-3 所示。

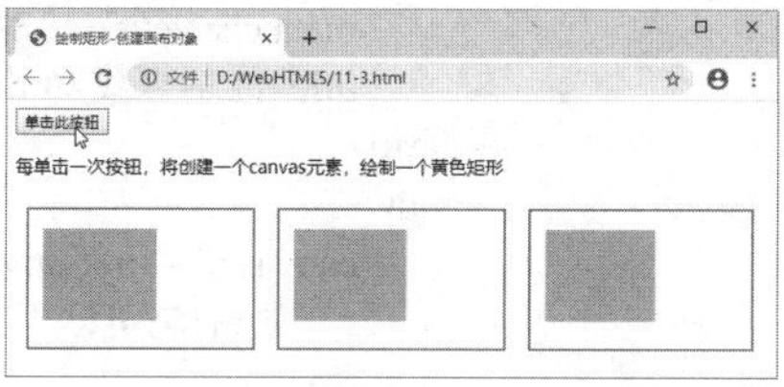

图 11-3　绘制矩形

```
    <!DOCTYPE html>
    <html>
        <head>
            <meta charset="utf-8">
            <title>绘制矩形-创建画布对象</title>
            <style type="text/css">
                canvas { /*画布的样式*/
                    width: 200px; height: 120px; border: 2px solid red; margin: 10px; float: left;
                }
            </style>
        </head>
        <body>
            <button onclick="myFunction()">单击此按钮</button>
            <p>每单击一次按钮，将创建一个 canvas 元素，绘制一个黄色矩形</p>
            <script type="text/javascript">
                function myFunction() {
                    var x = document.createElement("CANVAS"); //创建 canvas 元素
                    var ctx = x.getContext("2d"); //获取画布上绘图的环境
                    ctx.fillStyle = "orange"; //设置填充颜色
                    ctx.fillRect(20, 20, 150, 100); //绘制填充矩形
                    document.body.appendChild(x); //把创建的 canvas 元素添加到 body 文档中
                }
            </script>
        </body>
    </html>
```

2．绘制路径

（1）lineTo()方法

lineTo()方法用来绘制一条直线，语法格式为：

lineTo(x, y)

其中的参数含义如下。

x, y：直线终点的坐标。

说明：lineTo()方法为当前子路径添加一条直线。这条直线从当前点开始，到(x,y)结束。当方法返回时，当前点是(x,y)。

（2）moveTo()方法

在绘制直线时，通常配合 moveTo()方法设置绘制直线的当前位置并开始一条新的子路径，其语法格式为：

* **moveTo(x, y)**

其中的参数含义如下。

x, y：新的当前点的坐标。

说明：moveTo()方法将当前位置设置为(x, y)并用它作为第一点创建一条新的子路径。如果之前有一条子路径并且包含刚才的那一点，那么从路径中删除该子路径。

【例 11-4】 绘制直线，本例文件 11-4.html 在浏览器中的显示效果如图 11-4 所示。

```
<!DOCTYPE html>
<html>
    <head>
        <meta charset="utf-8">
        <title>绘制直线</title>
    </head>
    <body>
        <canvas id="myCanvas" width="200" height="100" style="border:1px solid #c3c3c3;">
            您的浏览器不支持 canvas 元素.
        </canvas>
        <script type="text/javascript">
            var c = document.getElementById("myCanvas"); //获取画布对象
            var cxt = c.getContext("2d"); //获取画布上绘图的环境
            cxt.moveTo(10, 10); //定位绘图起点
            cxt.strokeStyle = "#0000ff"; //设置线条颜色
            cxt.lineWidth = "2"; //设置线条宽度
            cxt.lineTo(150, 50); //第 1 条直线的终点坐标
            cxt.lineTo(10, 50); //第 2 条直线的终点坐标
            cxt.stroke(); //绘制当前路径的边框
        </script>
    </body>
</html>
```

图 11-4　页面显示效果

【说明】 本例中使用 moveTo()方法指定绘制直线的起点位置，lineTo()方法接受直线的终点坐标，最后 stroke()方法完成绘图操作。

当用户需要绘制一个路径封闭的图形时，需要使用 beginPath()方法初始化绘制路径和 closePath()方法标记路径绘制操作结束。

● beginPath()方法的语法格式为：

beginPath()

说明：beginPath()方法丢弃任何当前定义的路径并且开始一条新的路径，并把当前的点设置为(0,0)。当第一次创建画布的环境时，beginPath()方法会被显式地调用。

● closePath()方法的语法格式为：

closePath()

说明：closePath()方法用来关闭一条打开的子路径。如果画布的子路径是打开的，closePath()方法通过添加一条线条连接当前点和子路径起始点来关闭它；如果子路径已经闭合了，这个方法不做任何事情。一旦子路径闭合，就不能再为其添加更多的直线或曲线了；如果要继续向该路径添加直线或曲线，需要调用 moveTo()方法开始一条新的子路径。

【例 11-5】 绘制一个三角形，本例文件 11-5.html 在浏览器中的显示效果如图 11-5 所示。

```
<!DOCTYPE html>
<html>
    <head>
        <meta charset="utf-8">
        <title>绘制三角形</title>
    </head>
    <body>
        <canvas id="myCanvas" width="200" height="100" style="border:
1px solid #c3c3c3;">
```

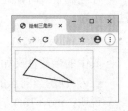

图 11-5　页面显示效果

您的浏览器不支持 canvas 元素.
```
        </canvas>
        <script type="text/javascript">
                var c = document.getElementById("myCanvas");
                var cxt = c.getContext("2d"); //获取画布对象
                cxt.strokeStyle = "#0000ff"; //获取画布上绘图的环境
                cxt.lineWidth = "2"; //设置线条颜色
                cxt.beginPath(); //设置线条宽度
                cxt.moveTo(50, 20); //定位绘图起点
                cxt.lineTo(150, 80); //第一条直线的终点坐标
                cxt.lineTo(20, 60); //第二条直线的终点坐标
                cxt.closePath();//封闭路径,使第一条直线的起点坐标与第二条直线的终点坐标闭合
                cxt.stroke(); //绘制当前路径的边框
        </script>

    </body>
</html>
```

【说明】 本例中使用 beginPath()方法初始化路径,第一次使用 moveTo()方法改变当前绘画位置到(50,20),接着使用两次 lineTo()方法绘制三角形的两边,最后使用 closePath()关闭路径形成三角形的第三边。

3．绘制圆弧或圆

arc()方法使用一个中心点和半径,为一个画布的当前子路径添加一条弧,语法格式为:

arc(x, y, radius, startAngle, endAngle, counterclockwise)

其中的参数含义如下。

x, y:描述弧的圆形的圆心坐标。

radius:描述弧的圆形的半径。

startAngle, endAngle:沿着圆指定弧的开始点和结束点的一个角度。这个角度用弧度来衡量,沿着 x 轴正半轴的三点钟方向的角度为 0,角度沿着逆时针方向而增加。

counterclockwise:弧沿着圆周的逆时针方向（TRUE）还是顺时针方向（FALSE）遍历。

说明:这个方法的前 5 个参数指定了圆周的一个起始点和结束点。调用这个方法会在当前点和当前子路径的起始点之间添加一条直线。接下来,它沿着圆周在子路径的起始点和结束点之间添加弧。最后一个 counterclockwise 参数指定了圆应该沿着哪个方向遍历来连接起始点和结束点。

【例 11-6】 绘制圆弧和圆,本例文件 11-6.html 在浏览器中的显示效果如图 11-6 所示。

```
<!DOCTYPE html>
<html>
    <head>
        <meta charset="utf-8">
        <title>绘制圆弧和圆</title>
    </head>
    <body>
        <canvas id="myCanvas" width="200" height="100" style="border:
1px solid #c3c3c3;"></canvas>
        <script type="text/javascript">
                var c = document.getElementById("myCanvas"); //获取画布对象
                var cxt = c.getContext("2d"); //获取画布上绘图的环境
                cxt.fillStyle = "#ff0000"; //设置填充颜色
                cxt.beginPath(); //初始化路径
                cxt.arc(60, 50, 20, 0, Math.PI * 2, true); //逆时针方向绘制填充的圆
                cxt.closePath(); //封闭路径
```

图 11-6　页面显示效果

```
                cxt.fill(); //填充路径的内部区域
                cxt.beginPath(); //初始化路径
                cxt.arc(140, 40, 20, 0, Math.PI, true); //逆时针方向绘制填充的圆弧
                cxt.closePath(); //封闭路径
                cxt.fill(); //填充路径的内部区域
                cxt.beginPath(); //初始化路径
                cxt.arc(140, 60, 20, 0, Math.PI, false); //顺时针绘制圆弧的轮廓
                cxt.closePath(); //封闭路径
                cxt.stroke(); //绘制当前路径的边框
            </script>
        </body>
    </html>
```

【说明】 本例中使用 fill()方法绘制填充的圆弧和圆，如果只是绘制圆弧的轮廓而不填充的话，则使用 stroke()方法完成绘制。

4．绘制文字

（1）绘制填充文字

fillText()方法用于以填充方式绘制字符串，语法格式为：

fillText(text,x,y,[maxWidth])

其中的参数含义如下。

text：表示绘制文字的内容。

x, y：绘制文字的起点坐标。

maxWidth：可选参数，表示显示文字的最大宽度，可以防止溢出。

（2）绘制轮廓文字

strokeText()方法用于以轮廓方式绘制字符串，语法格式为：

strokeText(text,x,y,[maxWidth])

该方法的参数部分的解释与 fillText()方法相同。

fillText()方法和 strokeText()方法的文字属性设置如下。

font：字体。

textAlign：水平对齐方式。

textBaseline：垂直对齐方式。

【例 11-7】 绘制填充文字和轮廓文字，本例文件 11-7.html 在浏览器中的显示效果如图 11-7 所示。

图 11-7　页面显示效果

```
<!DOCTYPE html>
<html>
    <head>
        <meta charset="utf-8">
        <title>绘制文字</title>
    </head>
    <body>
        <canvas id="myCanvas" width="300" height="100" style="border:1px solid #c3c3c3;"></canvas>
        <script type="text/javascript">
            var c = document.getElementById("myCanvas"); //获取画布对象
            var cxt = c.getContext("2d"); //获取画布上绘图的环境
            cxt.fillStyle = "#ff0000"; //设置填充颜色
            cxt.font = '16pt 黑体';
            cxt.fillText('画布上绘制的文字', 10, 30); //绘制填充文字
```

304

```
                    cxt.strokeStyle = "#0000ff"; //设置线条颜色
                    cxt.shadowOffsetX = 5; //设置阴影向右偏移 5 像素
                    cxt.shadowOffsetY = 5; //设置阴影向下偏移 5 像素
                    cxt.shadowBlur = 10; //设置阴影模糊范围
                    cxt.shadowColor = 'black'; //设置阴影的颜色
                    cxt.lineWidth = "1"; //设置线条宽度
                    cxt.font = '40pt 黑体';
                    cxt.strokeText('HTML5 绘图', 40, 80); //绘制轮廓文字
            </script>
        </body>
    </html>
```

【说明】 本例中的填充文字使用的是默认的渲染属性，轮廓文字使用了阴影渲染属性，这些属性同样适用于其他图形。

5．绘制渐变

（1）绘制线性渐变

createLinearGradient()方法用于创建一条线性颜色渐变，语法格式为：

createLinearGradient(xStart, yStart, xEnd, yEnd)

其中的参数含义如下。

xStart, yStart：渐变起始的坐标。

xEnd, yEnd：渐变结束点的坐标。

说明：该方法创建并返回一个新的 CanvasGradient 对象，它在指定的起始点和结束点之间线性地内插颜色值。这个方法并没有为渐变指定任何颜色，用户可以使用返回对象的 addColorStop()来实现这个功能。要使用一个渐变来勾勒线条或填充区域，只需要把 CanvasGradient 对象赋给 strokeStyle 属性或 fillStyle 属性即可。

（2）绘制径向渐变

● createRadialGradient()方法用于创建一条放射颜色渐变，语法格式为：

createRadialGradient(xStart, yStart, radiusStart, xEnd, yEnd, radiusEnd)

其中的参数含义如下。

xStart, yStart：开始圆的圆心坐标。

radiusStart：开始圆的半径。

xEnd, yEnd：结束圆的圆心坐标。

radiusEnd：结束圆的半径。

说明：该方法创建并返回了一个新的 CanvasGradient 对象，该对象在两个指定圆的圆周之间放射性地插值颜色。这个方法并没有为渐变指定任何颜色，用户可以使用返回对象的 addColorStop()方法来实现这个功能。要使用一个渐变来勾勒线条或填充区域，只需要把 CanvasGradient 对象赋给 strokeStyle 属性或 fillStyle 属性即可。

● addColorStop()方法在渐变中的某一点添加一个颜色变化，语法格式为：

addColorStop(offset, color)

其中的参数含义如下。

offset：这是一个范围在 0.0 到 1.0 之间的浮点值，表示渐变的开始点和结束点之间的偏移量。offset 为 0 对应开始点，offset 为 1 对应结束点。

color：指定 offset 显示的颜色，沿着渐变某一点的颜色是根据这个值以及任何其他的颜色色标来插值的。

【例 11-8】 绘制线性渐变和径向渐变。本例文件 11-8.html 在浏览器中的显示效果如图 11-8 所示。

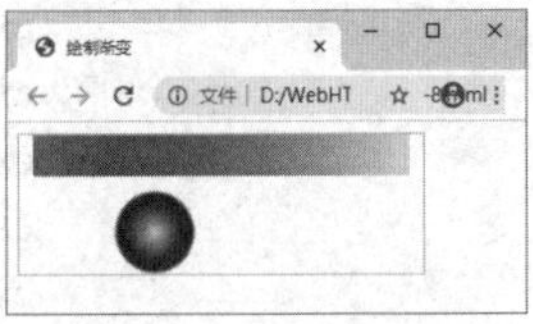

图 11-8　页面显示效果

```html
<!DOCTYPE html>
<html>
    <head>
        <meta charset="utf-8">
        <title>绘制渐变</title>
    </head>
    <body>
        <canvas id="myCanvas" width="300" height="100" style="border:1px solid #c3c3c3;"></canvas>
        <script type="text/javascript">
            var c = document.getElementById("myCanvas");
            var cxt = c.getContext("2d");
            var grd = cxt.createLinearGradient(10, 0, 280, 30); //绘制线性渐变
            grd.addColorStop(0, "#ff0088"); //渐变起点
            grd.addColorStop(1, "#00ffff"); //渐变结束点
            cxt.fillStyle = grd;
            cxt.fillRect(10, 0, 280, 30);
            var radgrad = cxt.createRadialGradient(100, 70, 1, 100, 70, 30); //绘制径向渐变
            radgrad.addColorStop(0, "#00ff00"); //渐变起点
            radgrad.addColorStop(0.9, "#0000ff"); //渐变偏移量
            radgrad.addColorStop(1, "#ffffff"); //渐变结束点
            cxt.fillStyle = radgrad;
            cxt.fillRect(70, 40, 60, 60);
        </script>
    </body>
</html>
```

6. 绘制图像

canvas 相当有趣的一项功能就是可以引入图像，它可以用于图片合成或者制作背景等。只要是 Gecko 排版引擎支持的图像（如 PNG、GIF、JPEG 等）都可以引入到 canvas 中，并且其他的 canvas 元素也可以作为图像的来源。

用户可以使用 drawImage()方法在一个画布上绘制图像，也可以将源图像的任意矩形区域缩放或绘制到画布上，语法格式如下。

● 格式一：

drawImage(image, x, y)

● 格式二：

drawImage(image, x, y, width, height)

● 格式三：

drawImage(image,sourceX,sourceY,sourceWidth,sourceHeight,destX,destY,destWidth,destHeight)

drawImage()方法有 3 种格式。格式一把整个图像复制到画布，将其放置到指定点的左上角，并且将每个图像像素映射成画布坐标系统的一个单元；格式二也把整个图像复制到画布，但是允许用户用画布单位来指定想要图像的宽度和高度；格式三则是完全通用的，它允许用户指定图像的任何矩形区域并复制它，对画布中的任何位置都可进行任何的缩放。

其中的参数含义如下。

image：所要绘制的图像。

x, y：要绘制图像左上角的坐标。

width, height：图像实际绘制的尺寸，指定这些参数使得图像可以缩放。

sourceX, sourceY：图像所要绘制区域的左上角。

sourceWidth, sourceHeight：图像所要绘制区域的大小。

destX, destY：所要绘制的图像区域的左上角的画布坐标。

destWidth, destHeight：图像区域所要绘制的画布大小。

【例 11-9】 绘制图像。页面中依次绘制了 5 幅图像，分别实现了原图绘制、图像缩小、图像裁剪、裁剪区域的放大和裁剪区域的缩小效果，本例文件 11-9.html 在浏览器中的显示效果如图 11-9 所示。

图 11-9　页面显示效果

```
<!DOCTYPE html>
<html>
    <head>
        <meta charset="gb2312">
        <title>绘制图像</title>
        <script type="text/javascript">
            window.onload = function() {
                var canvas = document.getElementById("canvas"); //获取 canvas 画布对象
                var context = canvas.getContext('2d'); //获取 2D 上下文对象，大多数 canvas API
均为此对象方法
                var image = new Image(); //定义一个图片对象
                image.src = 'images/rose1.jpg'; //图片的路径和名称
                image.onload = function() { //必须加载图片成功后，以后的操作才执行
                    context.drawImage(image, 0, 0); //将图片从 canvas 画布的左上角(0,0)位置
开始绘制，大小默认为图片实际大小
                };
            };
        </script>
    </head>
    <body>
        <canvas id="canvas" width="300" height="300"></canvas>
    </body>
</html>
```

canvas 绘画功能非常强大，除了以上所讲的基本绘画方法之外，还包括设置 canvas 绘图样式、canvas 画布处理、canvas 中图形图像的组合和 canvas 动画等功能。

习题 11

1. 使用 HTML5 拖放 API 实现购物车拖放效果，如图 11-10 所示。

图 11-10　题 1 图

2. 使用<video>标签播放视频,如图 11-11 所示。

3. 使用 canvas 元素绘制圆饼图,如图 11-12 所示。

图 11-11　题 2 图

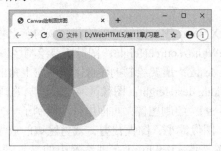

图 11-12　题 3 图

4. 使用 Geolocation API 实现地理定位,首先测试浏览器是否支持地理定位,如果支持则弹出消息框显示支持的信息;单击"确定"按钮后,再次弹出消息框显示当前位置的经度与纬度。

第 12 章　综合案例——社区新闻网的设计与实现

本章通过一个新闻类型的网站——金阳光社区网的案例，运用 HTML5 和 CSS3 知识，介绍了创建一个具有现代风格的 Web 网站的开发流程。

学习目标：掌握 Web 网站的开发流程。

重点难点：按照 Web 网站的开发流程设计和实现。

12.1　网站的开发流程和组织结构

12.1.1　创建站点目录

在制作各个页面之前，需要确定整个网站的文件夹结构，包括创建站点根文件夹及其子文件夹。

1．创建站点根文件夹

本章综合案例建立在 D:\WebHTML5\第 12 章\shequ 文件夹中，该文件夹作为站点根文件夹。

2．子文件夹

对于中小型网站，一般创建如下子文件夹。

- images：存放网站设计时用到的所有图片。对于经常更新网页内容中的图片，应该保存到另外的文件夹中。
- css：存放 CSS 样式文件，实现内容和样式的分离。
- js：存放 JavaScript 和 jQuery 脚本文件。本案例没有用到，这里没有建立。
- plugins：存放 jQuery 插件文件。本案例没有用到，这里没有建立。

对于网站下的各网页文件，例如，index.html 等一般存放在网站根文件夹下。需要注意的是，网站的文件夹、网页文件名及网页素材文件名一般都为小写，并采用代表一定含义的英文或汉语拼音命名，禁止用汉字。

12.1.2　网站页面的组成

金阳光社区网站的页面有许多，包括前台页面和后台管理页面。限于篇幅，本章仅介绍最重要的 3 个页面。

index.html（首页）：显示网站的 Logo、导航菜单、新闻动态、广告、友情链接和版权声明等。

new_list.html（新闻列表页）：显示网站的 Logo、导航菜单、新闻列表名称、版权声明等。

new_xiangqing.html（新闻详情页）：显示网站的 Logo、导航菜单、新闻详情内容、版权声明等。

12.2　制作社区新闻网首页

网站首页包括网站的 Logo、导航菜单、新闻动态、广告、友情链接和版权声明等信息，效果如图 12-1 所示，其布局示意图如图 12-2 所示。

在实现了首页的整体布局后，接下来就要完成首页的制作。制作过程如下。

1．页面结构代码

首先列出页面的结构代码，使读者对页面的整体结构有一个全面地认识，限于篇幅，下面仅列出 index.html 的结构代码，详细代码请参考随书配套资源。结构代码如下。

图 12-1　网站首页效果

图 12-2　首页的布局示意图

```
<!DOCTYPE html>
<html>
    <head>
        <meta charset="utf-8">
        <title>金阳光社区网首页</title>
        <link rel="stylesheet" href="css/public.css" />
        <link rel="stylesheet" href="css/index.css" />
    </head>
    <body>
        <header>
            <!--页头区域-->
            <div class="top"></div>
            <div class="header">
                <div class="right">
                    <!--登录、注册-->
                </div>
                <div class="clear"></div>
            </div>
            <div class="header1">
                <!--Logo-->
            </div>
            <div class="daohang">
                <!--导航栏-->
                <div class="nav"></div>
            </div>
        </header>
        <div class="content">
            <!--内容区域-->
```

```html
<div class="left_content">
        <!--新闻图片、通知公告-->
        <div class="left-top">
                <!--新闻图片-->
        </div>
        <div class="left-bottom">
                <!--通知公告-->
        </div>
</div>
<div class="right-content right">
        <!--右侧立即登录-->
        <div class="denglu1"></div>
        <div class="right_center"></div>
        <div class="right_bottom"></div>
</div>
<div class="clear"></div>
<div class="center_content">
        <!--中心内容-->
        <div class="fazhi">
                <!--法制标语栏-->
        </div>
        <div class="redianguanzhu left">
                <div class="redianguanzhu1"><span>热点关注</span></div>
                <div class="rediangz_xq"></div>
        </div>
        <div class="jingxuanxinxi left" style="margin-left: 25px;">
                <div class="jingxuanxinxi1"><span>精选信息</span></div>
                <div class="rediangz_xq"></div>
        </div>
        <div class="clear"></div>
        <div class="jingxuanxinxi left">
                <div class="jingxuanxinxi1"><span>社区服务</span></div>
                <div class="rediangz_xq"></div>
        </div>
        <div class="jingxuanxinxi left" style="margin-left: 25px;">
                <div class="jingxuanxinxi1"><span>社区生活</span></div>
                <div class="rediangz_xq"></div>
        </div>
        <div class="clear"></div>
        <div class="center_center">
                <!--标语栏-->
        </div>
</div>
<div class="content_bottom">
        <div class="guanggao">
                <!--商家广告-->
        </div>
        <div class="clear"></div>
</div>
<div class="youqinglianjie">
        <!--友情链接-->
</div>
</div>
<div class="foot">
```

```
                <!--页脚区域-->
            </div>
        </body>
</html>
```

2．CSS 样式

（1）全局样式

设计网页时，为网站设置一个全局样式，这样可以保证不同页面有相对一致的风格。社区网的全局样式 public.css 的具体代码请参考随书配套资源，示例代码如下。

```
* { margin:0; padding:0;font-family: "微软雅黑";}
ul, li { list-style:none;}
a{ text-decoration:none;}
.top{width:100%;min-width: 1200px;height: 8px;background: rgb(209,9,9);}
.header{width: 1200px;height: 30px;margin: 0 auto;}
.right{float: right;}
.left{float: left;}
.clear{clear: both;}
.header1{background: url(../images/header_bg.jpg) center;width: 100%;min-width: 1200px;height: 143px;
margin-top: 5px;}
ul, li {list-style: none; } //去掉列表前的黑点等样式
a {text-decoration: none;}
.nav {width: 1200px;margin: 0 auto;overflow: hidden;}
.nav ul li:hover {background: rgb(168, 8, 8);}
.foot{background:#be1203;width: 100%;min-width: 1200px;margin-top: 34px;height: 118px;}
.footer{padding-top: 37px;width: 1200px;margin: 0 auto;}
.footer p{font-size: 12px;line-height: 26px;text-align: center;color:#FFFFFF;}
```

（2）index.html 专用样式

一般每个网页又有自己独特的样式，为了便于管理，另外命名。index.html 的专用 CSS 文件名为 index.css，具体代码请参考随书配套资源，示例代码如下。

```
.content{width: 1200px;margin: 0 auto;}
.left_content{float: left;width: 834px;}
.left-top{margin-top: 20px;width: 834px;height: 415px;border: 1px solid rgb(223,220,221);}
.left-bottom{width: 834px;margin-top: 18px;border: 1px solid rgb(223,220,221);}
.center_content{margin-top: 23px;}
.fazhi{background: url(../images/center_bg.jpg);width: 1200px;height: 121px;}
.redianguanzhu{margin-top: 16px;width: 585px;border:1px solid rgb(220,220,220);}
.jingxuanxinxi{margin-top: 16px;width: 585px;border:1px solid rgb(220,220,220);}
.center_center{background:url(../images/center_bg_03.jpg);width:1200px;height:119px;margin-top:15px;}
.content_bottom{border:1px solid rgb(220,220,220);margin-top: 15px;}
.youqinglianjie span a{font-size:12px;line-height:24px;color:#666666;margin:0 13px;font-family:"宋体";}
```

12.3 制作社区新闻网的列表页

一个网站的风格是一致的，所以首页完成后，其他页可复用主页的样式和结构。新闻列表页的布局与首页非常相似，例如网站的 Logo、导航菜单、版权区域等，仅仅是页面中部的内容不同，页面效果如图 12-3 所示，布局示意图如图 12-4 所示。

1．页面结构代码

限于篇幅，下面仅列出 new_list.html 的结构代码，详细代码请参考随书配套资源。结构代码如下。

图 12-3　关于公司页的效果

图 12-4　布局示意图

```
<!DOCTYPE html>
<html>
    <head>
        <meta charset="utf-8">
        <title>新闻列表</title>
        <link rel="stylesheet" href="css/public.css" />
        <link rel="stylesheet" href="css/new_list.css" />
    </head>
    <body>
        <!--页头区域-->
        <header>
        </header>
        <!--内容区域-->
        <div class="content">
            <div class="left_top left">
            <div class="right">
                <div class="right_content"></div>
                <hr class="hr1" />
                <div class="new_list"></div>
                <div class="page"></div>
            </div>
        </div>
        <div class="clear"></div>
        <!--页脚区域-->
        <div class="foot"></div>
    </body>
</html>
```

2．CSS 样式

new_list.html 的专用 CSS 文件名为 new_list.css，具体代码请参考随书配套资源，示例代码如下。

```
.content{width: 1200px;margin: 0 auto;margin-top: 34px;}
.left_top ul{width: 212px;padding-left: 20px;margin-left: 15px;}
.left_top ul li ul{margin-top: 19px;padding-left: 0px;margin-left: 0px;}
.right_content{width: 902px;}
```

12.4　制作社区新闻网的内容页

新闻内容页用于显示新闻的详细内容，内容页与主页的区别也仅是页面中部的内容不同，页面效果如图 12-5 所示，布局示意图如图 12-6 所示。

图 12-5　内容页的显示效果

图 12-6　内容页布局示意图

1．页面结构代码

限于篇幅，下面仅列出 new_xiangqing.html 的结构代码，详细代码请参考随书配套资源。结构代码如下。

```html
<!DOCTYPE html>
<html>
    <head>
        <meta charset="utf-8">
        <title>内容详情</title>
        <link rel="stylesheet" href="css/public.css" />
        <link rel="stylesheet" href="css/new_xiangqing.css" />
    </head>
    <body>
        <!--页头区域-->
        <header></header>
        <!--内容区域-->
        <div class="content">
            <div class="left_top left"> <!--左侧栏-->
            </div>
            <div class="right"> <!--右侧栏-->
                <div class="right_content"></div>
                <div class="new_xiangqing"></div>
            </div>
        </div>
        <div class="clear"></div>
        <!--页脚区域-->
        <div class="foot"></div>
    </body>
</html>
```

2．CSS 样式

new_xiangqing.html 的专用 CSS 文件名为 new_xiangqing.css，具体代码请参考随书配套资源，示例代码如下。

```css
.content{width: 1200px;min-height: 530px;margin: 0 auto;margin-top: 34px;}
.left_top ul{width: 212px;padding-left: 20px;margin-left: 15px;}
.right_content{width: 902px;padding-right: 15px;}
.new_xiangqing{width: 902px;padding-right: 15px;}
```

一个完整的小型网站包括的页面有几十到几百个，读者可以在此基础上制作网站的其余页面。

完成了单独的页面制作之后，需要将相关页面整合形成一个完整的站点。当这些网页整合完成后，要正确地设置各级页面之间的链接，使之有效地完成各个页面之间的跳转。

习题 12

1．制作社区网的个人注册页面，如图 12-7 所示。
2．制作社区网的调查页面，如图 12-8 所示。

图 12-7　题 1 图

图 12-8　题 2 图

3．制作社区网的图片新闻页面，如图 12-9 所示。

图 12-9　题 3 图

参 考 文 献

[1] 刘瑞新，张兵义. HTML+CSS+JavaScript 网页制作[M]. 2 版. 北京：机械工业出版社，2017.

[2] 工业和信息化部教育与考试中心. Web 前端开发（初级）：上册[M]. 北京：电子工业出版社，2019.

[3] 工业和信息化部教育与考试中心. Web 前端开发（初级）：下册[M]. 北京：电子工业出版社，2019.

[4] 张树明. Web 前端设计从入门到实践：HTML5、CSS3、JavaScript 项目案例开发[M]. 2 版. 北京：清华大学出版社，2019.

[5] 刘德山，章增安，林彬. HTML5+CSS3 Web 前端开发技术[M]. 北京：人民邮电出版社，2018.

[6] 刘增杰，臧顺娟，何楚斌. 精通 HTML5+CSS3+JavaScript 网页设计[M]. 北京：清华大学出版社，2019.

[7] 张兵义，朱立，朱清. JavaScript 程序设计教程[M]. 北京：机械工业出版社，2018.

[8] 师晓利，王佳，邵彧. Web 前端开发与应用教程（HTML5+CSS3+JavaScript）[M]. 北京：机械工业出版社，2017.

[9] 王志晓，陈益材，牛海建. HTML5+CSS+JavaScript 网页布局从入门到精通[M]. 北京：机械工业出版社，2016.